JIANGLEI
SHENGCHAN JISHU

酱类
生产技术

杜连启　主编

化学工业出版社
·北京·

内 容 简 介

酱类在人们饮食生活中占有重要地位，是人们生活的必需品。本书对各种酱类的原料配方、生产工艺流程、操作要点、成品质量指标等方面进行了阐述，主要介绍了以各种豆类、面粉、果蔬、食用菌、水产品、肉类等为原料的酱类生产技术，以及以这些酱类为基料辅以各种其他材料经过再加工的系列酱类制品生产技术。

本书注重内容的实用性、新颖性与可操作性。可供从事酱类生产的食品企业技术人员、科研单位的研发人员及相关院校食品专业的师生参考，同样也适用于宾馆、饭店餐饮和居家饮食生活参考。

图书在版编目（CIP）数据

酱类生产技术/杜连启主编. —北京：化学工业
出版社，2021.9
ISBN 978-7-122-39418-7

Ⅰ.①酱…　Ⅱ.①杜…　Ⅲ.①调味酱-生产工艺
Ⅳ.①TS264.2

中国版本图书馆 CIP 数据核字（2021）第 127987 号

责任编辑：张　彦　　　　　　　　　　加工编辑：孙高洁
责任校对：李　爽　　　　　　　　　　装帧设计：韩　飞

出版发行：化学工业出版社（北京市东城区青年湖南街 13 号　邮政编码 100011）
印　　刷：北京京华铭诚工贸有限公司
装　　订：三河市振勇印装有限公司
710mm×1000mm　1/16　印张 17¼　字数 336 千字
2021 年 9 月北京第 1 版第 1 次印刷

购书咨询：010-64518888　　　　　　　　售后服务：010-64518899
网　　址：http://www.cip.com.cn
凡购买本书，如有缺损质量问题，本社销售中心负责调换。

定　　价：78.00 元

前　言

　　酱类是人们生活的必需品之一，在人们饮食生活中占有重要的地位。近年来，随着时代的发展和科技的进步，我国酱类产业有了很大发展，不但产品种类增加，而且产品质量也不断提高。应特别说明的是，随着人们健康意识的提高，酱制品对人体健康的作用越来越受到人们的关注，人们对酱类产品的品质、风味以及营养保健功能的要求也在日益提高。

　　随着科学技术的不断发展，各种各样具有保健功能的新型原材料应用于酱类的生产，新型酱类产品相继问世，酱类生产趋向于多样化、复合方便化、高档化和营养保健化。从酱类的生产过程看，许多企业实现了机械化、工业化和连续化生产。特别是很多生产企业在酱类生产过程中采用先进的质量管理体系，从而有效地保证了产品的质量安全，如 HACCP（危害分析及关键控制点）体系。所以，我国酱类产品还有很大的发展空间供人们去开发。

　　《新版风味酱类生产技术》出版至今已有五年，受到了广大读者的欢迎。为了满足市场需要，将最新的酱类以及最新的生产技术介绍给广大读者，我们组织相关人员对《新版风味酱类生产技术》进行了大幅度的修订和补充，删除了许多加工技术比较落后的产品，增加了大量新产品的加工技术，重点突出了酱类多样化、复合方便化、高档化和营养保健化。为了满足企业对产品质量管理的需要，本书增加了 HACCP 体系在风味酱及各种酱类生产中的应用实例。

　　本书由杜连启主编，参加编写的还有郭朔、朱凤妹、孟军、李香艳、何丽玲、许瑞、张文秋、刘德全。在编写过程中，参考了最近几年有关专家和专业技术人员的许多文献报道，在此一并表示衷心的感谢。由于我们编写水平所限，书中疏漏之处在所难免，敬请广大同行和读者批评指正。

编　者
2021 年 8 月

目 录

第三章　调制酱类生产技术

第一章
酱类生产概述

第一节　酱类制品生产史

中华民族是人类历史上最早开始掌握发酵技术的族群，我们的祖先广泛利用各种动植物原料发酵盐渍为食物"醢"。经过科学考证，"醢"是我国古代对酱类食品的总称谓。在我国食品史上，酱的出现是很早的，据史料记载，在3000年前的周朝就开始了酱的生产。孔子在《论语》中论及合理饮食的问题时说："不得其酱不食。"《礼记》中则有"献熟食者，操酱齐"的记载。在司马迁所著《史记》中也有关于酱的记载，可见春秋战国时期以大豆为原料的酱的生产已很普遍。根据这些文字的记载，酱已成为当时饮食生活中不可缺少的组成部分。

最初出现的酱是以肉类为原料制成的，即肉酱，古籍中也有称为肉醢或醢酱的。用鱼肉做的叫鱼酱，古籍中称鱼醢。随着农业的发展，出现了以谷物及豆类为原料的植物性酱类，如豆酱、麦酱、面酱、榆子酱等，而且得到了迅速的发展，尤其是以大豆为原料的豆酱更是发展迅速，并衍生出了酱油，这也说明了酱与酱油极深的亲缘关系。

中国酱文化历史的演进，应当以中国酱的品种及其工艺为重心和主线。先秦时期是记载酱的开始，酱主要记载在《周礼》《论语》《礼记》等书中，从这些古籍中可以知晓酱在当时是一种比较奢侈的调味品，不是一般寻常百姓能够享用的，食酱者大多是天子、王公贵族等上层人物。最初记录豆酱做法的是在西汉，据1972年考古发掘，在湖南长沙马王堆一号墓，西汉长沙国丞相轪侯利仓的妻子辛追大约死于公元前168～前160年，殉葬品中就有酱、豉、豆豉、姜。西汉人史游的《急就篇》已经将"芜荑盐豉醢酢酱"记录为百姓日常饮食生活的必需品。颜师古注曰："酱，以豆和面而为之也。"此处的酱就是豆酱，这是我国古代以大豆和面粉为原料而制作豆酱的最早记载。《急就篇》中还第一次出现豆豉这个名称，豆豉是以黑豆、黄豆等为原料，利用微生物发酵制成的一种具有独特风味的调味品。据《楚辞·招魂》："大苦咸酸，辛甘行些。"王逸注："大苦，豉也。"由此可见豆豉起源于先秦时期，它也是我国劳动人民最早利用微生物发酵制造的食品之一。豆豉以植物性原料发酵而制成，而酱是以包括动物性、植物性原料发酵而制成的食品，所以豆豉应该是酱的一个品种。

到了北魏时期，酱的生产和制作又有了进一步的发展，我国著名的农业科学家贾思勰所著的《齐民要术》中对做酱法的要求是：十二月、正月为上时，二月为中时，三月为下时。书中对发酵食品，如酱、豉、醋、酒、泡菜等制作方法，都有比较详尽的描述。除了豆酱之外，还详尽地记载了豆酱、肉酱、鱼酱的制作方法，并把制酱用的曲称为"黄衣""黄蒸"。黄衣又名麦䴷，是用整粒小麦做的曲，黄蒸是用麦粉做的曲。书中黄衣、黄蒸两个散曲名词的提出，证明早在1500多年前，我国古代劳动人民已广泛使用黄曲霉和米曲霉一类微生物了。其中值得一提的是在《齐民要术》中出现了"酱清"一词，即酱缸中上层澄清的液体，即酱油。

到了唐代，酱的制作工艺又有了进步，做酱用的是一次制成的"酱黄"。将酱黄晒干后，随时都可做酱，这种方法直到今天在家庭中做酱时还在采用。

酱经历了先秦时期到唐宋时期这漫长的时间，其制作技术已经非常先进，在此基础上，元明清时期出现了许多不同种类的酱及其具体的制作方法：小豆酱法、仙酱方、糯米酱方、急就酱、芝麻酱、造酒酱、造麸酱、造甜酱、乌梅酱、蚕豆酱、米酱法、做清酱法、辣椒酱、果仁酱等。

新中国成立以前，酱的制作大部分仍然停留在家庭式的加工，以大豆、面粉等为原料，利用天然发酵制成酱曲，加入盐水，在室外瓦缸中，日晒夜露，经过发酵制成黄酱。即使工厂生产也是手工作坊式生产方法。

新中国成立以后，改变了原来利用野生霉菌制曲方法，推广了"种曲制造方法"，用人工培养制曲代替了天然霉菌（俗称发黄子），发酵方法用人工保温发酵代替了日晒夜露发酵制酱，既缩短了发酵时间，又不受气候季节的限制，能够保持常年生产，从此开始了大规模的工业化生产，从根本上改变了几千年制酱的规模和数量。

今后，我国调味酱的发展趋势主要体现在以下几个方面：第一，利用酶制剂制酱。将酶的生物转化物直接引入发酵体系作用于食品原料，以酶法制取发酵食品，可以代替繁重的制曲步骤，提高原料的发酵速度，有利于实现酱类的机械化、工业化和连续化生产。第二，利用多菌种人工接种制酱。传统发酵酱生产大多利用自然接种各种霉菌来制曲，生产周期长，季节性强，原料利用率不高，这与生产实现机械化、工业化都是很不相适应的。而采用多菌种制酱，改善了酱醅中的酶系，则能较好地解决上述问题。第三，向即食食品发展。要实现产品的即食性，首先必须解决的就是在较低浓度食盐的条件下，能够正常发酵不受杂菌的污染，保证产品原有的风味。第四，丰富产品风味，使产品多样化、营养保健化。通过添加具有不同功能及营养价值的配料进一步丰富产品的风味（酸、甜、麻、辣、咸及海鲜等），使产品多样化和营养保健化。复合型的酱类产品是比较典型的一个例子，它是近几年发展起来的，是在传统制酱的基础上，添加了具有特殊风味或保健功能的产品，比如纯天然的绿色食品，或是具有保健功能的营养物质，与豆酱共同发酵制得的。第五，采用先进的质量管理体系，从而有效地保证产品的质量安全，如 HACCP（危害分析及关键控制点）体系。总之，酱类产品还有很大的发展空间供人们去开发。

第二节　酱的分类

酱可分为两大类，即发酵酱和非发酵酱。发酵酱类中，主要有面酱和黄酱两大类，此外还有蚕豆酱、豆瓣辣酱、豆豉以及经过再加工的酱类，即各种各样的花色酱等产品。酱类的发酵分为自然发酵法和温酿保温发酵法。前者发酵的特点是周期长达半年以上，占地面积较大，但味道好。后者是周期1个多月，占地面积小，不受季节限制，可常年生产，但是酱的味道不如自然发酵法。非发酵酱类即调制酱类，主要包括辣酱、海鲜酱、肉酱、果酱和蔬菜酱等。

一、面酱类

面酱也称甜酱，是以面粉为主要原料生产的酱类，由于滋味咸中带甜而得名，主要产于我国北方。先用水和面，不经发酵即上笼蒸熟，再经伏天日晒加温发酵，秋冬就能吃，酱香味美。陈年老酱的做法与甜酱做法略有不同：起初也是先将面用水和好，待其发酵上笼屉蒸熟，然后再用日光照射升温发酵，经过三个伏天才成为产品，待大部分水分被蒸发以后用勺子舀起来能拉成细丝，盛到罐内浮而不流，缸内面酱的表面像漂浮着一层黑色的丝绸，红中透黄，味美而富有营养，含有蔗糖的甜味和香油的香味，富含氨基酸等营养物质。

面酱生产可分成两种不同的做法，即南酱园做法和京酱园做法，又简称为南做法和京做法。它们之间的区别在于一个是发面的，一个是死面的。南酱园是发面的，即将面蒸成馒头，而后制曲拌盐水发酵。京酱园是死面的，即将面粉拌入少量水搓成麦穗形，而后再蒸，蒸完后降温接种制曲，拌盐水发酵。发面的特点是利口、味正。死面的特点是甜度大、发黏。

二、黄酱类

黄酱又称大豆酱、豆酱，用黄豆炒熟磨碎后发酵而制成，呈黏稠状态的调味品，是我国传统的调味酱。黄酱有浓郁的酱香和酯香，咸甜适口，可用于烹制各种菜肴，也是制作炸酱面的配料之一。优质黄酱大都呈红褐色或棕褐色，鲜艳有光泽，黏度适中，味鲜醇厚，咸甜适口，无异味，无杂质。

黄酱类主要包括黄稀酱、黄干酱、黑酱和瓜子酱。

黄稀酱系采用大豆、面粉进行制曲，成熟后加入盐水进行发酵捣缸，固态低盐发酵及液态发酵经过 30d 周期即为成品。黄干酱也系采用大豆、面粉制曲，固态低盐发酵，经过 30d 生产周期才能成熟。内蒙古、山西、张家口等地区都喜欢吃黑酱，黑酱的原辅料也是大豆、面粉，黑酱的特点就是发酵温度高。瓜子酱的生产特点是面粉多、大豆少，蒸完后，上碾子压，压成饼，然后切成小块，再进行发酵。做酱瓜用的，称瓜子酱，市场上不卖。

三、甜米酱

甜米酱是介于黄酱和面酱之间的产品。所用原料黄豆占 50％，面粉和大米各占 20％，进行糊化分解，而只用 10％ 的生面粉与黄豆拌合进行通风制曲，温酿发酵。该产品味道香甜，酯香浓郁。

四、蚕豆酱

蚕豆酱一般也称为豆酱，它是以蚕豆为主要原料，脱壳后经制曲、发酵而制成的调味酱。由于蚕豆酱具有特有的滋味，若再配以辣椒可制成蚕豆辣酱，酱色红，味鲜美中略有辣味。蚕豆酱生产工艺与大豆酱基本相同，只是蚕豆有皮壳，较粗糙，不宜食用，应先除去皮壳。

五、辣椒酱

辣椒酱以湖南生产为多，有油制和水制两种。油制是用芝麻油和辣椒制成，颜色鲜红，上面浮着一层芝麻油，容易保存；水制是用水和辣椒制成，颜色鲜红，加入蒜、姜、糖、盐，可以长期保存，味道更鲜美。辣椒酱营养价值较高，除含丰富的维生素 C、胡萝卜素外，还含有蛋白质、糖、磷、铁、钙等营养物质。人们常用以佐食面条、饺子、饭菜等。

六、花生酱

花生酱为花生油提取前的产物，其色泽为黄褐色，质地细腻，味美，营养丰富，具有花生固有的浓郁香气。花生酱是以花生果为原料，经脱壳、去衣后再经炒焙研磨而成。为防止在贮存过程中油层离析，可在成品快速搅拌均质后加入适量单甘油酯或卵磷脂等乳化剂，以保证质量。还可以加入奶油、可可、咖啡等香精调香。

根据口味不同，花生酱分为甜、咸两种，在西餐中的应用比较广泛。一般分为幼滑及粗粒两种，粗粒装是在制作好的花生酱中再加入花生颗粒，以增加其口感层次，另外亦有加入蜜糖、巧克力等做成不同口味，但不常见。

七、芝麻酱

芝麻酱是把芝麻炒熟、磨碎而制成的酱，有香味，用作调料，也叫麻酱。芝麻酱是群众非常喜爱的香味调味品之一。芝麻酱除含有较高的油脂外，还含有丰富的蛋白质、碳水化合物等成分。有白芝麻酱和黑芝麻酱两种类型。食用以白芝麻酱为佳，滋补益气的以黑芝麻酱为佳，其中火锅麻酱是常见的一种。芝麻酱除了佐餐，还可用于凉拌菜和糕点制作。

八、鱼子酱

鱼子酱又称鱼籽酱，严格来说，只有鲟鱼卵才可称为鱼子酱，其中以产于伊朗和俄罗斯接壤的里海的鱼子酱质量最佳。鱼子酱是将鲟鱼鱼卵盐腌制成，其蛋白质含量30％，脂肪20％，不含碳水化合物。

九、豆豉

豆豉是中国汉族特色发酵豆制品调味料。豆豉以黑豆或黄豆为主要原料，利用毛霉、曲霉或者细菌蛋白酶的作用，分解大豆蛋白质，达到一定程度时，利用加盐、加酒、干燥等方法，抑制酶的活力，延缓发酵过程而制成。豆豉的种类较多，按加工原料分为黑豆豉和黄豆豉，按口味可分为咸豆豉和淡豆豉。

十、果酱

果酱是把水果、糖及酸度调节剂混合后，用超过100℃温度熬制而成的凝胶物质，也叫果子酱。制作果酱是长时间保存水果的一种方法。其味酸甜适中，营养丰富，是西餐、野餐、旅游、野外作业、军需的方便食品，也是糕点、冷饮行业的原料之一。主要涂抹于面包或吐司上食用。

十一、蔬菜酱

蔬菜酱一般以果菜类和根菜类（如番茄、胡萝卜等）为原料，其加工方法以及用途与果酱基本相同。

十二、虾酱

虾酱是中国沿海地区、香港，以及东南亚地区常用的调味料之一，是用小虾或虾头、虾尾等下脚料加入盐、经发酵磨成黏稠状后，做成的酱食品。味道很咸，一般都是制成罐装调味品后在市场上出售。亦有将虾酱干燥成块状出售的，称为虾膏或虾糕，味道较虾酱浓郁。

十三、肉酱

肉酱即酱状的肉，由碎肉做成的糊状食品。肉酱的生产工艺与发酵酱类有根本性的不同，肉酱生产基本上属于腌渍工艺，因此许多有益菌不能正常繁殖并产生相应的酶类，例如：蛋白酶、糖化酶和脂肪酶等。另外，由于肉酱生产没有发酵过程，且肉酱是在密闭的容器中成熟的，所以，只有少数的嫌气性曲菌或耐盐性酵母和嫌气链球菌等，结果造成微生物对物料的分解不力，使后发酵难以进行，"酱香味"成分难以增加。

第三节　酱类生产原料

在酱类生产过程中，对于原料的选择，第一要注意合理化，第二要注意典型性。所使用的原料既要保证生产能顺利地进行，还要使产品具有必要的风味，尤其是加入特定的原料，其特殊风味应该有所体现。所以说如何合理选择原料是保证产品质量及其风味的一个十分重要的环节。

酱类生产过程中对原料选择的依据是：蛋白质含量较高，碳水化合物适量，有利于制曲和发酵；无毒无异味，酿制出的酱质量好；资源丰富，具有一定的营养价值且价格低廉。

一、植物蛋白质原料

由于我国幅员辽阔，各地情况也不相同，蛋白质原料主要是大豆，有的地方也有用蚕豆、豌豆等作为蛋白质原料。

(一) 大豆

大豆是黄豆、青豆、黑豆的统称。属于豆科，蝶形亚科，大豆属。一年生草本植物，茎直立或蔓生。种子呈椭圆形或球形，种皮颜色为黄、青、黑、褐、花色。

1. 大豆的主要成分

大豆的主要成分为：蛋白质 35%～45%，脂肪 15%～25%，碳水化合物 21%～31%，纤维素 4.3%～5.2%，灰分 4.4%～5.4%。每 100g 大豆中各种微量元素及维生素成分的含量约为：钙 367mg，磷 571mg，铁 11mg，胡萝卜素 0.41mg，烟酸 2.1mg。由于大豆的营养价值和利用价值较高，已被国际公认为植物油和植物蛋白的最好来源。大豆蛋白质中赖氨酸含量高于其他粮食作物，与其他粮食混合或制成加工食品，可提高蛋白质的生物价。大豆油中亚油酸、亚麻酸的含量高，对补充人体必需脂肪酸、降低胆固醇均有益处。大豆中含有的钙、磷、铁等微量元素及维生素，对补充人体微量元素及维生素需要有着重要的生理作用。

2. 酿制大豆酱大豆的选择标准

在选择优良的大豆酿制大豆酱时，除了参照化学成分外，其具体的选择标准如下：大豆要干燥，相对密度大而无霉烂变质；颗粒均匀无皱皮；种皮薄，富有光泽，且少虫伤害及泥沙杂质；蛋白质含量高。

（二）蚕豆

蚕豆又称胡豆、佛豆或寒豆、川豆、倭豆、罗汉豆等。豆科，一年或两年生草本。蚕豆在世界上分布很广，以我国为最多，主产区大部分集中在长江以南的水稻产区。收获之后特别是长期贮存的蚕豆种皮呈红、褐、深褐、黑色，大粒蚕豆平均长度在18.6mm以上，中粒平均长度在15.1~18.5mm，小粒在15.0mm以下。小粒蚕豆宜作牲畜饲料，老熟籽粒可作粮食或加工食品，如制作粉丝、豆酱、酱油等。

（三）豌豆

豌豆也称毕豆、小寒豆、淮豆或麦豆。豆科，一年或两年生草本，全世界分布很广，大部分集中在中国和俄罗斯。栽培上常见的有蔬菜豌豆和谷物豌豆两个品种，其中谷物豌豆可用于生产酱和酱油。

二、淀粉质原料

（一）小麦

发酵酱类所用的淀粉质原料，传统上以小麦面粉为主。按小麦的粒色可分为红皮和白皮小麦。以质粒而言可分为硬质、软质和中间质小麦。酿造调味品的辅料，以利用淀粉为主，应选用红皮及软质小麦。

小麦中的碳水化合物除主要含有约70%的淀粉外，还含有约2%~3%的糊精和2%~4%的蔗糖、葡萄糖和果糖。小麦含有10%~14%的蛋白质，其中麸胶蛋白和谷蛋白较丰富，麸胶蛋白质中的氨基酸以谷氨酸最多，它是产生酿造调味品鲜味的主要因素之一。

（二）面粉

面粉分为特制面粉、标准粉和普通粉。制酱用的面粉一般为标准粉。

三、其他淀粉质原料

凡是含有淀粉而又无毒无异味的原料，例如：玉米、甘薯、碎米、小米等均可作为酱类生产的淀粉质原料。

四、肉类

肉类，是动物的皮下组织及肌肉，可以食用。肉类含蛋白质丰富，一般在10%~20%之间。在肉类中，人食用最多的是畜肉和禽肉这两种，提供畜肉的家畜主要是猪、牛以及羊，提供禽肉的家禽主要是鸡、鸭以及鹅。肉类是目前生产肉酱的主要原料。

五、水产品

水产品是海洋和淡水渔业生产的水产动植物产品及其加工产品的总称。包括：捕捞和养殖生产的鱼、虾、蟹、贝、藻类、海兽等鲜活品；经过冷冻、腌制、干制、熏制、熟制、罐装和综合利用的加工产品。水产食品营养丰富，风味各异。目前，水产品是生产酱类常用的原料之一。

六、食用菌

我国是食用菌生产大国，目前，我国人工培植的食用菌和药用菌种类已达70多种，大宗品种有香菇、平菇、木耳、双孢菇、金针菇、草菇等，一系列珍稀品种如白灵菇、茶树菇、真姬菇和羊肚菌等也受到市场青睐。近年来，金针菇、杏鲍菇、海鲜菇和双孢蘑菇等工厂化生产品种日渐丰富，灵芝、虫草、茯苓等药用菌发展也较快，食用菌已成为我国农业领域仅次于粮、油、果、菜的第五大作物，食用菌产量占到全球总产量的75%以上，排名世界第一。

近年来，我国科研人员对食用菌食品的加工进行了很多研究，在酱类生产中开发出了很多新的产品，包括以食用菌为主要原料生产的酱品和食用菌与其他原料结合生产的酱品。

七、食盐

食盐是酱类酿造的重要原料，它不但能使酱醅安全成熟，而且又是制品咸味的来源，并与氨基酸共同生成鲜味，起到调味作用。同时在发酵过程及成品中起到防腐败的作用。食盐的主要成分是氯化钠（NaCl），还含有卤汁及其他杂物。

食盐按其生产和加工方法可分为精制盐、粉碎洗涤盐和日晒盐。按其等级可分为：优级、一级和二级。食盐因其来源不同分为海盐、岩盐、湖盐和井盐。我国以海盐为主，海盐习惯以产区命名。生产风味酱所用食盐应该选择优级食盐。

八、水

酱类生产过程中要用大量的水，因而水也是生产酱类的主要原料。对生产用水没有特殊的要求，清洁干净的自来水、井水、湖水均可，河水也可以用，但必须符合 GB 5749—2006《生活饮用水卫生标准》。

第四节　酱类生产辅料

一、调味食品添加剂

酱类生产中利用的调味添加剂一般可分为咸味剂、酸味剂、甜味剂、助鲜剂、辣味剂、清凉剂等几类，其作用各不相同，但又互相联系和制约。

1. 咸味剂

食盐是咸味剂，也是生产酱类的重要原料之一，在本章第三节生产原料中已有介绍。

2. 酸味剂

食品中添加酸味剂（如香醋），可以给人以爽快刺激，起增进食欲的作用。常用的有醋酸、乳酸、柠檬酸、酒石酸、延胡索酸等，均为不予限制的酸味剂。酸味剂不仅可以增强食欲，并具有一定的防腐作用，有助于钙等矿物质的吸收。

3. 甜味剂

甜味是食品中不可缺少的，食品加工中用的甜味剂一般分为天然甜味剂和合成甜味剂。

（1）天然甜味剂　在日常生活中使用较多，如：蔗糖、麦芽糖等，还有适合糖尿病人的木糖醇。

（2）合成甜味剂　这是目前用量较大的一类食品甜味添加剂，常用的有甜菊糖苷、阿斯巴甜、安赛蜜等。

4. 助鲜剂

助鲜剂也称风味增强剂，主要指能使食品风味增强的物质，呈味物质有核苷酸、氨基酸、酰胺、三甲基酸、多肽、有机酸等，其主要鲜味成分是谷氨酸钠、$5'$-肌苷酸及 $5'$-鸟苷酸。味精是主要鲜味剂，主要成分为谷氨酸钠。使用核苷酸助鲜剂后能提高鲜味几十倍。

5. 辣味剂

辣味剂分为热辣味和辛辣味两种。热辣味如红辣椒和胡椒产生的辣味。辛辣味如葱、姜、蒜、芥子等产生的辣味。

二、香辛料

香辛料是酱类制品中的调味料，可以改善酱类制品的风味，提高食欲，有的还有一定的防腐作用。常用的香辛料现简介如下。

1. 葱

葱是一种常用的天然香辛料。包括青葱、洋葱、红葱头等，都有少许的气味。主要作用是去腥、增香。

2. 姜

姜又称生姜、白姜，有老姜、嫩姜之别。为姜科植物的鲜根茎，为多年生草本植物。姜味辛，性微温，不但能调味，还有发汗解表、止呕、解毒的功能。姜含有植物杀菌素，其杀菌作用不亚于葱和蒜。姜中的油树脂可抑制人体对胆固醇的吸收，防止肝脏和血清胆固醇的蓄积。姜中的挥发性姜油酮和姜油酚，具有活血、祛寒、除湿、发汗、增温等功能，还有健胃止呕、辟腥臭、消水肿之功效。姜可用于各种调味粉、调味酱和复合调料中。

3. 大蒜

大蒜属百合科，味道辣，有强烈的刺激臭味，可去邪味，与其他香辛料混合有增香效果。有调味、杀菌、去腥、增香的作用。

4. 姜黄

姜黄又称郁金、黄姜，为姜科多年生草本植物。有近似甜橙与姜、良姜混合香气，略有辣味和苦味。姜黄性温，味苦辛，为芳香兴奋剂，有行气、活血、祛风疗痹、通经、止痛等功用。在调味品中作为增香剂，是天然食用色素，是配制咖喱粉的主要原料之一。

5. 辣椒

辣椒为茄科一年生草本植物，可食部位为果实，浆果成熟后变成红色或橙黄色。辣椒味辛温、辣味重，有刺激性。辣椒的辣味主要是辣椒素和挥发油的作用。辣椒具有温中散寒、促进胃液分泌、开胃、除湿、提神兴奋、帮助消化、促进血液循环、增强机体的抗病能力等功效。

辣椒可作烹调用，也可把成熟红辣椒晒干备用，还可将干燥辣椒磨成粉即辣椒粉备用，还可以把新鲜辣椒磨成酱即辣椒酱。在风味酱生产中可增色、提辣和增香。

6. 胡椒

胡椒分黑胡椒与白胡椒两种。黑胡椒气芳香，有刺激性，味辛辣，以粒大饱满、色黑、皮皱、气味强烈者为佳。白胡椒以个大、粒圆、坚实、色白、气味强烈者为佳。由于胡椒皮中挥发性的香味成分较多，故白胡椒的辛辣味与香气比黑胡椒略为柔和。作为调味料的胡椒有整粒与粉末两种。通常胡椒调味品以加工研磨成粉末状为主要形式，即市场供应的胡椒粉，在风味酱生产中主要起提鲜、增香和解腻的作用。

7. 花椒

花椒属芸香科，又称山椒、大椒、蜀椒、巴椒、川椒、秦椒。不同的花椒"麻"的程度往往不同。色泽黑红油亮的花椒，麻味悠长而浓烈；色青或青中泛红的青花椒，虽香麻味浓，但略带苦味；紫红、粒大、肉厚的红袍花椒，不仅麻香味足，而且麻味悠长；鲜花椒气味清香，麻味柔和。花椒在调配酱中主要起增麻味的作用，还有去异增香的效果。

8. 茴香

茴香分大茴香、小茴香、藏茴香等。大茴香属木兰科，又称八角茴香、大料，选其种子干燥后作为香料。还有一种藏茴香，又称贡蒿、香旱芹，将其成熟的果实干燥加工，有独特的香味。小茴香是伞形科植物茴香的干燥成熟果实，以颗粒均匀、饱满、黄绿色、气香浓味甜香为佳。市场上出售的五香粉即以茴香（小茴香）等配制而成，为调味佳品。

9. 丁香

丁香又名公丁香、丁子香、雄丁香。未开花的花蕾叫公丁香，未成熟的果实叫母丁香，以公丁香为佳。由于丁香具有特殊而温和的芳香气味，是人们普遍欢迎的一种食品调味料。在食品加工上，主要用于肉类、糕点、腌制食品、炒货、蜜饯、饮料的制作以及配制其他一些调味品。

10. 肉豆蔻

肉豆蔻又称肉果、玉果。当肉豆蔻科植物肉豆蔻的果实成熟时，果肉裂开，露出包着干皮的核，核中的种子就是肉豆蔻。作为调料，可解腥增香，是配制咖喱粉的原料之一。因肉豆蔻精油中含有 4% 左右的有毒物质肉豆蔻醚，如食用过多会引起细胞中的脂肪变质，使人麻痹，产生昏睡感，会有损健康；但少量使用，具有一定的营养价值。

11. 肉桂

肉桂又名玉桂、牡桂、筒桂。分中国肉桂、斯里兰卡肉桂、西贡肉桂和印度尼西亚肉桂等。树皮色灰褐，有强烈芳香，一般取树皮作香辛料。肉桂还可加工成粉状或提取肉桂油。肉桂气味浓香、略甜，作为香辛料以西贡肉桂的香味为最好，其次为斯里兰卡肉桂、中国肉桂与印度尼西亚肉桂。

12. 砂仁

砂仁又名缩砂仁、宿砂仁。有特殊的香气，并有浓烈的辣味。

13. 辣根

辣根又名马萝卜。鲜肉质根的水分在 75%，切片磨糊后可作调味料，也可干燥后加工制粉。肉质根有强烈的辛辣味，炼制后其味还要变浓，加醋后可以保持辛辣味。

14. 芫荽

又称香菜、胡荽、香菜子、松须菜。具有温和的芳香，带有鼠尾草和柠檬混合的味道。芫荽种子成熟时有芳香气味，过度成熟芳樟醇含量降低，香气差。芫荽是人类历史上药用和作调味品的最古老的一种芳香蔬菜，常用较大的幼苗作芳香菜食用。芫荽子是配制咖喱粉等调味品的原料之一。

15. 五香粉

五香粉是一种复合香味型的粉状调味料，因配料不同，有多种口味和不同的名称，如：香辣粉、麻辣粉、鲜辣粉等，带有麻、辣、甜等多味，有的还带鲜味。系加工时将所配各种香辛料粉碎，混合而成，也有的先混合再粉碎。主要作用是增香、去腥和提味。

16. 咖喱粉

咖喱粉由 20 多种香辛料调制而成，味辛辣带甜，黄色或黄褐色。配料成分主要有：胡椒、辣椒、生姜、肉桂、肉豆蔻、茴香、芫荽籽、甘草、橘皮还有姜黄等。将各种香辛料干燥粉碎后混合，或粉碎焙炒，然后贮放待其成熟。咖喱的水分含量在 5％～6％，因配方而异。还有一种油咖喱，系将咖喱粉与植物油或精制植物油炒制调和而成。有的油咖喱中添加小麦粉或淀粉，口味有甜辣之分，按甜辣程度的不同还有多种档次。

第五节　HACCP 体系在酱类生产中的应用

HACCP（hazard analysis critical control point）即危害分析与关键控制点，是一种系统的、有效的食品安全预防性质量控制体系，以 GMP（良好操作规范）和 SSOP（标准卫生操作程序）为基础，能有效地控制或减少食品卫生安全危害，并集中解决加工流程中的关键问题，保证食品在生产链、供应链的每个环节尽可能不受或少受污染，被国际权威机构认可为控制由食品引起疾病最有效的方法。据美国食品药品管理局统计数据表明，在水产品加工企业中，实施 HACCP 体系的企业比未实施 HACCP 体系的企业食品污染概率降低 20％～60％。因此，在我国食品加工企业建立和应用 HACCP 体系，是保证产品质量安全、增加产品国际竞争力的必然选择。

我国许多学者对 HACCP 在酱类生产中的应用进行了研究，对规范酱类生产、提高产品的安全性具有重要意义。在酱类生产中的 HACCP 质量控制体系的建立主要包括危害分析、确定关键控制点、关键控制极限及监控措施的确定、建立纠偏行动程序、建立验证措施、建立有效的记录保持程序。下面介绍 HACCP 在酱类生产中的应用。

一、HACCP 体系在风味酱生产中的应用

郑月对 HACCP 体系在风味酱产品质量控制中的应用作了初步探讨，对产品生产过程中存在的和潜在的危害进行分析判断与评估，并确立对最终产品质量有影响的关键控制点及其监控程序和纠正措施等，为生产企业建立质量控制体系提供了理论依据。

对风味酱的危害分析和 HACCP 计划表可见表 1-1 和表 1-2。

二、HACCP 体系在黄豆酱生产中的应用

时威对 HACCP 体系在黄豆酱生产中的应用进行了研究，其主要研究结果可见表 1-3 和表 1-4。

三、HACCP 体系在豆豉生产中的应用

邹磊对 HACCP 体系在豆豉生产中的应用进行了研究，其主要研究结果可见表 1-5 和表 1-6。

表1-1　风味酱产品生产过程危害分析工作表

加工步骤	识别在该步骤中引入的或增加的潜在危害	潜在的食品安全危害是否显著（是/否）	对第3栏的判定提出依据	如果第3栏回答"是"，应采取何种措施预防、消除或降低危害至可接受水平	关键控制点（是/否）
原料（蔬菜）验收	生物危害：致病菌污染	是	在储存、运输过程中可能被致病菌污染，造成产品的食用不安全	1.按照《上游供应商管理评估程序》进行；2.供应商1次/年提供第三方检测报告；3.每批原料到货按标准验收	否
	化学危害：农药残留、重金属超标	是	农作物在种植时过量使用农药造成农药残留和汞、砷等重金属超标	1.按照《上游供应商管理评估程序》进行；2.供应商1次/年提供第三方检测报告；3.每批原料进行农药残留快速检验；4.必要时企业实验室抽取原料送检	是CCP1
	物理危害：石头、土块等杂质	是	农作物收获过程中可能带入其他外来杂质	生产过程中通过人工挑选、金属探测仪等措施予以剔除	否
入库储存	生物危害：致病菌污染	是	库房卫生不整洁、温度不当，导致致病菌污染	严格控制贮藏条件、库内定期消毒	否
	化学危害：无				
	物理危害：无				
辅料（食用盐、生抽等）验收	生物危害：致病菌污染、变质	是	1.辅料中微生物指标不符合产品标准；2.储存、运输不当，致病菌滋生	1.按照《上游供应商管理评估程序》进行；2.供应商1次/年提供第三方检测报告；3.进口原/辅料提供出到货检验；4.进口原/辅料提供检验检疫卫生证证明；5.流通领域提供辅料送检；6.必要时企业实验室抽取辅料检	否
	化学危害：重金属	是	辅料中理化指标不符合产品标准	生产过程中通过人工挑选、金属探测仪等措施予以剔除	否
	物理危害：玻璃、金属等杂质	是	运输过程中碰撞会导致玻璃瓶破损带入其他外来杂质	严格控制贮藏条件、库内定期消毒	

续表

加工步骤	识别在该步骤中引入的或增加的潜在危害	潜在的食品安全危害是否显著(是/否)	对第3栏的判定提出依据	如果第3栏回答"是",应采取何种措施预防、消除或降低危害至可接受水平	关键控制点(是/否)
入库储存	生物危害:致病菌污染	是	贮藏条件不符合规定,导致致病菌污染	严格控制贮藏条件,库内定期消毒	
	化学危害:无				
	物理危害:无				否
包装材料验收	生物危害:杂菌、霉菌	是	包装材料在生产、运输环节可能被污染	1.按照《上游供应商管理评估在程序》进行;2.供应商到货提供第三方检测报告;3.每批材料到货提供批次检测报告;4.包装材料验收时进行感官检验,对于表面脏的包装袋子以拒收	
	化学危害:重金属、内包装材质、塑化剂、其他有害物质	是	非食品级材质,检测报告显示超标	1.供应商1次/年提供第三方检测报告;2.生产商有QS资质;3.每次到货提供批次检测报告	
	物理危害:毛发、金属等异物	是	金属、毛发等异物	1.到货后检验,发现金属等异物,此批货物拒收;2.生产过程中通过人工挑选、金属探测仪等措施予以剔除	否
入库储存	生物危害:致病菌污染	是	贮藏条件不符合规定,导致包装材料污染	严格控制贮藏条件,库内定期消毒、使用前目测检查	
	化学危害:无				
	物理危害:无				否
车间用水、水	生物危害:细菌等微生物	是	由于水过滤设备或管网受到污染,水中可能存在细菌等微生物	1.每年对水质进行第三方检测;2.水过滤设备的清洗维护;3.通过SSOP中的生产用水的安全进行控制	否

续表

加工步骤	识别在该步骤中引入的或增加的潜在危害	潜在的食品安全危害是否显著（是/否）	对第3栏的判定提出依据	如果第3栏回答"是"，应采取何种措施预防、消除或降低危害至可接受水平	关键控制点（是/否）
车间用水、冰	化学危害：铅、铜、锌等重金属含量超标	是	水过滤设备或管网腐蚀、老化等造成水中重金属含量超标	1. 每年对水质进行第三方检测；2. 水过滤设备的清洗维护；3. 通过SSOP中的生产用水的安全进行控制	否
	物理危害：泥沙、碎屑等杂物	是	水过滤设备老化或供水设备不清洁、水中存在泥沙、碎屑等杂物	1. 每年对水质进行第三方检测；2. 水过滤设备的清洁维护；3. 通过SSOP中的生产用水的安全进行控制	否
与食品接触的工器具	生物危害：细菌等微生物	否	过程操作不当，受到微生物污染、工器具清洗后残留消毒液	1. 工器具按规定清洗消毒；2. 微生物表面涂抹实验的验证（后续工序可以去除）	否
	化学危害：消毒液残留	否		工器具消毒后按规定用纯净水冲洗后使用	
	物理危害：金属等异物	否	操作不当或操作过程中工器具脱落	生产过程中通过人工挑选、金属探测仪等措施予以剔除	
冻品解冻	生物危害：病原菌污染	是	解冻温度和时间控制不当，微生物生长繁殖	对解冻时间和温度进行严格控制	是
	化学危害：无				
	物理危害：无				
蔬菜原料的切分	生物危害：病原菌污染	是	操作过程中受到污染，如切菜机使用后没有及时清洗，再次使用前未经冲洗，刀头直接接触原料，造成病原菌的二次污染，引起使用的不安全	1. 每次使用后工器具及时清洗消毒；2. 与食品接触的人员手部清洗消毒	是
	化学危害：无				
	物理危害：金属等异物	是	头发、手套破损，工器具日常磨损脱落	1. 生产过程中通过人工挑选、金属探测仪等措施予以剔除；2. 定期对刀具进行检查，禁止使用生锈刀具；3. 生产过程中通过人员卫生、着装检查	否

续表

加工步骤	识别在该步骤中引入的或增加的潜在危害	潜在的食品安全危害是否显著（是/否）	对第3栏的判定提出依据	如果第3栏回答"是"，应采取何种措施预防、消除或降低危害至可接受水平	关键控制点（是/否）
配料	生物危害：细菌、病原菌	是	空气中及黏附在配料容器中的有害杂菌污染	通过SSOP操作规范对容器和空气落下菌下的卫生进行监控	
	化学危害：化学物质、真菌毒素	是	添加剂使用超标、原料变质	1.员工严格按配方技术，保证每批产品中食品添加剂均符合GB 2760的要求；2.检验员进货验证，并巡视监控员进货	否
	物理危害：头发、手套、金属等异物	是	员工操作不规范	通过GMP、SSOP控制	
煮制（炒制）	生物危害：致病菌或杂菌、耐热芽孢的残存	是	操作过程中温度、时间控制不当，微生物杀灭不彻底	1.规范操作，严格控制生产工艺参数，对煮制温度和时间进行监控；2.每锅产品记录煮制时间并进行温度测量；3.温度计每天使用前校准，每年一次外部检定	是 CCP2
	化学危害：酸价、过氧化值	是	炒制温度、时间和油的质量	控制油温和加热时间	否
	物理危害：头发、金属等杂质	是	头发、手套破损，工器具脱落，工器具不清洁	通过GMP和SSOP控制：1.每天对进入人员卫生、着装检查；2.生产过程中通过人工挑选、金属探测仪等措施予以剔除；3.工器具清洗完毕后检查合格方可使用	否
包装	生物危害：致病菌污染	是	包装温度过低、密封不严，微生物混入，不洁的包装环境、罐装设备、操作人员均使产品受污染	1.对包装温度进行监控，并对包装最后产品进行温度测量；2.缩短产品裸露时间；3.目视检查封口严密性；4.温度计每天使用前校准，每年一次外部检定；5.定期对包装间的空气洁净度进行监测；6.定期对包装间进行消毒、包装卫生，操作人员严格按规范操作	是 CCP3

续表

加工步骤	识别在该步骤中引入的或增加的潜在危害	潜在的食品安全危害是否显著（是/否）	对第3栏的判定提出的依据	如果第3栏回答"是"，应采取何种措施预防、消除或降低危害至可接受水平	关键控制点（是/否）
包装	化学危害：润滑油残留	是	使用润滑油时有残留、封口时污染到产品	使用资质齐全的食品级润滑油，使用前对设备进行清洗清洁，执行SSOP	
	物理危害：头发、金属等异物	是	包装过程中带人、加头发、手套破损，工器具脱落，工器具不清洁	通过GMP和SSOP控制：1.每天进行人员卫生、着装检查；2.生产过程中通过人工挑选、金属探测仪等措施剔除；3.工器具清洗完毕后检查合格方可使用	否
漂烫	生物危害：致病菌生长	否	高温下漂烫、致病菌减少		否
	化学危害：无				
	物理危害：无				
预冷	生物危害：致病菌滋生	是	降温速度慢、容易使微生物繁殖	严格控制工艺参数：冷却后产品中心温度符合工艺要求	否
	化学危害：无				
	物理危害：无				
速冷	生物危害：致病菌滋生	是	降温速度慢、容易使微生物繁殖	严格按照工艺参数、控制速冷温度和时间	否
	化学危害：无				
	物理危害：无				
金属探测	生物危害：无				
	化学危害：无				
	物理危害：金属等杂质	是	金属探测机故障	对金属探测机定时校准、监控	是CCP4

续表

加工步骤	识别在该步骤中引入的或增加的潜在危害	潜在的食品安全危害是否显著（是/否）	对第3栏的判定提出依据	如果第3栏回答"是"，应采取何种措施预防、消除或降低危害至可接受水平	关键控制点（是/否）
贴标装箱	生物危害：细菌等 化学危害：无 物理危害：无	是	环境达不到标准，微生物滋生	进行环境温度的监测，并记录环境温度	否
入库储存	生物危害：细菌等 化学危害：无 物理危害：无	是	产品中残留的细菌等微生物，在适宜的条件下可以生长繁殖	1. 库房严格按照产品规定的储存条件保存货物；2. 库房每天严格按照规定次要求测量库温，并按照监控频次进行校准；3. 库房使用温度计每年进行检定	否
出库运输	生物危害：细菌等 化学危害：无 物理危害：无	是	产品中残留的细菌等生物，在适宜的条件下可以生长繁殖	1. 可以通过严格控制成品运输条件予以控制，并使用低温月台发货；2. 缩短发货时间	否

表1-2 风味酱生产HACCP计划表

关键控制点（CCP）	显著危害	关键限值	监控				纠偏行动	记录
			对象	方法	频率	人员		
蔬菜原料验收	农药残留	抑制率≤50%	检验报告	农残检测	每批进货	化验员	不合格品进行退货	蔬菜原料农残检验记录
煮制温度	①发生化学反应，产生有害物质；②不能杀死的微生物残留	①将黄油加热至50℃以上熔化（植物油加热到100℃），与其他原料一起炒制；②出锅温度≥95℃	温度测量、时间测量	温度计测量，钟表计时	每锅次	煮制人员、品控人员	炒制温度低，继续加热；温度过高，降级或废弃。温度、时间不够不得出锅	生产煮制监控记录、品控监控记录、纠偏行动记录

续表

关键控制点(CCP)	显著危害	关键限值	监控				纠偏行动	记录
			对象	方法	频率	人员		
包装温度	包装温度过低时容易使微生物生长	在80℃之前包装完毕	包装时温度测量	用温度计测量	每锅次	品控人员	低于80℃后,剩余产品降级或废弃	包装温度记录,品控监控记录
金属探测	金属异物	铁2.5mm,非铁3.0mm,不锈钢(316)3.5mm	铁2.5mm,非铁3.0mm,不锈钢(316)3.5mm的试块	试块通过金属探测仪进行测试	开机测试,关机测试,中间过程每30min进行测试,品控人员每小时测试一次	金属检测机操作人员,品控人员	分析偏离原因,使其恢复正常,对受影响产品进行返工并达到合格标准	金属探测仪校准使用记录,品控监控记录

表1-3　黄豆酱加工过程的危害分析工作表

主要加工步骤	潜在危害	是否显著性	判断依据	预防措施	是否为关键点
原料验收	生物危害:原料微生物污染	是	原料是决定整个后续工序的关键,有些微生物不能在后续工艺中去除	后续的杀菌工序可杀灭有害微生物	是
	化学危害:原料农药残留	是	农药残留超标会导致食品中毒甚至死亡	选用合格的原料	
	物理危害:原料中的杂质	否	杂质会影响产品品质	后续的清洗挑选工序可减少杂质	
原料清洗挑选	生物危害:员工操作带入的微生物和洗涤用水的微生物污染	否	员工操作带入的微生物和洗涤用水都会影响产品的品质和安全性	保持人员卫生,洗涤用水符合GB 5749的规定标准	否

续表

主要加工步骤	潜在危害	是否显著性	判断依据	预防措施	是否为关键点
大豆蒸煮	生物危害:蒸煮温度达不到标准	否	蒸煮温度不够,不能杀灭细菌;蒸煮温度过高,会影响品质	后续工序有消毒灭菌过程,控制好蒸煮温度	否
接种与发酵	生物危害:有害酵母菌,产气肠杆菌,产酸小球菌,枯草芽孢杆菌及部分食源性致病菌等有害杂菌污染	是	接种在敞口条件下进行,容易感染部分有害杂菌;枯草芽孢杆菌,产气肠杆菌,微球菌等在发酵温度低于40℃时会使酱酸败,产气	对环境卫生,设备和工艺等的管理要严格执行SSOP,在发酵时应调节好酱的含盐量,控制好发酵温度	否
磨细	生物危害:微生物污染	否	磨酱的方法,设备及环境会产生热安全隐患	严格根据无菌生产工艺要求操作	否
调配	生物危害:微生物污染	是	空气中及黏附在设备,工具上的有害杂菌污染	对环境卫生,设备和工艺等的管理严格执行SSOP	否
	化学危害:铅,砷等重金属超标	是	由不合格的添加剂添加或禁止使用的添加剂引入	严格执行GB 2760标准使用添加剂	
杀菌	生物危害:微生物残留	是	杀菌成功与否是影响产品质量安全的重要因素	严格按照杀菌公式进行	是
无菌灌装	生物危害:微生物污染	是	微生物的超标会影响产品的品质和货架期	对环境卫生,设备和工艺等的管理严格执行SSOP,严格按照工艺参数进行	是

表 1-4　黄豆酱加工过程的 HACCP 计划表

关键控制点	显著危害	关键限值	监控手段				纠偏措施	记录	验证
			内容	方法	频率	监控者			
原料验收	微生物污染及农药残留	按企业原料验收标准验收	原料合格证明书和微生物含量测定	理化分析所有害成分、目测虫害及杂质	每批原料	检验员	微生物污染严重、农残超标的原料拒收	原料验收记录	审核每批原料记录并进行抽样检查
杀菌	杀菌不彻底,产品容易腐败;杀菌过度,影响风味和形态	杀菌的温度和时间严格按照杀菌公式设定	观察相应的仪表显示数据并进行记录	温度计监控温度、压力表检测压力	每 2h	操作人员	杀菌过度的产品不得出厂销售;杀菌不足的要在检验后做进一步杀菌处理	对操作进行记录、定期对温度计、压力表进行校正	对每批产品进行抽检
无菌灌装	无菌灌装工序和储存条件没有控制好,将影响产品质量和货架期	温度要按照工艺要求进行设定	观察相应的数据显示仪表并进行记录	灌装机出口蒸汽自动记录仪测定温度	每 2h	操作人员	温度过高,不可出厂销售	对操作进行记录、定期对自动记录仪进行校正	对每批产品进行抽检

表 1-5　豆豉生产过程的危害分析工作表

加工步骤	潜在危害	是否为显著危害	危害严重性的判断依据	控制措施	是否为 CCP
原辅料验收	生物危害:细菌、寄生虫、致病菌	是	大豆生长、贮藏环境中可能滋长细菌或者生虫	拒收;加热处理	否
	化学危害:重金属、农残、真菌毒素	是	种植不当,环境污染、原料腐烂、运输方法不当	从正规渠道采购;检查重金属、农残报告原料腐烂控制在 2% 以内	是 CCP1
	物理危害:树枝、树叶、泥沙、金属等	是	原料在采摘、运输、存储过程中混有杂质	设置筛选操作,通过去杂清理降低物理危害	否

续表

加工步骤	潜在危害	是否为显著危害	危害严重性的判断依据	控制措施	是否为CCP
去杂清理	生物危害:细菌、寄生虫、致病菌	是	厂区空气中可能存在微生物，暴露空气过久，工作人员或器具不卫生	缩短存放时间，控制存放温度，容器消毒，对员工进行健康监督	否
	物理危害:金属碎屑	是	去杂清理过程中，机械磨损所致	金属探测器检出金属及后续的清理过程	否
浸泡	生物危害:细菌、寄生虫、致病菌	是	浸泡用水中含有细菌、寄生虫、致病菌，工作人员或器具不卫生	检测水质、容器消毒	否
湿蒸	生物危害:细菌、致病菌	是	加热强度不够、杂菌残留	将大豆加热到121℃下蒸煮30min	是 CCP2
摊凉	生物危害:细菌、致病菌	是	厂区空气中微生物在大豆表面生长	风冷、快速冷却	否
接种	生物危害:细菌、致病菌	是	发酵剂不纯、存在杂菌	购买正规渠道的发酵剂，做菌相分析、菌活力检测，不使用被污染的发酵剂	是 CCP3
	化学危害:化学物质、真菌毒素	是	发酵剂含有化学杂质、杂菌生长	检测化学物质真菌毒素含量，不使用超标的发酵剂	否
发酵	生物危害:细菌、致病菌、昆虫、鼠害	是	发酵车间中空气中存在杂菌，车间为开放式	发酵车间的空气要定期消毒，如采用紫外线或喷雾剂等消毒，地面应保持清洁，干爽；定期执行有效的消鼠工作	是 CCP4
洗曲	生物危害:细菌、致病菌	是	洗曲用水中含有细菌、寄生虫、致病菌，工作人员或器具不卫生	检测水质、容器消毒	否
配料	生物危害:细菌、致病菌	是	辅料存在细菌、致病菌	辅料合格证、杀菌处理	是 CCP5
	化学危害:化学物质、真菌毒素	是	添加剂超标、辅料变质	按照国家标准使用添加剂，定期检查辅料质量	否

续表

加工步骤	潜在危害	是否为显著危害	危害严重性的判断依据	控制措施	是否为CCP
后发酵	生物危害:细菌,寄生虫,致病菌	是	后发酵车间空气中存在杂菌,封口不严,工作人员或容器具不卫生	车间定期消毒,容器消毒,检测密闭性	否
干燥	物理危害:灰尘	是	干燥车间	保持车间地面干净,定期清洗	否
包装	生物危害:细菌,寄生虫,致病菌	是	包装容器不合格,封口不严,微生物二次污染	产品进行微生物检验,容器检验,弃去不合格产品	否
包装	物理危害:头发,杂质	否	工作人员操作不规范	培训员工操作规范	否

表 1-6 豆豉生产 HACCP 计划表

关键控制点(CCP)	显著危害	关键限值	内容	方法	频率	人员	纠偏措施	验证	记录
原辅料验收	重金属,农药残留,真菌毒素	检查供货商营业执照,生产许可证,卫生许可证和质检部门检验报告	营业执照,生产许可证,卫生许可证,质检报告	查"两证,一照,一报告";查供货证明	每批次	采购员,质检员	拒收缺少相关证明的供方原料	审核每批原始记录;每年送质检部门检测重金属,农残等	原料收购,监控记录,偏差行动记录
湿蒸	细菌,致病菌	加热到121℃蒸煮30min	加热温度,时间	温度计,计时器	每批次	生产人员	加热不符合要求立即调试设备	每批抽检做温培养,每周抽检总菌数	杀菌记录,监控记录,偏差行动记录
接种	细菌,致病菌	发酵剂为纯种米曲霉	米曲霉含量	工业用菌证明书,培养分离鉴定	每批次	采购员,质检员,生产人员	拒绝使用缺乏相关证明的发酵剂	审核每批发酵剂记录;每年送质检部门检测米曲霉活力等	原料收购监控记录,纠偏行动记录

23

续表

关键控制点(CCP)	显著危害	关键限值	内容	方法	频率	人员	纠偏措施	验证	记录
发酵	细菌、致病菌	发酵室温控制30℃,湿度85%,时间50h	发酵温度、湿度、时间	顺序倒箱,温湿度调节系统,计时器	每批次	生产人员	顺序倒箱降低品温,定时调节室温和湿度	审核室温记录,每批抽检做菌相分析	温湿度监控记录、纠偏行动记录
配料	细菌、致病菌、农残	添加剂用量符合食品添加剂GB 2760标准,其他辅料符合SSOP规范	添加剂质量、原辅料质量	质检部检测产品的各项指标	每批次	质检员、生产人员	将添加剂超标、不合格的原辅料产品隔离	审核每批产品的质检记录	配料工序记录、监控记录、纠偏行动记录

表1-7 辣椒酱生产过程的危害分析工作表

加工步骤	确定在本步骤中被引入、控制或增加的危害	潜在危害是否由本组织控制(是/否)	对第3栏的判断依据	防止危害的控制措施	本步骤是否为关键控制点(是/否)
原料验收、选料	生物危害:病原体及毒素、虫卵 化学危害:农药残留 物理危害:杂质、异类品种、成熟度	是	病原体及毒素、虫卵、农药残留、杂质等均不符合食品卫生要求	1. 建立原料基地(农业标准化基地)。椒衣按生产技术规程进行种植,与购原料收购签订合同。2. 加强原料收购的检验检疫。3. 减少中转环节,短期内运到厂。4. 严格执行进货检查验收制度。5. 提高加工人员的责任心和素质,严格按照质量标准,去除辣椒、蒜末中的杂质、烂椒、椒梗及烂蒜米蒂皮	是
清洗	生物危害:无 化学危害:无 物理危害:洁净度	是	原料在本步骤清洗干净	将选好的原料,分别泡入配制好的消毒液中,浸泡20~30min。捞出,放入清水池中洗净	否

续表

加工步骤	确定在本步骤中被引入、控制或增加的危害	潜在危害是否由本步组织控制（是/否）	对第3栏的判断依据	防止危害的控制措施	本步骤是否为关键控制点（是/否）
洗瓶	生物危害：无 化学危害：无 物理危害：洁净度	是	瓶子在本步骤清洗干净	将完好的瓶子泡入配制好的消毒液中浸泡20~30min。取出，放入清水池中洗净	否
破碎	生物危害：无 化学危害：无 物理危害：杂质、金属、均匀度	否	在以后工序中可检验剔除	将破碎机用消毒水消毒并用水清洗干净。将洗净的原料分别放入破碎机中均匀破碎。10g成品酱中、1cm以上料块不超过三块。破碎完毕，将设备及设施清洗干净	否
调配	生物危害：无 化学危害：添加剂质量 物理危害：添加剂质量、计量准确性、均匀度	是	添加剂质量合格，计量准确、搅拌均匀	领料人对物料品种、品名、计量仪器是否在校验期内，进行称重后严格按照生产工艺规程中产品配方的要求进行调配，并搅拌均匀	是
腌制	生物危害：致病菌污染 化学危害：无 物理危害：金属、杂质、腌制时间	是	不允许有污染，金属、杂质不能混入	清洗、消毒腌制池。腌制池中不能残留积水。在底部撒上一层盐。将经配料混匀的酱料倒入，在最后一层密封上淋上一些高度白酒，再撒上一层盐。腌制后盖上盖子。将腌制池要盖好，腌制后盖严。腌制三至六个月，无异味、杂菌色正常，香味浓郁	是
灌装	生物危害：致病菌污染 化学危害：包装容器有毒 物理危害：金属、杂质 其他危害：计量准确性	是	不允许有污染，包装容器无毒无害，金属、杂质不能混入，要求计量准确	加强人员、包装间、工具消毒，专人检查金属、杂质，包装容器有生产厂家合格证明，经清洗消毒，是否在校验期内，是否正常，是否送入仓库，检查计量具是否在校验期内，定量称重、定量灌装，防止泄漏，灌装旋紧，瓶盖拧紧，灌装结束后应及时清洗和消毒设备。同时，灌装好的产品送入仓库，标记"待检"标识	是
检验	生物危害：无 化学危害：无 物理危害：无	否	根据检验项目	按标准要求对出厂检验项目进行检验	否
包装、入库	生物危害：无 化学危害：无 物理危害：温度	是	无	避免阳光照射，于阴凉处贮存	否

表 1-8 辣椒酱生产 HACCP 计划表

关键控制点	针对的危害	关键限值 CL	监控				纠正措施	记录	验证
			对象	方法	频率	人员			
原料、验收、选料 CCP1	生物危害：病原体及毒素、虫卵。化学危害：农药残留。物理危害：杂质、异物品种、成熟度	原料农药残留不得超过辣椒农药最大残留限量（多菌灵≤0.1mg/kg，氯氰菊酯≤0.1mg/kg，乐果≤0.5mg/kg）。有产地的植物检疫证明，异品种禁止收购。无病虫害、腐烂、带伤、杂质等，符合产品标准和工艺要求	原料	查验产地的植检证明书，严格按收购标准验收，分开存放。每个辣椒经手选，均匀衡生产	每批	收购员质检员	无植检证明书的必须补检；投产不合格品不得验收。投产；农药残留超标，而已投入生产的原料，产品须封存待处理。提高加工人员的责任心和素质，严格按照工艺操作，去除辣椒、蒜中的杂质、蒜米、椒、椒硬梗及烂蒜、蒜米皮	原辅料进货检查验收记录、检验记录	1.质检部查验原辅料进料检查、检验验收记录、检验记录；2.供货商信誉、资质；3.第三方认证
调配 CCP2	物理危害：添加剂质量、计量准确性、均匀度	苯钾酸钠质量合格，计量准确，最大使用量为1g/kg，搅拌均匀	苯钾酸钠、电子天平	按配方要求，用不同感量的称量工具，计量不同的配料，并搅拌均匀	每批	操作员	严格按照质量标准及工艺操作	生产计划、配方单配料工序记录	质检部查验生产计划、配方单、配料工序记录、电子天平校准记录书，用前校准天平

续表

关键控制点	针对的危害	关键限值CL	监控				纠正措施	记录	验证
			对象	方法	频率	人员			
腌制 CCP3	生物危害:致病菌污染;物理危害:金属、杂质,腌制时间	腌制池要密封,腌制后酱色正常,香味浓郁,无异味,杂菌;腌制时间:3~6月	辣椒酱	检查腌制池的密封性,记录好腌制开始时间	每批	操作员 质检员	腌制池要密封,腌制时间要控制好	腌制工序记录,中间过程制品检验记录	质检部检查验证,制工序间过程中间制品检验记录
灌装 CCP4	生物危害:致病菌污染;化学危害:有毒容器、包装;物理危害:金属、杂质;其他危害:计量准确性	净含量符合要求,内外包装符合要求,产品罐装要快速及时,封口严密	净含量,包装容器,计量器具	计量器具准确,定期校正,严格内外包装的验收标准	连续 不断	操作员 质检员	对计量器具定期进行检定、校准保存行证书,每次使用前检查,不合格包装容器坚决不用	计量记录,进货检查验收记录	质检部具校准证书,记录,包装证,器出厂合格证,进货检查验收记录

表 1-9　甜辣酱生产过程的危害分析工作表

加工步骤	识别在该步骤中引入的或增加的潜在危害	潜在的食品安全危害 潜在的危害是否显著(是/否)	对第3栏的判断依据	预防、消除或降低危害至可接受水平的措施	是否关键控制点
原料验收	生物危害:霉菌	是	原料在收割、贮存期间由于水分含量过高,致使霉菌生长	对每批原料进行检测,加强贮存期间的管理	是
	化学危害:农药残留、重金属超标	是	种植过程中过量使用农药	由供货商提供检验报告,企业实验室抽样检	
	物理危害:泥沙、杂质等	是	原料在收割、运输过程中产生	通过选检,清洗除去	

续表

加工步骤	识别在该步骤中引入的或增加的潜在危害	潜在的食品安全危害是否显著(是/否)	对第3栏的判断依据	预防、消除或降低危害至可接受水平的措施	是否关键控制点
原料去皮、去蒂、清洗	生物危害:无 化学危害:无 物理危害:无				否
沥干	生物危害:无 化学危害:无 物理危害:无				否
斩拌	生物危害:无 化学危害:无 物理危害:无				否
调配	生物危害:无 化学危害:食品添加剂过量使用 物理危害:无	是	通过SSOP控制		是
灌装	生物危害:微生物污染 化学危害:灌装机机油 物理危害:无	是	不洁的灌装环境、灌装设备、操作人员均会使产品受到污染	按规定对灌装间、产品所经过的管道和容器进行清洗消毒、保证清洁卫生、规范操作清洗	是
封盖	生物危害:微生物污染 化学危害:无 物理危害:无	是	封盖不严会造成产品杀菌后的二次污染	通过SSOP控制	否
打码	生物危害:无 化学危害:无 物理危害:无				否

续表

加工步骤	识别在该步骤中引入的或增加的潜在危害	潜在的食品安全危害是否显著（是/否）	对第3栏的判断依据	预防、消除或降低危害至可接受水平的措施	是否关键控制点
灭菌	生物危害：致病菌残留 化学危害：无 物理危害：无	是	灭菌温度和时间不当会致使病菌生长	充分的杀菌温度和时间	是
冷却	生物危害：无 化学危害：无 物理危害：无				否
贴标	生物危害：无 化学危害：无 物理危害：无				否
装箱	生物危害：无 化学危害：无 物理危害：无				否
纸箱打码	生物危害：无 化学危害：无 物理危害：无				否
成品入库	生物危害：无 化学危害：无 物理危害：无				否
清洗消毒 （玻璃瓶、盖） 清洗消毒工序	生物危害：致病菌 化学危害：消毒剂 物理危害：无	是 是	瓶上可能污染致病菌 瓶上可能残留消毒剂	通过SSOP控制 通过SSOP控制	否

表 1-10　甜辣酱生产 HACCP 计划表

关键控制点(CCP)	显著危害	关键限值	监控对象	方法	频率	人员	纠偏措施	验证	记录
原料验收	农药残留、重金属超标	索取供方的检验报告	供方的检验报告	检验供方的检验报告单	每批原料	原料接收人员	拒收	本厂化验室抽取每批原料检验、送检，主管领导复核每批原料的检验报告单	供方提供的检验报告单、进货检验报告、化检室抽检、送检记录
调配	食品添加剂过量使用	符合 GB 2760	称量器具	称量后复称	投料时称量用具每天校对 1 次	配料员	复称发现与总重量不符时自动作废　称量用具不合格的不准使用	主管人员每日检查称量记录　品管部每周抽查一次称量记录　成品由官方质检机构对食品添加剂含量抽检	原辅料称量记录　计量器具管理记录　纠偏措施记录
灌装	致病菌污染	灌装间的洁净度达到 30 万	灌装间洁净度	菌落试验	每周	质检员	洁净度达不到要求，彻底消毒后可使用	每季度审核灌装间温湿度记录、紫外消毒记录、洁净度记录	灌装间温湿度记录　灌装间紫外消毒记录　灌装间洁净度记录
灭菌	致病菌残留	灭菌温度 105℃　时间 10min	灭菌温度　时间	自动记录仪	连续	操作员	重新调整灭菌温度、延长灭菌时间，对偏离阶段的产品抽检	每季度审核灭菌温度、时间记录、成品检验记录、每季度对温度计、计时器进行校正	灭菌温度、时间记录　成品检验记录　校准合格记录

四、HACCP 体系在辣椒酱生产中的应用

黄宝明对 HACCP 体系在辣椒酱生产中的应用进行了研究，其主要研究结果可见表 1-7 和表 1-8。

五、HACCP 体系在甜辣酱生产中的应用

岳晓敏对 HACCP 体系在甜辣酱生产中的应用进行了研究，其主要研究结果可见表 1-9 和表 1-10。

第二章

发酵酱类生产技术

第一节 黄 豆 酱

一、大豆酱

大豆酱也称大酱或黄酱，它是以大豆（包括黄豆、黑豆、青豆等）、面粉、食盐、水为主要原料，利用以米曲霉为主微生物发酵而制成的发酵酱品。在这里介绍几种大豆酱的生产技术。

（一）曲法大豆酱

1. 原料配方

大豆 10kg、面粉 4～6kg、种曲 0.01～0.03kg、14°Bé 盐水 9kg、24°Bé 盐水 4kg、食盐 1kg。

2. 生产工艺流程

种曲＋面粉

大豆选择→浸泡→蒸豆→冷却→混合接种→培养大豆曲→发酵→自然升温→第 1 次加盐水→酱醅保温发酵→第 2 次加盐水→翻酱→成品

3. 操作要点

（1）选豆、洗豆、浸泡　选用皮薄、颗粒均匀、无皱皮的大豆，浸豆容器中先注入 2/3 容量的清水，投入大豆后稍搅拌，将浮于水面的瘪粒、烂粒、坏豆、杂物清除出去。然后加清水浸泡，使其吸收水分，以利于大豆蛋白质的变性和淀粉的糊化，并易于微生物分解和利用。浸泡时间与季节有关，一般夏季泡 4～5h，春秋季泡 8～10h，冬季泡 15～16h。浸豆过程中应换水 1～2 次，以免大豆变质。浸泡的标准是以豆粒皮面无皱纹、豆内无硬心、指捏易压成两瓣者为佳。浸后大豆体积一般增至原豆的 2 倍左右。

（2）蒸豆　蒸豆可用常压蒸豆和加压蒸豆两种方式。常压蒸豆一般用蒸甑或蒸锅，将泡豆置于容器内，通入蒸汽或大火加热至圆汽。圆汽后继续蒸 2.5～3.0h，焖 2h 出料。加压蒸豆一般用旋转蒸煮锅，开蒸汽加热，尽量快速升温，蒸煮压力为 0.16MPa，保压 8～10min 后立即排气减压，然后尽快冷却至 40℃左右。蒸豆应使大豆全部蒸熟、酥软，有熟豆香味，保持整粒不烂，也即用手捻时可使豆皮脱落、豆瓣分开。

（3）制曲

① 种曲选择。一般用沪酿 3.042 米曲霉或甘薯曲霉 AS3.324 制得的麸曲或曲精为种曲，麸曲作种曲用量一般为原料用量的 0.3%～0.5%，曲精作种曲用量为 0.1%。

② 接种。蒸熟的大豆冷却至 40℃ 左右，接入种曲与面粉的混合物，拌和均匀。接种前种曲先与面粉拌和均匀，这样豆粒表面包裹着一层面粉，水分被面粉吸收互不粘连，曲料松散，通气良好，有利于培养菌种。

③ 制曲培养。接种好的球状面粉大豆粒放在竹匾中，摊成厚度为 4～5cm 的薄层，移入曲室培养。也可将面粉大豆粒放入通风池培养，池中料层厚度为 30cm 左右。控制培养温度为 32～35℃，最高不超过 40℃。制曲时间一般为 42h 左右，待大豆粒表面可见淡黄绿色孢子出现即可出曲。

（4）发酵　以低盐固态发酵法为例，其操作方法如下。

① 入发酵容器、自然升温。先将大豆曲倒入发酵容器，表面扒平，稍加压实，其目的是使盐分能缓慢渗透，表层也能充分吸足盐水，并且利于保温升温。在微生物及酶的作用下，发酵产热，很快自然升温至 40℃ 左右。

② 第 1 次加盐水。将所需的 14°Bé 盐水加热到 60～65℃ 从面层缓缓淋下，使曲料与盐水均匀接触。大豆曲加盐水后酱醅含盐量在 9%～10%，避免了过高盐分对酶的强烈抑制作用，更有利于发酵，同时又可抑制非耐盐性微生物的生长。当盐水基本渗完后，表面盖一层细面盐，最后面层铺盖塑料薄膜，并加盖保温层进行发酵。

③ 酱醅保温发酵。发酵期间，维持品温 45℃ 左右，不低于 40℃，否则会造成酸败；但也不宜过高，否则会影响大豆酱鲜味和口感。每 1d 检查 1～2 次，10d 后酱醅成熟。

④ 第 2 次加盐水。酱醅成熟后，再补加 24°Bé 盐水及约 10% 的食盐（包括封面盐），用翻酱机充分搅拌，使所加食盐全部溶化，置室温下继续进行后发酵 4～5d 即得成品。若要求色泽较深呈棕褐色，可在发酵后期提高品温至 50℃ 以上，同时注意搅拌次数，使品温均匀。有的为了增加大豆酱风味，也可把成熟酱醅品温降至 30～35℃，人工添加酵母培养液，再发酵 1 个月。发酵成熟的豆酱一般不经灭菌而可直接出售。

（二）酶法大豆酱

1. 原料配方

大豆 100kg、面粉 39kg、水 106kg、酶制剂与酒醪各适量。

2. 生产工艺流程

大豆→压扁→润水→蒸熟→冷却→熟豆片→拌和（加熟面粉、盐水、酒醪、酶制剂）→混合制酱醅→保温发酵→成品

3. 操作要点

（1）压扁、润水、蒸料　将大豆压扁，加入大豆用量 45％ 的热水，经拌水机边搅匀边随即落入加压蒸锅中，控制蒸汽压力为 0.15MPa，蒸制 30min。另外，将 97％ 的面粉加入占面粉重量 30％ 的水中，搅匀后采用连续蒸料机蒸熟。

（2）酒醪制备

① 取 3％（总量）的面粉，加水调至 20°Bé，加入 0.2％ 氯化钙，并调节 pH 值为 6.2；加 α-淀粉酶 0.3％，升温至 85～95℃ 液化，液化完毕再升温至 100℃ 灭菌。

② 醪液冷却至 65℃，加入甘薯曲霉 AS 3.324 麸曲 7％，糖化 3h；糖化结束后降温至 30℃，接入酒精酵母 5％，常温发酵 3d 即成酒醪。

（3）酶制剂制备

① 配料、蒸料。将豆饼、玉米粉、麸粉按 3∶4∶3 的比例混合均匀，加入 75％ 的水、2％ 的碳酸钠（溶解后加入），拌和均匀，蒸料。

② 接种制曲。熟料出锅后经粉碎、冷却至 40℃，接入 0.3％～0.4％ 米曲霉 AS3.951 种曲，混合均匀后制曲。制曲的方法基本与制备酱油曲相同。

③ 制粗酶制剂。当曲料呈淡黄色时即可出曲，然后将成曲干燥，再经粉碎制成粗酶制剂。

（4）制酱　将冷却至 50℃ 以下的熟豆片、熟面粉、盐水、酒醪及酶制剂充分拌和，入水浴发酵池发酵。发酵前期的 5d 内，保持品温 45℃；发酵中期的 5d 内，保持品温 50℃；发酵后期的 5d 内，保持品温 55℃。发酵期间每 1d 翻酱 1 次，15d 后大豆酱成熟。成熟后的大豆酱也可再降温后熟 1 个月，使产品酱香更加良好。

（三）大豆酱质量指标

（1）感官指标　红褐色或棕褐色，有光泽；有酱香和酯香味，无不良气味；味鲜醇厚，咸甜适口，无苦、无涩、无焦煳及其他异味；稀稠适度，允许有豆瓣颗粒，无异物。

（2）理化指标　氨基酸态氮（以氮计）≥0.50g/100g，水分≤65.0g/100g，铵盐的含量不得超过氨基酸态氮含量的 30％，总砷（以 As 计）≤0.5mg/kg，铅（以 Pb 计）≤1.0mg/kg，黄曲霉毒素 B_1≤5μg/kg。

（3）微生物指标　大肠菌群≤30MPN/100g，致病菌（沙门菌、志贺菌、金黄色葡萄球菌）不得检出。

二、东北大曲酱

（一）原料配方

优质大豆 100kg、面粉 20kg。

（二）生产工艺流程

水　　　　　　面粉
↓　　　　　　↓

大豆→清洗→浸泡→蒸煮→粉碎→混匀→制曲→成曲→刷曲→发酵→成品

（三）操作要点

（1）清洗、浸泡　把经过筛选的大豆进行清洗，除去漂浮物和沉积的杂质，清水浸泡4～12h，使大豆子叶吸水膨胀，制曲的水分主要来源于大豆吸收的水分，大豆的重量要增加2.0～2.2倍。

（2）蒸煮　蒸煮分为煮豆和高压蒸煮两种方法。

①煮豆。将已泡好的大豆下至蒸煮锅内（加水后液面应高于泡豆面20～25cm），加热至沸腾（大约需要1h），持续温火加热3～4h，这是经过浸泡的大豆，放入水中进行常压加热的一种处理原料方法。煮豆时间长，煮豆液会滞留在熟豆中，煮豆黏度大，有利于酱坯成型，煮豆液中的蛋白质也会进入到酱坯中防止了原料的浪费。常压蒸煮圆汽后微火蒸煮时间约3h。熟豆应红褐色，软度均匀。

②高压蒸煮。浸泡好的大豆，放入蒸煮罐中，在0.1MPa压力下蒸煮30min。蒸豆时间短，蛋白质适度变性条件容易掌握，蛋白质消化率高，卫生条件好。

（3）粉碎　把蒸好的大豆放在大豆轧扁机上碾轧，加入面粉拌匀。人工加工成45cm×20cm×20cm的酱曲块。放入间距约1m的多层培养室曲架上，培养室内温度控制在20～25℃。

（4）制曲　制曲又称为制酱坯。曲坯入房后的10h后微生物的繁殖体吸水膨胀，孢子及细胞内溶物开始溶解，酶在细胞内开始活动，孢子开始萌发。20h后，多种微生物快速生长，菌数迅速增加，细胞内生理活动极为旺盛，此时是保湿与排潮阶段，要注意保温、保湿，并及时调整品温及湿度。4～15d，积累的蛋白酶活力较高称为晾霉阶段。入房16～20d，由于基质中水分的降低，细菌及酵母已停止繁殖，霉菌仍不断增长，应加强管理。待曲霉菌长满曲料时，即为成熟酱曲，35d出曲。大曲的贮存：一般25～30d为宜，超过30d酶活力下降。

（5）刷曲　大曲制曲时间要20d以上，成曲表面会粘一些草席上的碎末，通风时曲室内会进入灰尘等杂物，所以在大曲成熟后要刷曲，用刷曲机刷去成曲表面杂质和菌丝。

（6）发酵　刷净的成曲入缸，大曲100kg、食盐50kg、水200kg。大曲入缸后，每天用耙搅动，促使成曲逐渐软碎，然后过筛，搓开块状，筛去杂质。为了通风防雨，缸口上要罩上一顶"酱帽"，如果生水进入发酵酱醪中就会有寄生虫繁殖，影响酱品的品质。每天早、中、晚各打耙一次，把上面由菌丝形成的酱沫除掉，直到将酱醪表面产出的沫状物彻底除净。每天打耙使酱变得很细，1～3

个月大曲酱即成熟，酱醪发酵过度会产生异味。

三、广式黄豆酱

广式黄豆酱是采用黄豆在传统发酵生产的基础上，结合现代生产技术精制而成。其特点是保持了整粒黄豆的形态，颜色金黄至红棕，光泽好，味道鲜，咸甜适口，香气浓郁。广式黄豆酱既保持了传统酿造豆酱的风味和特点，又符合现代饮食的要求。用于烹、调、焖、煮、炒样样皆宜。

（一）生产工艺流程

选豆→浸泡→蒸煮→冷却→接种→制曲→成曲→拌盐水→发酵→成熟酱醪→煮制→冷却→包装→成品

（二）操作要点

（1）选豆　要求精选黄豆，黄豆新鲜、颗粒均匀饱满、无杂质、无霉变。

（2）浸泡　浸泡前先用水把豆表面的灰尘进行清洗，并根据季节水温不同泡豆时间控制在 2.5～4h。判断准则：黄豆表面基本无皱褶，用手轻捏豆粒能分开两半。把泡豆水放掉沥去余水，准备蒸煮。

（3）蒸豆　采用 98kPa 的蒸汽压力（实压）蒸煮 45min。蒸好后豆变黄褐色豆粒完整有弹性，手稍用力搓能成粉无夹生。

（4）接种　当豆温降至 45℃ 时便可进行接种。接种量 0.1%～0.2%。先用适量面粉与种曲拌匀，再和黄豆混合均匀。

（5）制曲　将接种后的曲料薄厚均匀地铺在曲床上，厚度 20～25cm，进行通风制曲。制曲过程控制室温在 26～28℃，干湿温差前期 1～2℃，后期 2～3℃，品温 30～32℃，品温最高不能超过 36℃。制曲过程要进行 2 次翻曲，第一次翻曲在 12～14h，第二次翻曲在 16～18h。当曲料生长至表面呈淡黄绿孢子时便可出曲。整个制曲过程需要 22～24h。

（6）发酵　成曲出曲池后，在发酵缸用 1.5 倍 17°Bé 的盐水与之混合并进行露晒发酵。发酵期间 3～5d 进行翻醪一次，发酵时间 40～45d。成熟的酱醪酱香浓厚，光泽好，颜色为淡红棕色。

（7）煮制　采用夹层锅进行煮制，先按 1:1 的比例加入水和白砂糖（白砂糖用量为成熟酱醪的 8%）加热溶解，边加热边搅拌，慢慢浓缩变成糖浆，再把酱醪加进锅内与糖浆混合并继续加热。当温度至 85℃ 时保温 15～20min 即可。

（三）成品质量指标

（1）感官指标　气味：具有正常的豆酱香气，气味香浓，无杂味；色泽：颜色金黄至红棕，光泽好、不发乌；滋味：味鲜美，甜咸适口；体态：浓稠能滑动，豆粒完整或分瓣。

（2）理化指标　总酸（以乳酸计）≤2.0g/100mL，氨基酸态氮（以氮计）≥0.6g/100mL，总糖（以葡萄糖计）≥12.0g/100mL，食盐（以氯化钠计）≥

8.0g/100mL，砷（以 As 计）≤0.5mg/kg，铅（以 Pb 计）≤1.0mg/kg，黄曲霉毒素 B_1≤5.0μg/kg。

（3）微生物指标　大肠菌群≤30MPN/100g，致病菌不得检出。

四、辽东大豆酱

辽东地区传统大豆酱分盘酱和大酱两种，是该地区人们餐桌上一道调味美食。两种酱的制作工艺不同，其颜色、口味、特点也有很大的区别。有关盘酱的制作在本节后面有详细介绍，在此不做介绍。这里主要介绍辽东大酱（又称豆瓣酱）的制作。

1. 大酱坯的制作

在农历十月间，头晚在铁锅内浸泡 2.5kg 精选大豆（以 5kg 大酱计），清水淹过豆面约 2cm，次日生火焯豆，切不可焦糊，待汤燀净，豆粒用手一捻即酥烂时，熄火焖至红色，可用酒瓶子捻压成豆泥后，制作成 16cm×8cm×8cm 长方体大酱坯，成形后的大酱坯，下面垫好玉米秸秆，利于通风。上面盖好牛皮纸，利于防尘。坯间距约 4cm，放在阴凉通风的地方，约 1 周时间将酱坯调换位置继续贮放如前，里外都长出白毛才好。

2. 制酱日的选择

传统把农历四月十八定为下酱日。在实践中发现，大酱如果制酱的时间过晚，因气温升高过快，大酱发酵的成熟期就会大大缩短，从而导致口感粗糙，口味不佳。所以有人把制酱日提前到农历二月二十八，效果不错。

3. 大酱的发酵

首先将酱坯放入清水中仔细清洗，刷去外皮一切不洁物，然后将酱坯切成尽可能细小的碎块，放入洁净的瓷坛中，按 1/5 的比例加入食盐后，把清洁的泉水注入坛中，漫过酱料 2cm 即可。用干净白布蒙住坛口，3d 以后开始打耙搅拌。每天用酱耙子（就是在一根木棒下面固定一块板）把酱液表面生出的沫状物打除，然后可用洁净的木筷或直接用酱耙子对酱液进行上下搅拌，大约坚持打耙 1个月时间，每天早晚各打 1 次耙，每次 100 下左右，把沫子盛出来丢掉，直到酱发劲儿（酱液表面生出的沫状物）彻底打除为止，每天打耙酱会变得很细，等酱再发几天就可食用。

4. 大酱的特征和风味

大酱全部由发酵霉变的酱坯，经过两次有氧发酵酿造而成。其颜色呈黄褐色，有明显的腐乳香气。因其含盐量较低应少做并尽快吃完，防止霉变臭败。

五、黄藤笋大豆酱

黄藤是我国海南、广东、广西、云南地区的主要经济藤种，在制作家具和工艺品方面应用广泛。黄藤的藤茎嫩梢也称黄藤笋，是一种营养丰富、味道鲜美、绿色环保的森林蔬菜。本产品是以黄藤笋和大豆为主要原料生产的一种新型大豆酱。

（一）生产工艺流程

黄藤笋整修 → 切碎 → 预煮 → 冷却 → 沥干　　种曲+面粉
　　　　　　　　　　　　　　　　　　↓　　　　↓
大豆 → 浸泡 → 蒸煮 → 冷却 → 混合 → 接种 → 制曲 → 成曲

成品 ← 包装 ← 调整 ← 发酵 ← 拌盐水

（二）操作要点

（1）黄藤笋预处理　挑选生长健壮的植株，距地面 8cm 处剪下，去叶、叶鞘和刺，清水洗净，将可食用部分切成 1cm 大小的笋丁，放入沸水中预煮 20min，冷却，沥干水分。

（2）大豆预处理　洗净大豆，放入沸水中浸泡 3h。浸泡后的大豆表面应无皱褶，用手轻捏豆粒能分开两半。沥干，放入高压蒸汽锅 121℃蒸煮 30min，蒸后的大豆应呈金黄色且豆粒完整有弹性，手稍用力搓能成粉无夹生。大豆出锅后倒入铝盘中迅速冷却。

（3）混合、接种制曲　当黄藤笋、大豆温度降为 42℃时开始接种。接种量为 0.3%，先用适量面粉与种曲拌匀，再和黄藤笋、大豆混合均匀。具体配比：黄藤笋 100kg、大豆 250kg、面粉 100kg、水 200kg。按原料配比用曲料接种后平铺于无菌盘中，厚度 3cm 左右。制曲过程中控制室温为 29℃，品温为 30～32℃，品温最高不超过 36℃。制曲 24h 后进行第一次翻曲，36h 第二次翻曲。当曲料表面着生黄绿色孢子并散发曲香时即出曲。最佳制曲时间为 48h。

（4）拌盐水、发酵　将成曲装于发酵容器内，缓慢加入 1.5 倍 55℃的盐水（浓度为 12%），让其逐渐渗入曲料内，用塑料膜封口。置于 45℃左右温度下保温发酵，3～5d 翻醅 1 次，发酵 30d，即制得成熟黄藤笋大豆酱。经过成分调整、包装即得酱香浓厚、咸甜适口、鲜艳有光泽、呈棕褐色的成品。

六、大豆蚕豆豆酱

本产品是以大豆和蚕豆为原料发酵制成的酱品，具有浓郁的酱香味和芬芳的酯香味，具有豆类的营养保健功能及药用价值。

（一）生产工艺流程

原料 → 预处理 → 蒸煮 → 冷却拌面粉 → 接种（麸曲）→ 曲盘培养（通风制曲）→ 成曲 → 入缸（池、坛）→ 发酵 → 成熟酱

（二）操作要点

（1）原料的选择　所用大豆（黄豆）、蚕豆要求颗粒饱满，大小较一致，无霉烂和虫蛀；所用面粉为市售标准粉，食盐为市售加碘精制盐。

（2）原料预处理　大豆：用清水洗净、浸泡至表皮全部伸展，易于分成两瓣为止。一般浸泡 4~7h 即可。蚕豆：先去壳，然后将豆瓣浸泡 3~6h，使之充分吸水至断面无白色硬心，然后捞起沥干。

（3）蒸煮　将已处理的大豆加水，常压蒸煮 30min 或 0.1MPa 高压蒸煮 15~20min，捞出冷却。将已处理的蚕豆瓣上甑蒸煮，常压蒸煮 15~20min 或 0.1MPa 高压蒸煮 8~12min，然后取出摊晾。

（4）麸曲制备　将麦麸过筛，除去细小的粉末，装袋洗涤至水澄清，拧干，在 0.1MPa 的压力下灭菌 30min，移入已灭菌的培养室内，冷却至 30℃，接种米曲霉，然后于 28℃下培养 24~48h，待长满黄绿色孢子，即为成熟麸曲。

（5）面粉焙烤　取面粉于干燥箱内焙烤 1~2h，至面粉干燥，用手搓时有"沙沙"响声为止。

（6）拌面粉　按 1∶1 的比例，取已蒸煮的大豆和蚕豆瓣，加入 10%~20% 的焙烤面粉，并拌和均匀。

（7）接种　按 0.15%~0.3% 的比例接种麸曲，上曲盘（曲床）放入培养室内，温度为 28~30℃，12h 后翻曲 1 次，将曲块打散，以后每隔 4~5h 再翻曲 1 次，培养 24~48h。直到曲料上长满黄绿色孢子，即为成曲。

（8）入缸（池或坛）加盐水　将成曲装缸（池或坛），装入量不超过容器的 2/3，压实压平。加入 60~65℃ 14%~15% 的盐水，用量为成曲的 1~1.5 倍。待盐水逐渐渗入曲内后，再翻拌酱醅，扒平表面并撒一薄层封面盐，然后盖严。

（9）发酵　在 45℃ 温度下，保温发酵 10~15d，或在常温下发酵 1~3 个月即可成熟。

（三）成品质量指标

（1）感官指标　色泽：赤红色或红褐色，鲜艳，有光泽；香气：有浓郁的酱香味和芬芳的酯香味；滋味：味鲜醇厚，咸甜适口；状态：黏稠适度，无杂质。

（2）理化指标　水分 60%，氨基态氮（以氮计）0.60%。

（3）微生物指标　符合 GB 2718—2014《食品安全国家标准　酿造酱》。

七、红曲香菇黄豆酱

（一）生产工艺流程

米曲霉
↓

黄豆浸泡→蒸煮→冷却→加面粉→接种制豆曲→豆曲＋红曲＋香菇→调配装瓶→加花椒盐水→发酵→成品

（二）操作要点

（1）黄豆的预处理　将淘洗过的黄豆用 30℃ 温水浸泡数小时，使黄豆充分吸水膨胀但又不易于脱皮，煮沸直至熟透不夹生即可，沥去水分，摊晾冷却至温度 40℃左右。

（2）面粉的预处理　将适量面粉摊平，于 100℃烘箱中焙烤约 40min，以除去面粉中的杂菌和水分，便于吸收黄豆料中的多余水分，有利于米曲霉的生长。

（3）红曲的制作　将大米浸泡约 3h 至无白心，淘洗沥干水，常压下蒸至半熟（10min 左右），冷却晾至半干打散后装培养皿中，每皿 10g 左右。121℃灭菌 20min。待冷却后以 5%接种量接种红曲霉，37℃恒温恒湿（70%）培养 7d，至饭粒中心全部变为红色，米粒为紫红色或黑红色。将饭粒于 40℃干燥后粉碎成末，即为成品红曲，于干燥黑暗处保存备用。

（4）香菇的预处理　将香菇浸泡，清洗干净，沥去水分。切成黄豆大小的丁块，常压下蒸 5min，杀菌的同时，可使香菇细胞破裂，以利于在发酵过程中浸出其营养成分。然后在 100℃烘箱中烘烤约 40min，使其具有较好的口感。

（5）接种制豆曲　在已处理过的黄豆中添加适量已预处理的面粉，使其表面均匀地裹上一层面粉。然后，按 2%的接种量接种米曲霉孢子种曲，混合均匀后摊平于竹帘上，厚度以 2～3cm 为宜，在 30℃恒温恒湿（70%）培养 2d 左右。当曲料上长有白色菌丝、曲料结块时，对曲料进行翻曲，并将曲块打散，然后摊平继续培养 2～3d。至曲料上白色菌丝转为绿色，即可对曲料进行轻轻搓曲，去除掉曲料表面的绿色菌丝，即制成黄豆曲。

（6）调配、装瓶　以黄豆曲重的 20%加入已处理过的香菇，以黄豆曲重的 0.5%加入红曲粉。将香菇、红曲粉、黄豆曲混匀后装入发酵瓶内，装量为发酵容器的 1/3。然后向发酵瓶内加入 40℃左右的盐水（控制最终盐水浓度在 10%左右），加至发酵容器的 2/3，加盖后水封。

（7）发酵培养　将调配好装瓶的黄豆酱放置于恒温条件下进行发酵，控制每 12h 发酵温度为 45～47℃，每 12h 为 20～25℃，如此循环进行变温发酵。发酵 10d 即得成熟的红曲香菇黄豆酱。

八、盘酱

盘酱是满族先人发明，后来经过多年的制作和摸索，不断完善工艺制作出的酱。由于这种食物多在营盘中食用，而且方便食用，所以至今满族还把下酱称为"盘酱"。

工艺一

（一）原料配方

新黄豆 1kg、面粉 0.3kg、食盐 0.4kg、干红辣椒 2g、大料 1g、花椒 1g、水 2.5kg、花生粉 0.05kg。

（二）生产工艺流程

选豆→泡豆→炒豆→蒸豆→焖豆→制酱坯→发酵→下酱→成品

（三）操作要点

（1）选豆　在农历正月里或者二月初，精选上好的黄豆，最好是当年生产的新黄豆。

（2）泡豆　将黄豆用清水洗净后用3倍量的水进行泡豆。

（3）炒豆　将黄豆用锅文火炒至6分熟即可。

（4）蒸豆　蒸豆应使豆全部蒸熟、酥软，有熟豆香，保持整粒不烂，用手捻时，可使豆皮脱落、豆瓣分开的程度。若蒸煮不熟，豆粒发硬，蛋白质变性及淀粉糊化不充分，不利于曲霉的生长繁殖；若蒸煮过度，会产生不溶性的蛋白质，也不利于曲霉生长，且制曲困难，易生杂菌。

（5）焖豆　将豆蒸熟后不要出锅，焖12h再进行捣碎。这样做可使酱的颜色较深一些。

（6）制酱坯　将蒸熟的黄豆捣碎成泥状，再将称好的面粉和酱泥混合均匀，将捣碎的酱泥做成70cm长、40cm宽的长方体的酱坯。酱坯的制作方法有两种：一种是在面板上摔打后做成所需要的酱坯，还有一种方法就是用烤吐司面包用的模具做成酱坯，这样做出来的酱坯既美观又紧实。

（7）发酵　酱坯做好后，先放在室内阴凉通风处晾至酱坯外面干燥（约3～5d），然后在酱坯外裹一层牛皮纸（防止蝇虫污染、灰尘沾污等）。放在温度较高的且通风较好的地方进行发酵。大约2个月以后，酱坯表面长满了长长的白色或绿色菌丝，这表明已发酵结束。

（8）下酱　下酱时，将掰成小块的酱坯、盐及水按照比例混合在一起，再把熟花生粉、干红辣椒粉放入其中，这不仅起到增香的作用，还起到杀菌和防腐的作用。

（四）成品质量指标

（1）感官指标　酱体均匀呈半流体状，酱体略稠，色泽微红，有少许豆瓣，酱香清纯，味鲜醇厚，咸度适中。

（2）理化指标　氨基酸态氮（以氮计）$\geqslant 0.50g/100g$，水分$\leqslant 65g/100g$，铵盐的含量不得超过氨基酸态氮含量的30%，总砷（以 As 计）$\leqslant 0.5mg/kg$，铅（以 Pb 计）$\leqslant 1.0mg/kg$，黄曲霉毒素 $B_1 \leqslant 5\mu g/kg$。

（3）微生物指标　大肠菌群$\leqslant 30MPN/100g$，致病菌（沙门菌、志贺菌、金黄色葡萄球菌）不得检出。

工艺二

（一）原料配方

新黄豆1kg、红小豆0.2kg、玉米粉0.2kg、食盐0.4kg、西瓜汁2.8kg、干红辣椒10g、大料1g、花椒1g、花生粉0.05kg、熟玉米粉0.03kg。

（二）生产工艺流程

选豆→洗豆→炒豆→磨豆→制酱坯→发酵→下酱→成品

（三）操作要点

（1）选豆　精选上好的黄豆，最好是当年产的新黄豆。人工将杂质和坏豆挑出，或用分选机将杂质或瘪豆剔除掉。

（2）洗豆　将黄豆用清水洗净后沥干。

（3）炒豆　将黄豆和红豆分别入锅文火炒熟，或用烤箱将黄豆烤熟，注意先用大火，再用中火，最后用小火。

（4）磨豆　将炒熟的黄豆和红豆出锅晾凉后，用磨磨成粉，或用粉碎机粉碎，注意黄豆不要粉得太碎，稍微有一些小豆瓣更好。而红豆要求粉碎成细面状。

（5）制酱坯　将粉碎好的黄豆粉和红豆粉用开水搅拌均匀，再加一些玉米粉，其做法是将细玉米粉加水后熬成粥状，然后趁热倒在豆粉里一起和成干湿适宜的豆酱泥，最后做成 60cm 长、30cm 宽的长方体酱块。做酱坯的方法和工艺一相同。

（6）发酵　酱坯做好后，先放在室内阴凉通风处晾至酱坯外面干燥（约 3～5d），然后在酱坯外裹一层牛皮纸（防止蝇虫腐蚀、灰尘沾污等）。放在温度较高且通风较好的地方进行发酵。大约 3～4 个月后，酱坯彻底发酵、干裂，酱坯里面都长出长长的白色菌丝或绿色的菌丝，也就是平常我们看到的白毛或绿毛，这是一种霉菌，它能将黄豆里面的大豆蛋白和淀粉分解成蛋白酶和淀粉酶，霉豆面味也变淡了，即表明发酵结束。这时把发酵好了的酱坯洗刷干净，掰开成一小块一小块的，要在太阳下暴晒，这样做的目的是为了消毒杀菌。这时酱坯发酵好了，里面有油泛出，即可进行下酱了。

（7）下酱　将发酵好的酱坯上面的霉菌用刷子刷掉或用刀刮掉，然后再一次进行粉碎，把粉碎后的酱粉倒入瓷坛或瓷缸中。下酱时，把盐用西瓜汁化成盐水，再放一个包着干红辣椒、大料和花椒粒的纱布包放在盐水里。把粉碎后的酱粉和盐水混合均匀，再把熟花生和熟玉米粉碎成粉后加入酱中，然后把上口用盖盖好，再过 1 周左右即为成品。

（四）成品质量指标

（1）感官指标　酱体均匀呈半流体状，稀稠适度，色泽红润油亮，酱香清纯，味鲜醇厚，咸度适口，不仅具有酱特有的香味，还有一些酯香和麻香，并伴有清香微甜之感，回味无穷。

（2）理化指标　同工艺一。

（3）微生物指标　同工艺一。

九、紫苏黄豆酱

（一）生产工艺流程

紫苏油粕→粉碎→干燥

↓

黄豆→清洗→浸泡→沥干→破碎→混合→蒸煮→冷却→接种→制曲→入发酵容器→自然升温→加盐水保温发酵→酱醅→后熟→水浴杀菌→成品

（二）操作要点

（1）原料预处理　紫苏油粕的预处理：用辊式粉碎机破碎，最大颗粒径为0.2cm。破碎后放入干燥箱中干燥，60℃条件下干燥20min，取出备用。黄豆的预处理：浸泡黄豆，以水淹没黄豆为宜，浸泡6～7h，使豆粒饱满、无硬芯，重量增加约为原来的2倍。面粉的预处理：面粉在75℃下烘20min，取出备用。

（2）蒸煮　把破碎后的黄豆与紫苏油粕进行高压蒸煮，按7∶3混合，于125℃蒸煮5min。

（3）混合　蒸煮后，待黄豆和紫苏油粕原料冷却，降至40℃时，添加黄豆紫苏油粕总量的10%的熟面粉，并搅拌均匀。

（4）接种、制曲　在混合熟料接入米曲霉、黑曲霉，比例为3∶1，接种量为0.25%，混合均匀，入霉菌培养箱进行培养，温度为31℃，保持42h左右，直至曲料表面长出淡黄色或嫩黄绿色孢子，闻之具有成曲特殊香气，此时制曲完成。

（5）发酵　将黄豆和紫苏油粕的成曲缓慢倒入1000mL的烧杯中，加入成曲重量110%的60℃的14.5°Bé食盐水，自然发酵升温至40℃左右，保持温度为30℃，发酵时间22d，酱曲完全溶解成黏稠的半固态，具有明显的酱香，且氨基态氮含量大于0.5%时，则表明发酵成熟。

（6）后熟　紫苏豆酱发酵完毕，补加40℃浓度为24°Bé的热盐水，盐水用量为酱醅重量的40%。于室温中存放4～5d。

（7）杀菌　使用水浴锅进行杀菌处理，温度设置为90℃，加热10min。

（8）成品　酱体呈红褐色，有光泽，酱香浓郁，口感细腻，具有酱香及紫苏特有香气，滋味鲜美，即为成品。

（三）成品质量指标

（1）感官指标　该酱色泽红褐色，黏稠适度，有酱香味，咸淡适中，具有紫苏典型香气。

（2）理化指标　氨基酸态氮（以氮计）0.75g/100g，水分为60%。

（3）微生物指标　大肠菌群20MPN/g。

十、西瓜黄豆酱

西瓜黄豆酱是民间盛行的一种酱料，尤其是河南农家，喜欢做西瓜黄豆酱，他们称作"豆什儿"。西瓜黄豆酱，除了具有其他豆酱的营养物质和风味外，还含有西瓜中的糖类、维生素和其他营养物质，是一种优质、高营养的酱料。不论作坊制作还是家庭制作，成品品质不亚于市面上的任何一种酱料。

（一）原料配方

大豆500g、西瓜瓤2000g、面粉400g、粗盐200g、曲精、十三香、白酒适量。

（二）生产工艺流程

（1）霉豆（豆曲）制作工艺流程

大豆→洗净→浸泡→煮熟→冷却→拌面和曲精→铺放→发菌培养→晾晒→霉豆（豆曲）

（2）制酱工艺流程

西瓜瓤→去籽捣碎→加入霉豆→加盐→加十三香→拌匀装坛→加白酒→晒酱翻酱→包装→成品

（三）操作要点

（1）霉豆（豆曲）制作

① 洗净、浸泡。大豆挑出杂质，水洗干净，用水浸泡，最少要浸泡4h。倒出浸泡的水，换新水煮豆。

② 煮熟、冷却。煮豆过程中撇去浮沫，煮至软烂为度，捞出沥干水分，并进行冷却，当豆温降至35℃左右时，接种曲种。

③ 拌面和曲精。将曲精与干面粉混合（曲精用量占大豆量的0.15%～0.30%），再将混合粉拌入大豆中，要拌匀，使豆粒表面都裹上混合粉。

④ 发菌培养。将拌好的大豆平铺在通风透气的发菌床上。发菌床可以选用竹席、凉席、木板等材料，上面铺上笼布或编织袋，把豆粒铺放在上面，摊平成1cm厚的一层，上面再盖上笼布或编织袋，进行发菌培养。上面要盖严实，不留缝隙，防止苍蝇产卵。下面要悬空，能够通风透气，防止发菌时温度过高发生烧菌。大豆铺放发菌后，一般在第2天就开始升温了，这时要注意观测温度，用手在笼布上面可以直接感知温度。如果温度过高，要通风降温，或撤去覆盖的笼布等降温。高温一般持续2～3d，此后温度就会下降，进入菌丝生长阶段。起初会长出灰白色的菌丝，以后逐步变成黄绿色菌丝。如果出现黑色菌丝，说明是温度过高长出了根霉。发现黑色菌丝，要把长黑霉的豆子挑出去，留着会影响豆酱的口味和质量。

⑤ 晾晒。当大豆表面长满了黄绿色的霉菌后，发菌完成。此时，将大豆转移到室外晾晒。在晾晒中，把结块的搓开成豆粒。同时需注意，要用纱网罩住霉豆，避免苍蝇产卵。霉豆晒干后，搓去表面的霉菌，把豆粒与菌粉分离，这样霉豆制作完成。搓下的菌粉，还可以作为以后接种用的曲精。霉豆一年四季都可以制作，但是，最好的时间是7～8月份，这段时间发菌快、菌丝生长旺盛，会做出高质量的霉豆。

（2）制酱

① 西瓜处理。将西瓜瓤挖出来，去掉瓜籽并捣碎成西瓜浆。

② 混料装坛。将霉豆倒入西瓜浆中拌匀，再将粗盐加入拌匀，然后放入适量的十三香拌匀。拌好的酱料装入玻璃或陶瓦坛子中，注意不要装满，留有一定空余以防止发酵时浆液溢出。装好后，倒入适量高度白酒，防止发酵中表面长醭，然后密封坛口。

③ 晒酱翻酱。将坛子移到阳光下晒酱。晒酱的过程中不要轻易翻动，尤其是在温度较高的时候不要翻酱，否则酱容易发酸。每隔 3～5d，在清晨凉爽时翻酱，使得酱料发酱均匀，翻完后仍然密封晒酱。一般 20～30d 就会完成发酱。

④ 包装。发好的酱可以分装到瓶或罐中保存食用。为了提高酱的保存期和香味，做好的西瓜黄豆酱可以用香油炒制，炒后放凉，再装入瓶或罐中，随时取食。装酱的坛子和瓶或罐一定要洗干净、晾干，不能有油脂，也不能有水，否则酱料会酸败，影响质量和口味。所有容器要密封，主要是防止苍蝇产卵。

（四）成品质量指标

酱表面渗出油脂，颜色为红褐色，有光泽；有酱香和脂香气味，味道鲜美醇厚、咸淡适口；豆瓣破碎呈黏稠状，很少有囫囵豆瓣。

十一、板栗大豆调味酱

本产品是以板栗、大豆为主要原料，采用固态低盐发酵法，开发出的一种复合型板栗大豆调味酱，它不仅增添了复合调味酱花色品种，满足人们对调味酱的需求，而且还大大提高了板栗的经济效益。

（一）生产工艺流程

大豆→洗净→浸泡→蒸煮→摊晾　　　　　盐　　　　　　　配料

部分板栗→烘烤→破碎脱壳→混合→接种→制曲→混合→发酵→成熟酱醅→调配→杀

板栗→脱壳→去内膜→蒸煮→摊晾

菌→包装→成品

（二）操作要点

（1）大豆处理

① 浸泡。剔除豆中杂质，用水洗净尘土后，加 3 倍水室温浸泡，浸泡至豆粒表面无皱纹，用手指按压成两瓣为宜。

② 蒸煮。浸泡后的大豆经常压蒸约 2h，轻轻用力即可将大豆挤扁为止，取出摊晾（32℃），备用。

（2）板栗处理

① 煮制、去壳、破碎、摊晾。将板栗常压煮制约 7min 至内部刚好熟透无硬心，捞出、冷却，用小刀手工去壳及内衣，然后将其破碎成 5～10mm 的小颗粒，摊晾（32℃），备用。

② 烘烤、破碎、脱壳。板栗 90℃烘烤 1h，趁热破碎栗壳，可将栗壳及仁衣全部脱去并将栗仁破碎成 5～10mm 的小颗粒，摊晾（32℃），备用。

（3）混合、制曲　按板栗与大豆比例为 2∶3 的比例混合，其中煮制板栗与焙烤板栗二者比例为 3∶2，将上述原料混合均匀，在 32℃温度下按 3.5% 比例接入米曲霉种曲。将曲料装盘送入培养室培养，定期测曲温，当曲料温度升至

44℃时透气降温或翻曲并打碎结块。培养约50h，至料层有旺盛的菌丝生成，曲料出现黄绿色，即为成曲。

（4）发酵　将成曲倒入容器中和盐混合均匀，扒平、压实，控制温度在50℃左右，每天搅拌1次，并定时测定氨基酸态氮的含量，直至符合GB 2718—2014《食品安全国家标准　酿造酱》。总的发酵时间为20d左右。在制酱醅时，采用二次加盐：在制酱醅时，加入盐总量的一半，发酵5~6d后再加另一半盐，这样制得的酱口感更饱满，醇香味更浓郁。

（5）调配　按照复合酱：辣椒：花椒：生姜为50：5：3：3的比例，将各种原辅料分别加入锅内进行煸炒，煸炒温度为85℃以上，维持10~20min。

（6）灭菌　为使制成的调味酱有更长的货架期，采用90℃水浴加热20min灭菌。

（三）成品质量指标

色泽：酱体为红褐色或棕褐色，鲜艳，有光泽；滋味：味道麻辣爽口，味鲜而醇厚，咸味适中，无焦煳味等其他不良风味；香气：有发酵的酱香、醇香，有板栗的香气，风味调和，无其他不良气味；组织状态：黏稠适度，均匀一致，无杂质，口感细腻，咀嚼性好。

十二、东北地方特色大酱

东北大酱，又称东北农家酱，因其有特殊味道又称臭酱，是东北地区特有的一种调味酱，尤其以农村地区最为普遍，东北大酱风味独特，有诱人的异香，是东北地区广受欢迎的地方特色美食，但因其民间制作技术差异性较大，未形成标准化生产工艺，影响了东北大酱作为特色调味品食用的安全性、复杂性以及经济效益。吉林农业科技学院的陈济洋等对东北地方特色大酱的标准化工艺进行了研究，现将其工艺介绍如下。

（一）生产工艺流程

黄豆泡发→蒸煮→冷却→沥水→捣碎→接种（米曲霉）→制酱块→制曲→成曲→清洗酱→切小块→加食盐→搅打、撇浮沫→发酵→包装→杀菌→成品

（二）操作要点

（1）黄豆泡发　大豆选择同年新收获的黄大豆，必须先将干瘪、无光泽或有霉斑、虫蛀的挑出，避免发霉黄豆影响大酱品质以及发生食品安全问题，剩余颗粒大小均匀、颜色橙黄且表皮完整平滑的黄豆用清水洗去表面灰尘，放入容器内，加入3~4倍体积清水浸泡6~8h，使黄豆体积涨大至原来的2~3倍，使表面圆润光滑、无褶皱。

（2）蒸煮、冷却、捣碎　浸透完全的黄豆投放进高压蒸汽锅，在0.1~0.15MPa进行蒸煮。蒸煮后的黄豆体积变大，黄豆完整，用手轻轻碾压可以碾成无坚硬颗粒的泥状。蒸煮完全的黄豆全部制成泥状，取出晾凉。

（3）制曲 晾凉的黄豆泥接种米曲霉。将米曲霉（接种量0.36％）与黄豆泥充分翻拌混合均匀，直至米曲霉均匀分布。接种完毕后将原料制成厚度为10～12cm的长方体酱块，放入消毒灭菌铝盘中晾凉。酱块温度维持在33℃，每间隔6～12h查看酱块并翻面，当酱块每一面表面生成黄绿色孢子时表示制曲完成，可得到具有特殊风味的大酱成曲。总制曲时间为50h，成曲中蛋白酶酶活为1485U/g。

（4）处理酱块 酱块放入水池，准备硬毛刷把酱块表面的黄绿色孢子刷洗干净，至露出棕黄色酱块本体颜色，晾至酱块无水滴滴落，将酱块切成尽量小的块，避免后期发酵时酱体不好捣开，容易形成大的颗粒而影响口感。

（5）发酵 处理后酱块放入杀菌后的容器中，用热水将盐充分溶解，晾凉至50℃得到12％浓度的盐水，将盐水与酱块搅拌混合均匀，成曲中盐水添加量为120％。用防灰通风的棉白纱布封口。放在阳光充足、通风良好的空旷处发酵，每天用酱耙搅打一次酱缸，目的：酱块打碎使大酱无颗粒，口感细腻，将酱块中未清洗干净的孢子和杂物带出大酱表面并除掉。发酵温度控制在28℃，总发酵时间为25d。

（6）包装、杀菌 发酵成熟的大酱按照常规酱制品的工艺进行包装和杀菌即得成品。

（三）成品质量指标

（1）感官指标 色泽棕黄，酱香浓郁，咸鲜适宜，鲜味突出，无明显酸味，口感浓郁醇厚，无颗粒，状态稳定。

（2）理化指标 氨基酸态氮0.83g/100g，总酸1.25％。

（3）微生物指标 菌落总数3200个/g，大肠杆菌≤30MPN/100g，致病菌未检出。

第二节 面酱和甜面酱

一、天然红面酱

红面酱是以面粉为主要原料，经过蒸料、制曲、发酵，利用米曲霉分泌的淀粉酶、糖化酶、糊精化酶、蛋白酶等，将面粉中的大量淀粉分解成糊精、麦芽糖及葡萄糖，少量蛋白质分解为各种氨基酸，而使红面酱具有独特的特点。红面酱既可蘸食也可佐餐，还是烤鸭、西餐等必备的佐料之一。

（一）生产工艺流程

```
                     菌种              红曲
                      ↓                ↓
水、面粉→拌匀→蒸煮→冷却→接种→厚层通风制曲→入池发酵→磨细→调兑灭菌→
成品
```

（二）操作要点

（1）原料要求　面粉要求无霉变、无杂质和增白剂，切忌使用杂质多或已变质的面粉；食盐应符合 GB 5461—2000《食用盐》的规定；水应符合 GB 5749—2006《生活饮用水卫生标准》的规定；添加剂应符合 GB 2760—2014《食品安全国家标准　食品添加剂使用标准》的规定。

（2）蒸料　面粉倒入蒸面机内，按面粉：水＝100：（28～30）的比例加水，搅拌均匀通入蒸汽，圆汽后调节蒸汽阀门，减少蒸汽，维持 2～2.5min，出锅，摊开冷却。

蒸料要求：有蒸面的清香气味，不发乌，有弹性，无大块，含水量在 38%～40%。

（3）冷却接种　将面粉温度晾至 38～42℃时，按原料的 0.3%接种 AS3951 米曲霉或按曲精：面粉＝1：4000 接入曲精，翻拌均匀后，送入曲池培养。

（4）制曲　曲料入池要快，厚度均匀，疏松一致，料层厚度应控制在 30cm 以内。曲料入池后调整品温 30～32℃进行静置培养，此时品温有利于米曲霉孢子发芽。当品温上升至 35～36℃，通风降温至 32℃停风。培养至 8h 左右，品温逐渐升至 36～38℃，进行间歇或连续通风。培养 12h 左右，曲料发白结块进行首次翻曲，一是调节料层上下品温，二是供给米曲霉生长的新鲜空气，排除废气。翻曲后继续通风培养，此时，菌丝大量生长，为了使米曲霉分泌出比较强的糖化型淀粉酶，可维持制曲品温 40℃以内。在翻曲后 4～6h 品温进一步升高，为了便于通风降温，可再进行 1 次铲曲，当曲料全部变白并稍有黄色孢子时，即可出曲。

由于酱曲要求淀粉酶活力高不要求曲有大量孢子生成，制曲时间可以相应缩短至 24～26h。

（5）制酱发酵　为了增加甜面酱的光亮度和红玫瑰色，增强人们食欲和增加甜面酱的营养价值，在制曲发酵的同时，按照一定的比例加入红曲，改善甜面酱的风味。

① 盐水配制。为了突出面酱口感上甜的特点，采用低盐发酵，盐水浓度 12°Bé（习惯上 1.5kg 食盐可配制 100kg 1°Bé 的盐水）。盐水配制完毕，经过一夜的澄清，取上清液使用。

② 发酵操作。按照盐水用量为原料的 80%～85%，红曲用量为原料 0.3%～0.5%的比例，将盐水、红曲、面酱曲混合拌匀后入发酵池进行糖化。为了保证红面酱的风味，发酵糖化温度控制在 40℃，每天打耙 1 次，发酵 7～10d 后，将糖化醪泵入玻璃房内进行天然晒制发酵，每天早晚各打耙 1 次，直至成熟。天然发酵周期夏天 60d 左右，冬季 160d 左右。

（6）配兑与质量标准　发酵成熟后用电磨将红面酱磨碎，按照有关标准进行配兑。质量标准执行 GB/T 10296—2008 标准，检验方法执行 SB/T 10296—

2009 标准。

（7）加热灭菌　经配兑的红面酱加入一定比例的防腐剂，加热至 75～80℃（夹层锅或管道）灭菌，冷却至常温后，方可包装作为成品出售。

（三）成品质量指标

（1）感官指标　色泽：鲜艳的玫瑰红色，有光泽；香气：浓郁的酱香和酯香，兼有米香气；滋味：甜咸适度，鲜味醇厚、柔长；体态：黏稠适度，无杂质。

（2）理化指标　食盐（以氯化钠计）5～6g/100g，氨基态氮（以氮计）0.45～0.55g/100g，还原糖（以葡萄糖计）30～35g/100g。

二、稀甜面酱

（一）生产工艺流程

面粉→润水→制坯→切块→蒸饼→摊晾→接种→培养→翻曲→堆积→翻曲→成曲→下缸（池）→加盐水→暴晒→翻酱→稀甜面酱成品

（二）操作要点

（1）原料选择　面粉采用标准粉，淀粉含量 60%～72%，蛋白质含量 10%～12%；食盐要求氯化钠含量 95% 以上，无外来杂物、无异臭味；水符合国家规定的《生活饮用水卫生标准》（GB 5749—2006）。

（2）制坯　将面粉倒入和面机中，加水量为面粉的 38%～39%，充分搅拌，使面粉吸水均匀。经人工或搅面机搅成面块，充分搓揉均匀，有韧劲，切成边长 28～30cm 的三角形，厚度为 3～4cm。

（3）蒸饼　采用常压蒸煮的方法，时间为 45～50min，要求蒸熟、蒸透，手捻表面有弹性。

（4）制曲　采用地面制曲的方法。

曲房要求：有良好的通风条件，地面铺设稻草或麦秸作为保温层。

面饼曲培养过程如下：将熟面饼运入曲室，交叉直立，顺序排齐。均匀撒上 0.05%～0.1% 的沪酿 3.042 米曲霉菌种，上面盖上双层芦席，室温保持在 20～25℃，干湿球差 1～1.5℃，16～18h 后将面饼翻调 1 次，内外、上下位置互调，以调节小气候的温湿度。约经 32～40h，面饼表面长满白色菌丝，此后，每日翻调 1 次，如品温高于 40℃ 以上，每日可翻饼 2 次，以免高温糖化。一周后，面饼外层已长满绿色孢子，则隔 2～3d 翻 1 次，表面逐渐干燥，并呈裂纹状态，这时可将饼曲合并成小堆，使菌体沿裂纹逐渐向内层繁殖，6～7d 后再翻动 1 次，调节温湿度，15d 后品温逐步下降，水分干燥即为成曲。整个制曲周期约为 1 个月，面饼表面呈黄绿色，孢子旺盛，有明显的曲香味，无异味。一般 45d 为制酱周期最好。

（5）制酱　利用 14°Bé 的盐水浸泡饼曲，曲与盐水比例为 1：1.7。经天然晒露7～8d，以玻璃房最好，开始搅拌（俗称开耙），以后每隔2～3d搅拌一次，要求团块打碎，上下翻透。夏季气温高，发酵约1个月成熟，春、秋季2～3个月，冬季3～4个月成熟。

（三）成品质量指标

（1）感官指标　成熟的稀甜面酱色泽金黄发亮，有浓郁的酱香气、醇香气，味甜而鲜美，无酸味及其他异味。

（2）理化指标　氨基酸态氮（以氮计）0.3g/100g，还原糖（以葡萄糖计）18.0g/100g，食盐（以氯化钠计）12.0g/100g，总酸（以乳酸计）0.7g/100g，砷（以As计）≤0.5mg/kg，铅（以Pb计）≤1.0mg/kg。

（3）微生物指标　大肠菌群≤30MPN/100g，致病菌不得检出。

三、米糠面酱

（一）生产工艺流程

面粉
↓
米糠→酶解→拌和→蒸料→接种→制曲→发酵→磨细→灭菌→成品

（二）操作要点

（1）米糠稳定化处理　新鲜米糠过40目筛，然后在850W、2450MHz条件下微波处理4min，脂肪氧化酶完全失活，解脂酶70％失活，同时杀死大量微生物，又不破坏米糠的营养成分。

（2）米糠酶解　纤维素酶用量为米糠干基重的1％，米糠在pH 4.5、温度55℃的条件下水解1.2h，部分不溶性纤维降解为可溶性的片段。

（3）蒸料　米糠酶解液与面粉按比例（米糠与面粉比例为2∶8）混合均匀后，拌和成大小均匀的面穗，蒸煮8～12min。蒸熟的混合料呈淡黄色，具有米糠的清香，口感不黏且略带有甜味。

（4）冷却接种　混合料冷却到40℃，接入米曲霉拌匀，接种为1％，即可放入恒温培养箱中进行培养。

（5）制曲　面酱曲要求淀粉酶活性较高，不要求成曲有大量孢子生成，较低的温度有利于菌丝生长健壮，因此培养箱温度控制在30℃。当曲料全部发白并略有黄色即可出曲。培养时间过长，不仅出曲率低，面酱成品还会发苦。一般36h左右即可成熟。

（6）制酱　配制14°Bé的盐水，加热至60℃左右加入成曲中，盐水用量占成曲重的90％。控制品温在45～50℃，温度过高面酱易发苦，过低面酱易变酸且甜味不足。每天搅拌1次，4～5d曲料开始糖化，再经7～10d酱醅成熟，变成黄褐色或红褐色。

（7）磨细与灭菌　为提高成品的口感和细腻度，常采用磨浆机或螺旋出酱机磨细，然后通入蒸汽加热至 80℃ 以上进行灭菌，并迅速进行降温，最后经过包装即为成品。

四、方便面碎渣甜面酱

方便面是我国最重要的方便食品。近年来，我国方便面的销售额也在连续上涨，消费量增长了将近 2 倍。在方便面生产中会产生大量的碎渣，造成很大的浪费。针对这种情况，以方便面碎渣为原料，经过简单的工艺加工成甜面酱，一方面可作为生产料包的主要原料；另一方面又对生产中的下脚料进行了利用，可谓一举两得。

（一）生产工艺流程

碎方便面→原料预处理→摊晾→接种→通风制曲→发酵→磨细→加热灭菌→成品

（二）操作要点

（1）原料预处理　考虑到方便面中脂肪含量很高，本身就是已经蒸熟的面料，所以决定将方便面碎渣分别进行脱脂、泡料和蒸料三种方法的预处理。

① 脱脂处理：方便面碎渣→100℃沸水→煮制 10min→除水过滤（除脂肪）→100℃沸水→煮制 5min→除水过滤（同前操作 3 次）→100℃干燥箱中干燥（水分含量降为 45％左右）→自然冷却，干燥过程中多次翻拌，防止结块。

② 泡料处理：方便面碎渣→面：水（100℃）＝100：150→泡制 15min→以下同上。

③ 蒸料处理：方便面碎渣→高压蒸汽灭菌→控温 121℃保持 10min 左右→以下同上。

（2）接种　当面料水分含量降为 45％左右，晾至 40℃ 左右，取经纯培养的沪酿 3.042 米曲霉，将菌悬液按一定比例均匀洒到面料上，搅拌均匀。

（3）制曲　将接种后面料移入霉菌培养箱中，调温 30℃，相对湿度 84.9％。要保证曲料疏密一致，表面平整。培养 12h 左右，曲料结块并有发白，进行第 1 次翻曲。在翻曲后 4～6h，菌丝大量繁殖，再进行一次翻曲或铲曲。当曲料全部变白并稍有黄色孢子，即可下曲发酵制酱。甜面酱曲由于要求淀粉酶活性比较高，所以不要求成曲有大量孢子生成，因而制曲时间短（在 24～28h 即可成熟）。

（4）发酵制酱　配制盐：水＝1：5 的盐水。将曲料装入容器中，将澄清过的盐水加热至 60～65℃，徐徐放入曲料面层，让其逐渐渗入曲料中。盐水用量为面曲：水＝1：2。随后移入 45℃的环境中保温培养，每天搅拌 1 次。发酵时间为 20d。

（5）磨细与灭菌　同米糠面酱。

（三）成品质量指标

（1）感官指标　泡料：有浓郁的酱香味，棕褐色，均匀，味咸略有甜味，无苦涩及其他异味,口感细腻。蒸料:有浓郁的酱香味,棕褐色,均匀,味咸略有甜味,无苦涩及其他异味,口感特别细腻,较黏稠。

(2)理化指标 见表2-1。

表2-1 理化指标

项目	泡料	蒸料	GB/T 5009.40—2003,GB 5009.235—2016
氨基酸态氮/(g/100mL)	0.33	0.38	≥0.3
总酸/(g/100mL)	0.20	0.19	≤2.05
还原糖/(g/100mL)	3.27	3.78	≥3
食盐/(g/100mL)	13.62	14.21	≥7.0
水分/%	41.75	34.65	≤50

五、黄豆甜面酱

(一)生产工艺流程

米曲霉　　　　　　盐水
↓　　　　　　↓

面粉、水→拌和→蒸料→摊晾→接种→制曲→拌曲下池→保温发酵→磨酱→与黄豆酱混合罐装

米曲霉　　　　　　盐水
↓　　　　　　↓

黄豆→自来水浸泡→蒸煮→冷却→接种→制曲→拌曲下池→保温发酵→磨酱→与甜面酱混合灌装

(二)操作要点

1. 甜面酱生产

(1)蒸料操作 将面粉25kg放入拌和机内,边搅拌边加水8.0～8.5kg。搅拌完后再通入蒸汽,蒸煮约1min至上大汽即为成熟。熟料质量要求:面糕呈玉白色,馒头香味突出,有弹性,无硬心,嘴嚼时不黏,稍有甜味。熟料水分32%～35.5%,冬季偏下限,夏季偏上限。

(2)制曲操作

① 接种。面糕摊晾至38～40℃(夏季)、42～44℃(冬季)时(可以用风扇降温,但必须有人看守,避免温度过低,料被吹干),按原料量的0.3%比例加入种曲接种。要求用清洁的铲子充分搅匀后放入曲池。

② 制曲。曲料入池厚度不得超过300mm,并要求料层松散,厚薄均匀。静置培养阶段品温控制31～35℃,一般10h左右曲料升温开始通风制曲。要注意控制品温在36～38℃,最高不能超过39℃。如果局部温度过高,要通过铲曲等

手段来降温。曲料产生裂缝时要扎缝，以免温度不均。一般培养 16h 左右（冬季 20h 左右），当曲料发白结块并且无法用循环风把温度降下来时，应进行翻曲，翻曲前尽可能加大冷风把品温降下来。用清洁的曲铲将曲料上下层对翻，要求翻曲均匀，动作要快。翻曲后将曲料拨平，后期温度控制在 30～35℃，从入池起约 40h 后，当菌丝长满，着生淡绿色孢子时，即可出曲。

③ 成曲质量要求。曲料疏松，无硬块、夹心，菌丝丰满，黄绿色，均匀一致，具有成曲特殊香味，水分控制在 18%～24%。

（3）保温发酵

① 拌曲。将成熟的曲料转入曲池后，将温度 45～50℃（冬季），浓度 7.5% 的澄清食盐水加入曲料池中，加入时，让盐水充分浸淋曲料。盐水与曲料的比例为 0.7∶1。开启蒸汽加热水浴池，使品温保持在 40～45℃。

② 翻醅。下池 2d 后必须进行一次翻醅。将未被浸润的曲料翻入盐水中去，使全部曲料均匀地被盐水浸润为止，继续保持品温 40～45℃。在第一次翻醅后，每隔 1d 要进行 1 次翻醅，将上层与下层对翻，还应注意保持发酵池的卫生，并防止昆虫、异物掉入。后期温度可降至 35～40℃ 至面酱成熟。发酵时间约为 60d。

（4）磨酱　将成熟面酱用磨酱机磨细，加入 0.02% 的苯甲酸钠和 0.03% 的山梨酸钾以防腐，进行充分混合确认防腐剂混合均匀后磨酱。磨酱后的酱料要求细腻、均匀，口尝无硬粒，产品经检验合格后方可进行包装生产。

2. 黄豆酱生产

（1）浸泡　黄豆需要浸泡（黄豆∶水为 1∶10），时间约 60min 为宜，时间太长，含水率就会过高，产品不符合国家标准≤60%，而且产品感官不好，非常稀湿。时间过短则含水率较小，黄豆蛋白等不易分解，蒸煮时间过长。

（2）蒸煮　蒸煮时需用蒸煮锅，用前需要清洗干净，蒸煮时间：常压 4h 或 0.2MPa 30min，如果是常压蒸煮，待煮开后用微火蒸煮。

（3）接种、制曲　接种之前，将种曲与面粉充分混合，待冷却到 38℃ 时使其与黄豆充分混合接触，面粉的主要作用是使种曲与黄豆接触充分，并良好吸附。面粉用量为黄豆的 10%。制曲操作同甜面酱。

（4）拌盐　盐水浓度为 12%，温度为 50℃，盐水用量为成曲的 90%。

（5）保温发酵、磨酱　前发酵温度 42℃，发酵时间约 40d，后发酵温度 38℃，发酵时间约 30d。磨酱操作同甜面酱。

3. 黄豆甜面酱配制

两者配比量为 1∶1，配比时间为两种酱的发酵前期结束，配比持续时间 25d，温度控制在 40℃。搅拌周期 3～4d 进行 1 次。产品经配制后经过包装即为成品。

六、海带面酱

(一) 原料配方

制曲：100g 面粉、添加水量为 30％、曲种为面粉量的 0.3％。

发酵：500g 面粉制得的面曲，加入海带浆量为 400g、补水 100g、食盐添加量 17g。

(二) 生产工艺流程

面粉→加水→搅拌→面穗→蒸煮→冷却→加曲种接种→培养→面糕曲→混合→发酵→均质→灭菌→装袋→成品

海带→浸泡→切块→加碱煮沸→研磨→海带浆

(三) 操作要点

(1) 海带浆制备　将市场上购买的干海带浸泡 12h，使海带叶充分吸水膨胀。浸泡结束后，用流水将海带叶片洗净，并切成碎块，加水煮沸，煮沸过程中两次加碱，以使海带浆更加细腻均匀，煮沸时间以 1h 为宜，用盐酸中和后，用打浆机破碎至呈浆体，即为海带浆。

(2) 面曲种制备　传统工艺中以米曲精（米曲霉 3402）为接入菌种，添加量为面粉量的 0.3％。本工艺以制备的面曲种为接入菌种，用以面糕曲的制备。

称取 100g 面粉，加入 30mL 水，均匀搅拌成面穗状，放入蒸锅内，待蒸汽冒出后 3min 即可，蒸熟的面穗呈白玉色，入口有甜味，无粘牙感。蒸熟的面穗置于室温下，冷却至 38～40℃，于无菌室内接入 3 接种环量的米曲霉，将米曲霉孢子同面穗拌匀后，放入 32℃恒温环境中。24h 后，面穗结块，其表面附着白色菌丝，此时，应将面穗块适当打碎，以达到降温通氧的作用。48h 后，面穗表面长出大量孢子，表面呈黄绿色，此时即可作为面曲菌种使用。

(3) 面糕曲制备　面糕曲前期制备与面曲的制备工序相同，待面穗蒸熟后，冷却至 40℃左右，按比例接入经粉碎的面曲菌种，置于 33℃条件下培养 36h。在此培养过程，米曲霉中的酶系已基本形成，故无需培养到大量生成孢子的程度。

(4) 海带面酱发酵　用食用醋酸调节海带浆 pH，使其 pH 降至 7.0 左右，补水后加入食盐，最终盐浓度为 17°Bé，将海带浆加热煮沸，起到溶盐和灭菌的作用，待海带浆冷却至 60℃左右时，将其缓慢注入盛有面糕曲的发酵容器内，并充分搅拌，确保高盐度的海带浆同面糕曲充分混匀，以防发酵失败。发酵温度控制为 50℃，24h 后即有糖化液渗出，前期每天翻拌 1～2 次，10d 后，翻拌次数减为 2d 一次，15d 后，面酱色泽变为深褐色，即成熟。

(5) 面酱的均质与灭菌　发酵成熟的海带面酱可通过匀浆机均质，将内部的面块颗粒破碎，以增加海带面酱的细腻程度，提高入口舒适感。为防止产品变质，可采用巴氏杀菌法进行杀菌，杀菌后经过包装即为成品。

（四）成品质量指标

（1）感官指标　与传统面酱相比颜色略重，呈深褐色，表面具有光泽；酱香味浓郁并伴随有清淡的海带味，无不良气味；口感鲜美，咸淡适宜，无其他邪杂味；黏度适中，无杂质，有一定的流动性。

（2）理化指标　水分≤55g/100g，食盐（以NaCl计）≥7.0g/100g，氨基酸态氮（以氮计）≥0.3g/100g，还原糖（以葡萄糖计）≥20g/100g。

七、双孢蘑菇面酱

本产品是利用双孢蘑菇菇柄及残次菇为辅料酿制面酱，不仅可改善面酱的功能性，还可提高其营养价值，又为双孢蘑菇下脚原料的综合利用开辟了一条新的途径。

（一）生产工艺流程

面粉　　　　　　　米曲霉→制曲
↓　　　　　　　　　↓
双孢蘑菇→洗涤→杀青→粉碎→润水→蒸料→制粒→冷却→接种→发酵→晒酱→磨酱、灭菌→成品

（二）操作要点

（1）种曲制备　将米曲霉接种到斜面培养基上于30℃恒温培养3d，然后再接入种曲培养基35℃培养3d即为成曲。

（2）菇泥制备　用流水将双孢蘑菇菇柄和残次菇原料表面附着的泥土洗净，于沸水中煮沸10min杀青，捞起沥干，并按1∶3（重量比）的比例加入纯净水进行粉碎，得菇浆。

（3）面粉的制粒　按面粉∶水∶菇浆＝10∶2∶1的比例向面粉中加入水和菇浆，在拌粉机中充分拌和均匀，使其成为蚕豆大小的面疙瘩，然后将和好的面料放入蒸锅内蒸料，其标准是面糕不粘牙齿即可。

（4）接种　蒸好的面糕立即摊开，让其自然冷为30℃以下即可接种，接种量为0.3%，将米曲霉成曲均匀地撒在面料表面，拌和均匀。

（5）发酵　将接好种的面料倒入45℃保温发酵缸，按面糕∶食盐水＝1∶1的比例加入温度为45℃、浓度为12°Bé的食盐水，浸曲3d。发酵前期每天打耙2次，后期隔天翻酱1次，共发酵40d，当还原糖含量为20%以上时，酱醅即为成熟。

（6）晒酱　在发酵好的面酱中按0.1%比例添加脱氢乙酸钠，搅拌均匀，转入清洁干净的大缸中，加盖于室外日晒夜露10d，每隔2d翻酱1次，至酱呈红褐色。

（7）磨酱、灭菌、分装　用胶体磨将晒后的面酱磨细，使酱体状态更加均匀、细腻。同时通入蒸汽加热为65～70℃，并保温10min，趁热将面酱分装入

包装瓶中，封盖，即为成品。

（三）成品质量指标

（1）感官指标　呈红褐色，有光泽和酱香，味甜而鲜，具有双孢蘑菇特有的风味，咸淡适口，无苦、涩味。

（2）理化指标　水分 45.3%，食盐 8.1%，氨基酸态氮 0.4%，还原糖 21.6%。

（3）微生物指标　大肠菌群≤3MPN/100mL，菌落总数≤1000 个/mL。

八、蘑菇面酱

（一）原料配方

蘑菇下脚料（次菇、碎菇、菇脚、菇屑等）30kg、面粉 100kg、食盐 3.5kg、五香粉 0.2kg、糖精 0.1kg、柠檬酸 0.3kg、苯甲酸钠 0.3kg、水 30kg。

（二）生产工艺流程

和面→制曲→制蘑菇液→制酱醅→制面酱→成品

（三）操作要点

（1）和面　用面粉 100kg，加水 30kg，拌和均匀，使其成细长条形或蚕豆大的颗粒，然后放入蒸锅内进行蒸煮。其标准是面糕呈玉色、不粘牙、有甜味，冷却至 25℃时接种。

（2）制曲　将面糕接种后，及时放入曲池或曲盘中进行培养，培养温度为 38～42℃，待成熟后，即为面糕曲。

（3）制蘑菇液　将蘑菇下脚原料去除杂质、泥沙，加入一定量的食盐，煮沸 30min 后，冷却，再过滤备用。

（4）制酱醅　把面糕曲送入发酵缸内，用经过消毒的棒将其耙平自然升温，并从面层缓慢注入 14°Bé 的菇汁热温水，用量为面糕的 100%，同时将面层压实，加入酱胶，缸口盖严保温发酵。发酵时温度维持在 53～55℃，两天后搅拌 1 次，以后每天搅拌 1 次，4～5d 后已糖化，8～10d 即为成熟的酱醅。

（5）制面酱　将成熟的酱醅磨细过筛，同时通入蒸汽，升温到 60～70℃，再加入 300mL 溶解的五香粉、糖精、柠檬酸，最后加入苯甲酸钠，搅拌均匀，即成蘑菇面酱。

（四）成品质量指标

（1）感官指标　黄褐色或红褐色，有光泽；有蘑菇香味；味甜而鲜，咸淡适口，无霉斑和杂质。

（2）理化指标　水分≤50%，氯化钠 7%，氨基酸≥0.3%，还原糖≤20%，总酸（以乳酸计）≤2%。

（3）卫生指标　符合 GB 2717—2018《食品安全国家标准　酱油》的规定。

九、薏米保健面酱

(一) 生产工艺流程

（1）制曲工艺流程

面料加水→搅拌→蒸熟→冷却→接种（加入种曲）→厚层通风培养→面粉曲

（2）制酱工艺流程

面粉曲→置发酵容器，加入食盐和水→酱醅保温发酵→成熟酱醪

(二) 操作要点

（1）种曲的制备　面粉由标准小麦粉、薏米粉和黑米粉组成，其中薏米粉和黑米粉分别占小麦标准粉的20%。将麸皮、面粉、水按8:2:7的配比充分搅拌。常压蒸煮1h，焖30min，快速冷却至40℃左右，加入种曲，接种量为总料的0.5%～1.0%，扩大纯培养，温度控制在28～30℃，培养16h左右，曲料上呈现出白色菌丝，同时产生一股曲香味（似枣子味），此时即可翻曲。经10h左右，曲料上已呈现淡黄绿色，再维持70h左右，孢子大量繁殖，呈黄绿色，外观呈块状，内部较松散，用手指一触，孢子即能飞扬出来，即成为酱曲种。

（2）制面糕曲　面粉（其组成同种曲制备）与水按10:3的比例充分搅拌，使其成为蚕豆般大小的颗粒和面块碎片，放入常压蒸锅中蒸5min。蒸熟的标准是面块呈玉白色，咀嚼时不粘牙齿而稍有甜味为适度。将蒸熟的碎面块出锅后立即冷却至40℃左右，接种米曲霉（接种量为0.05%），拌匀后置于28～32℃恒温培养箱中培养12h。在培养过程中要对面料进行两次翻拌，第一次翻拌在培养16h后，过4～6h后再进行第二次翻拌，直至面料串白、发绿，有黄烟。

（3）面酱发酵　制酱发酵采用一次加足盐水法。将培养好的面糕曲置于发酵容器中，表面耙平，让其自然升温至40℃左右，一次注入14°Bé的60℃左右的盐水，压实、加盖。面糕曲与14°Bé盐水的比例为10:7。置于53～55℃的条件下保温发酵，每天搅拌2次，4～5d后面糕曲吸足盐水而糖化，总发酵时间为17d，酱醅发酵成熟后变成浓稠带甜的酱醪。

(三) 成品质量指标

（1）感官指标　黄褐色或红褐色、深褐色，鲜艳，有光泽；有较浓的酱香和酯香味，无霉味及其他不良气味；味甜而鲜，咸淡适口，无酸、苦、焦煳、霉或其他异味；干稀合适，黏稠适度，无霉花，无杂质。

（2）理化指标　还原糖含量为33.6%，氨基酸态氮含量为0.35%。

（3）微生物指标　大肠杆菌≤30MPN/100g，致病菌未检出。

十、银杏面酱

本产品是将银杏加入面粉中一同发酵制得银杏甜面酱，产品集保健、营养、

美味于一体，丰富了甜面酱的品种。

（一）生产工艺流程

米曲霉
↓

面粉、水、银杏粉料→拌和→蒸料→接种→制曲池制曲→水浴发酵池保温发酵→晒酱→磨酱→成品

（二）操作要点

（1）银杏粉料制备　为使银杏耐久贮藏，适应不同季节均可加工甜面酱的需求，将新鲜银杏果按以下工艺进行处理：银杏果→挑选→脱壳机去壳→人工去内衣、去心→盐水腌制→淋洗脱盐→晒干→粉碎机粉碎→银杏粉料。

（2）拌和　用拌粉机将面粉、银杏粉料（比例为6∶4）加水充分拌和，使其成为蚕豆大小的面疙瘩，让面粉和银杏粉料吸水均匀。

（3）蒸料　将和好的面料放入蒸锅中蒸料，熟料咀嚼时以不粘牙齿为适度。面糕蒸熟后，立即摊开冷却至40℃。

（4）接种　接种量为0.3％，将酱油曲精均匀地撒在面料表面，拌和均匀。

（5）制曲　将曲料置于制曲池，前期控制曲料品温在30～33℃之间，中期在34～36℃之间，后期在32～34℃之间，制曲期间保持通风良好，每天翻曲1次，制曲3d，成曲呈黄绿色，手感柔软，有弹性，无不良气味即可。

（6）发酵　将成曲倒入水浴保温发酵池，按盐水用量∶曲料＝1∶3（重量比）灌入温度为45℃、浓度为14°Bé的盐水，浸曲3d，水浴池水温保持在55℃。发酵前期每天打耙2次，后期隔天翻酱1次，共发酵30d，经测定还原糖含量达20％以上，可视为半成品酱基本成熟。

（7）晒酱　在发酵好的银杏面酱中按0.1％比例添加苯甲酸钠，搅拌均匀，转入清洁干净的室外大缸中，加盖保存。日晒夜露1周，期间2d翻酱1次，至酱呈红褐色，带有浓郁的酱香和银杏香味，咸甜适口即可。

（8）磨酱　将晒后的银杏面酱置于胶体磨中磨细，使酱体状态更加均匀、细腻。经过磨酱后即得成品。

（三）成品质量指标

（1）感官指标　银杏面酱呈红褐色、有光泽，酱香和银杏香味协调，咸甜适口，后味稍带银杏苦味，酱体黏稠适度。

（2）理化指标　水分47.56g/100g，食盐11.0g/100g，氨基酸态氮0.33g/100g，还原糖20.93g/100g。

（3）微生物指标　大肠菌群≤30MPN/100g，致病菌未检出。

十一、蛹虫草面酱

本产品是将蛹虫草子实体添加到面粉中制得蛹虫草面酱，既丰富了面酱的品

种，提升了面酱的营养价值，赋予了蛹虫草面酱特有的虫草风味，又为蛹虫草的深加工开辟了新途径。

（一）生产工艺流程

$$\text{面粉＋水} \rightarrow \text{拌和} \rightarrow \text{蒸料} \rightarrow \text{冷却} \rightarrow \overset{\text{米曲霉}}{\underset{\downarrow}{\text{接种}}} \rightarrow \text{制曲} \rightarrow \overset{\text{食盐水}}{\underset{\downarrow}{\text{发酵}}} \rightarrow \text{磨酱} \rightarrow \text{灭菌} \rightarrow \text{成品}$$

（二）操作要点

（1）蛹虫草粉的制作　将蛹虫草子实体在50℃恒温真空干燥箱内干燥至恒重后，打粉，经80目筛孔过筛后，即为蛹虫草粉，备用。

（2）蛹虫草粉的添加　为了提高蛹虫草面酱的品质，作者对面酱生产工艺的不同环节添加蛹虫草粉进行了试验，结果表明，以蒸料前添加蛹虫草粉并与面粉混合均匀效果最好。蛹虫草粉的添加量均为10％。

（3）面料拌和　将100g面粉和30g水充分拌和，并将蛹虫草粉按比例加入。使其成蚕豆大小的面疙瘩。

（4）蒸料　将和好的面料放入锅中蒸熟，蒸好后的面料摊开自然冷却至38℃。

（5）接种　将米曲霉菌粉按接种量0.3％接种在面料表面，使其均匀混合。

（6）制曲　控制曲料温度在30~33℃，相对湿度＞85％，保持良好通风，制曲14h后第一次翻曲，使结块曲料被打碎；制曲20h后进行二次翻曲，控制曲料温度＜32℃，使米曲霉产酶（蛋白酶、糖化酶、纤维素酶等）；48h后曲料表面长出大量黄绿色孢子，制曲完成。

（7）发酵　向制曲完成的曲料中，按曲料与食盐水1∶1的重量比加入浓度为14°Bé的食盐水，在50℃条件下发酵，静置发酵5d，之后每天搅拌一次，20d后结束发酵。

（8）磨酱　将发酵好的蛹虫草面酱，用胶体磨磨细，过磨5次。

（9）灭菌　将磨细的蛹虫草面酱在80℃下杀菌10min，冷却后即为成品。

（三）成品质量指标

（1）感官指标　符合SB/T 10296—2009《甜面酱》中规定。

（2）理化指标　氨基酸态氮0.91g/100g，还原糖22.22g/100g，总酸1.31g/100g，虫草素344.04μg/g。

（3）微生物指标　符合SB/T 10296—2009《甜面酱》中规定。

十二、枸杞面酱

本产品是以枸杞、面粉为主要原料，利用微生物发酵技术，酿造出的一种特色面酱。

（一）生产工艺流程

米曲霉　　　食盐水
↓　　　　　↓
面粉＋水→拌和→蒸料→冷却→接种→制曲→发酵→磨酱→灭菌→冷却→成品

（二）操作要点

（1）面料拌和　将 500g 面粉和 160g 水充分拌和，并加入事先经干燥、粉碎、过 80 目筛制得的枸杞粉，添加量为 8.5%，使其成为蚕豆大小的面团。

（2）蒸料　将和好的面料置于高压灭菌锅 121℃ 蒸煮 10min，蒸好后摊开冷却至 35℃。

（3）接种　将米曲霉菌粉接种在面料表面，混合均匀，接种量为 0.3%。

（4）制曲　控制曲料温度在 32～35℃，相对湿度 >80%，制曲 10～13h 第一次翻曲；制曲 18～20h 后进行第二次翻曲，使曲料温度维持在 30～32℃，保持该温度至制曲结束。

（5）发酵　向制曲完成的曲料中，按曲料与食盐水 1∶1 的重量比加入浓度为 14°Bé 的食盐水，于 50℃ 条件下发酵 21d。

（6）磨酱　将发酵好的枸杞面酱，用胶体磨磨细，过磨 5 次。

（7）灭菌、冷却　将磨细的枸杞面酱在 80℃ 下杀菌 10min，冷却后即为成品。

（三）成品质量指标

（1）感官指标　色泽金黄，味道香甜，细腻质稠，具有枸杞清香。

（2）理化指标　氨基酸态氮含量为 0.79g/100g，其他指标符合 SB/T 10296—2009《甜面酱》中规定。

（3）卫生指标　符合 SB/T 10296—2009《甜面酱》中规定。

第三节　豆瓣酱和豆豉

一、蒲公英蚕豆辣酱

（一）原料配方

蚕豆酱 25%、鲜辣椒酱 25%、干辣椒酱 20%、蒲公英糊 30%。

（二）生产工艺流程

蒲公英→漂烫→打成糊状
↓
蚕豆→浸泡去皮→涨发→蒸熟→制曲→酱醅发酵→混合→杀菌→成品
↑
鲜干辣椒→制酱

（三）操作要点

（1）蒲公英的处理　蒲公英选好后用清水洗净，放入沸腾的水中漂烫 1～

3min。其作用主要是杀酶，排除蔬菜组织中的气体，除去蒲公英本身的异味，有利于降低加工过程中营养成分的损失和变色。将蒲公英经过上述处理后取出，送入打浆机打成糊状备用。

（2）蚕豆的浸泡和去皮　将蚕豆经过除杂后，放入清水中浸泡至豆粒无皱皮，断面无白心，有发芽状态时，用 2% 的 NaOH 溶液在 80～85℃ 的温度下浸泡 5min 左右，即可去皮。

去皮的蚕豆按颗粒大小分别浸泡到体积增加到 2～2.5 倍，重量增加 1.9 倍左右，豆肉无生心即可。

（3）蒸熟、制曲　将浸泡好的蚕豆放入蒸锅中蒸熟，按 10∶3 的比例与面粉混合，并加入 2%～3% 的种曲，移入曲室。通风制曲一般为 2d。

（4）酱醅发酵　将蚕豆曲移入发酵缸，摊平稍压实，待自然升温到 40℃ 左右，按 100kg 蚕豆曲加入 15°Bé 盐水 140kg 的比例，喷洒到曲中，要求盐水温度为 60～65℃，装完后用盐封缸。此时缸内温度能达到 45℃ 左右。保持此温度发酵 10d，酱醅成熟。然后每 100kg 蚕豆曲补加细盐 8kg 和水 10kg，搅拌均匀，再保温发酵 5d 即可。

（5）辣椒处理　鲜辣椒去蒂，洗净沥干，每 100kg 加盐 23kg 左右，一层辣椒一层盐压实，再用少量食盐封面，用重物压紧。2～3d 后，有卤汁压出，使辣椒不与空气接触，可防止生霉变质。腌制 3 个月取出细磨。磨辣椒时可加入 20°Bé 盐水，调节其稠度，1kg 辣椒可出辣椒酱 1.5kg。

干辣椒应加水浸泡，并加部分盐腌，用 20°Bé 盐水磨成糊。一般 10kg 干辣椒，加盐 2.6kg、加水 9.1kg。

（6）混合　按比例将以上物料混合后加热杀菌，装入陶土坛中放置 15d 以后，便可分装，即为成品。

（四）成品质量指标

（1）感官指标　色泽鲜亮，红润中略带黑绿色；口味香辣绵长，带有植物的味道，鲜美可口。

（2）理化指标　食盐（以氯化钠计）≥12g/100g，氨基酸态氮（以氮计）≥0.6g/100g，总酸（以乳酸计）≤2g/100g，水分≤60g/100g，铅（以 Pb 计）≤1.0mg/kg，砷（以 As 计）≤0.5mg/kg。

（3）微生物指标　细菌总数≤10 个/g，大肠菌群≤3MPN/100g，致病菌不得检出。

二、西瓜豆瓣酱

（一）生产工艺流程

（1）制曲工艺流程

大豆→去杂清洗→浸泡→蒸煮淋干→拌入面粉→摊晾→制曲→成曲

（2）制酱工艺流程

西瓜→切半→挖瓤→切块→加辅料拌匀→保温发酵→装瓶→成品

（二）操作要点

（1）大豆的预处理 大豆挑除杂质、霉烂、破残豆，加水浸泡至豆粒表皮刚呈涨满，液面不出现泡沫为度。取出沥干水分，再用水反复冲洗，除净泥沙。浸泡后的大豆在常压下蒸煮，串汽后维持 4h，豆粒基本软熟即可出甑。

（2）大豆的发酵 出甑大豆拌入少量面粉，包裹豆粒即可，然后摊晾于干净的曲帘上，使其自然发酵，至菌丝密布，表面呈现黄色时，即可出曲。搓散，贮存备用。

（3）西瓜处理 挑选成熟的西瓜，用清水洗净，切开挖出瓜瓤，不需去籽，切成小块，调整含糖量。

（4）配料、发酵 将西瓜瓤和豆曲以 5∶1 的比例混合，香辛料以花椒、八角、姜为主，每 50kg 西瓜瓤约加入 1kg 香辛料。将上述原辅料充分混合均匀，使料温保持在 45℃ 左右或直接装入大缸中在烈日下曝晒，发酵 7d 即好，经过装瓶、密封即为成品。

三、西瓜辣豆酱

（一）原料配方

大豆 10kg、面粉 3～4kg、西瓜（带皮）30～40kg、食盐 1kg、干辣椒 0.1kg、花椒 0.1kg、八角 0.1kg、姜 0.5kg、五香粉 0.2kg、酱油 1～1.5kg。

（二）生产工艺流程

大豆→浸泡→煮制→拌粉→发酵→晾晒→调酱→晒酱→贮存→成品

（三）操作要点

（1）煮豆、蒸粉 将大豆用水冲洗干净后用 30℃ 温水浸泡 2h 左右，再将适量的葱丝、姜片、花椒、八角包入纱布袋中与泡好的大豆一起放入锅中加水煮制。先用急火煮沸，后用小火煮软，约煮 1～2h，待豆心不硬，用手很容易捏碎即可捞出冷却，控去部分水分。

面粉放在笼屉内蒸制约 30min，使部分淀粉糊化，此过程即为蒸粉。蒸粉亦可与煮豆同锅进行，即上面蒸粉，下面煮豆。

（2）拌粉 煮好的大豆与蒸好的面粉稍冷却之后即可拌制混合，最后要使每个豆粒上都沾满一层面粉，且不相互黏结成团。如黏结成团可撒适量干面粉拌入。

（3）发酵 将拌粉的大豆摊在干净的平盘（如瓷盘、蒸盘）中，厚度约 2cm，上面罩上白纸或报纸，放在 30～35℃ 的环境下进行自然发酵。5～7d 后平盘长满白毛、绿毛，此时表明发酵已经成熟，得到霉豆。

（4）调酱 先将西瓜洗净晾干后切分取瓤，放入大盆中，捣碎成泥；将干辣椒用温水泡后切成细丝放入并搅拌均匀；再加入晒好的霉豆搅匀，最后加入食盐、酱油、姜丝等充分混匀。必要时可用凉开水调其稀稠度。调好后，利用双层纱布将盆口扎紧，进行晒酱。

（5）晒酱　在晴天，每天将酱盆放在室外阳光下暴晒，晚上打开纱布搅酱。约 10～15d 后酱的颜色由黄色转为棕红色，风味香浓，稠度适中即可停止晒酱。

（6）贮存　将晒好的酱放入一个小口容器中如缸、罐，双层纱布扎口，放在室内通风处，隔天搅一搅，约 20d 后即可食用，且越存风味越好。

（四）食用方法

（1）生食　把香菜切末后拌入此酱中，食之鲜美且营养最好。也可用大葱蘸此酱食用。

（2）炒食　把适量的油烧热后加入葱花，然后加此酱炒熟。这种吃法风味更香、更浓，但部分营养成分易受热损失。

（3）调味　炒菜、做汤时加入适量此酱会使汤味香辣可口。

四、南瓜豆瓣辣酱

（一）生产工艺流程

1. 蚕豆曲制备工艺流程

蚕豆→洗净→浸泡→去皮→混合→接种→厚层通风培养→蚕豆曲

2. 南瓜豆瓣辣酱生产工艺流程

```
                              南瓜块、砂糖、鲜酱油
                                      ↓
蚕豆曲 ─┐
        ├→ 固态低盐加辣发酵 → 精制 → 杀菌 → 包装 → 成品
辣椒酱 ─┘
```

（二）操作要点

（1）南瓜块的制备　选用皮较硬、肉厚呈橘红色、含糖量高、纤维少、九成熟以上的南瓜为原料，洗净去皮、去蒂，对剖去籽，然后用刀或切片机切成 1cm×1cm×0.3cm 的小块，浸入沸水中 2～3min 后冷却备用。

（2）辣椒酱的制备　将红辣椒用粉碎机磨成细粉，按 100kg 辣椒粉加 20°Bé 的盐水 600kg 的比例浸泡，并经常搅拌使其成酱状。

（3）蚕豆曲的制备

① 洗净、浸泡。用自来水洗去蚕豆中的泥土及其杂质，在常温下将蚕豆放进自来水中浸泡 8～12h，以表皮开裂，易于去皮为宜。

② 去皮。采用人工剥皮或橡胶双辊筒轧豆机去掉蚕豆的表皮。

③ 蒸面。将小麦粉放入锅内干蒸，时间为 50min，出锅后经过冷却，将结块打碎。

④ 制曲。将蚕豆（1000kg）和面粉（600kg）混合均匀，按 0.3% 的比例将

米曲霉种曲撒入冷却后的蚕豆和面粉中拌匀，然后放入制曲池中摊平，厚度为30cm，入池品温保持在30～32℃，曲室温度保持在33～35℃，相对湿度保持在90%，制曲过程中温度控制在36～40℃，当品温达到42℃时进行第一次翻曲，此时蚕豆表面已长有少量菌丝，翻曲后通风使品温降至35～36℃。以后每当品温上升到40℃时，就通风降温至35～36℃，在第一次翻曲后的6～7h进行第二次翻曲，并打碎结块。此时蚕豆基本长满了菌丝，第二次翻曲后再培养6h即可出曲，整个制曲时间为48h。

（4）固态低盐加辣发酵　原料配比为：豆瓣曲200kg、水80kg、辣椒酱150kg，保温发酵后补加23°Bé的盐水280kg。

先将辣椒酱与水加热到60℃，再与豆瓣曲搅拌均匀，落入发酵池内，用铲压平，上盖清洁白布一层，布上每池加封面用食盐50kg（可反复使用），防止品温发散及杂菌侵入。发酵期间醅温维持在40～45℃，8d后取出，加入23°Bé的盐水，充分混合均匀，在室温中后发酵3～4d，即得成熟酱醅。

（5）精制、杀菌　按豆瓣辣酱55kg、南瓜块18kg、鲜酱油24kg、白砂糖3kg的比例，在夹层锅内将上述配料搅拌混合均匀，再加热到80℃，保温10min进行灭菌。因为酱醅较黏稠，加热时温度不易均匀，所以必须不断搅拌，同时在成品酱醅中再加入0.1%的苯甲酸钠，使其彻底溶解，以防酱醅变质。

（6）包装　成品用四旋玻璃瓶包装，其容量为0.25kg。玻璃瓶要洗净并经加热灭菌后才能装入辣酱，每瓶表层要加入麻油6.5g，然后加盖旋紧。盖内衬一层蜡纸，以免麻油渗出。

五、天然晒制香辣豆酱

利用庭院、屋顶、瓷缸等天然晒露法生产辣豆瓣酱，可利用日晒夜露，温差较大等条件促进多种有益微生物的速生繁殖，发酵时间可缩短到20～25d，原料粗蛋白利用率明显提高，在光照下可加速酱类具有芳香气味的有机物合成，而形成特有的风味。

（一）原料配方

以容纳50kg原料的瓷缸为例，每缸下蚕豆或黄豆11kg、鲜辣椒25kg、面粉3kg、食盐6kg。

（二）生产工艺流程

原料处理→制曲→下缸→下辣椒→晒酱→成品

（三）操作要点

（1）原料处理　将脱皮去壳的蚕豆或黄豆装入滤袋内，在100℃沸水中浸烫1min，取出后迅速放入冷水中降温，搓去豆皮，浸泡3～4min。

（2）制曲　捞出豆瓣，拌进已按0.03%比例接种酱曲精的麦粉，充分拌匀后入竹制曲盘，控制料温在 33～36℃，3d 后可长出黄绿色曲霉，制曲成功。

（3）下缸 按清水 13kg、食盐 3.25kg 的比例制备食盐水，将霉豆瓣放进缸内，混合均匀，并每天翻晒。

（4）下辣椒 豆瓣白天翻晒，晚上夜露，下雨要用遮盖避雨，经 15～30d 暴晒，待豆瓣变为红色时，加进粗细适中的牛角辣椒和食盐，充分混合均匀，再经翻缸，日晒夜露 1 个月左右，即可成熟。可单独佐食，也可作拌炒调味品。

六、豆瓣辣酱

豆瓣辣酱主要产于四川省，以蚕豆为主要原料，经脱皮、制曲、发酵后加入辣椒酱制成。

（一）原料配方

蚕豆酱 50kg、鲜辣椒酱 50kg 或蚕豆酱 60kg、干辣酱 40kg。

（二）生产工艺流程

鲜辣椒→洗涤→盐渍→磨浆→鲜辣椒酱
↓
蚕豆→浸泡→去皮→浸泡→吸水→蒸料→冷却接种制曲→入池发酵→豆瓣酱醅→混合→杀菌→熟化→成品

（三）操作要点

（1）浸泡去皮 蚕豆除杂后，投入清水中浸泡至无皱皮，断面无白心，并有发芽状态时，在 80～85℃用 2% 的 NaOH 溶液浸泡 4～5min，即可去皮。再用清水漂洗去碱。

（2）涨发 去皮的蚕豆按颗粒大小分别浸泡到体积增加到 2～2.5 倍，重量增加 1.8～2 倍，豆肉无生心即可。

（3）制曲 将蚕豆移入蒸锅内蒸熟，按 100：30 比例与面粉混合，并加入 1.5%～3% 的种曲，移入曲室。一般通风制曲时间为 2d。

（4）酱醅发酵 将蚕豆曲移入发酵缸，摊平稍压实，待自然升温到 40℃左右，按 100kg 蚕豆曲用 15°Bé 的盐水 140kg 的比例喷洒到曲中，要求盐水温度为 60～65℃，然后用一层盐封缸。此时品温能达到 45℃左右，保持此温度发酵 10d 后，酱醅成熟。酱醅成熟后，每 100kg 蚕豆曲补加细盐 8kg 和水 10kg，搅拌均匀，再保温发酵 5d 即可。

（5）制辣椒酱 鲜辣椒去蒂柄，洗净沥干，每 100kg 加盐 22～24kg，一层辣椒一层盐压实，再用少量食盐封面，用重物压紧，腌 3 个月取出磨细。磨辣椒时可加入 20°Bé 的盐水，调节其稠度，1kg 辣椒可出 1.5kg 辣椒酱。干辣椒应加水浸泡，并加部分盐进行腌制，利用 20°Bé 的盐水磨成糊，一般 10kg 干辣椒加盐 2.6kg、水 9.1kg，可产干辣椒酱 20kg 以上。

（6）成品混合 按比例将两种酱混合均匀后，加热杀菌，装入陶土坛中发酵

15d 以后便可分装作为成品出售。

（四）成品质量指标

（1）感官指标　呈酱红色，鲜艳而有光泽，鲜美而辣，无苦味、霉味。

（2）理化指标　水分＜60％，食盐 14％～15％，全氮＞1.8％，氨基酸＞0.7％，总酸（以乳酸计）＜1.3％。

七、红曲香菇豆瓣酱

（一）生产工艺流程

大米→浸泡→蒸饭→接种红曲霉→红曲＋预处理过的香菇

蚕豆→浸泡→煮沸去皮→蒸瓣→冷却→接种制曲→调配→装坛→发酵→成品

米曲霉→麸曲孢子种曲＋焙烤过的面粉

（二）操作要点

（1）原料要求　蚕豆：无霉变、无腐烂、无虫蛀；大米：新鲜、无霉变、无虫蛀；香菇：鲜菇，无腐烂、无病变或干菇；面粉：新鲜、无霉变、无虫蛀；米曲霉：不产生毒素，高产淀粉酶和蛋白酶；红曲霉：不产生毒素，高产红曲色素的功能性菌种。

（2）红曲的制作　将大米浸泡数小时至无白心，淘洗沥去水分，常压蒸 30～50min 或高压 0.1MPa、15～20min，要求米饭熟而不烂，待冷却后接种。按大米 500g、红曲 25～30g、冰醋酸（99％）1.4mL，水适量，混合均匀，盖上灭菌的纱布保温保湿，于 30℃培养 3～7d，每天翻曲，补充适量无菌水，保持米饭湿润，有利红曲霉生长，在生长过程中产生红曲色素，饭粒逐渐变红直到全部成红色，米粒无白心，取出摊晾干燥即为成品红曲，备用。

（3）香菇的预处理　将香菇浸泡、清洗干净，沥去水分，切成小碎块，放入 2％～5％的食盐水中常压煮沸 30min 或高压 0.1MPa、10～15min，目的是杀菌，让香菇细胞破裂，有利于在酱品发酵过程中浸出其营养成分。

（4）米曲霉麸曲孢子的制备　麦麸过筛除去过多的细粉，水洗除去部分淀粉，拧干至手捏见水出而不下滴，装入 500mL 三角瓶，于 0.1MPa 灭菌 45min，冷却接种已活化的斜面米曲霉菌种，28～30℃培养 2～6d，每天摇瓶翻曲，直至长满黄绿色孢子即为三角瓶种曲，按此方法，将三角瓶种曲继续扩大培养成麸曲孢子种曲，干燥低温保藏备用。

（5）面粉的焙烤　于 105℃恒温箱中将面粉摊开焙烤 30～45min，目的是除去水分，便于吸收蚕豆瓣料中多余水分，有利米曲霉的生长。

（6）蚕豆的处理　将蚕豆浸泡数小时充分吸水，煮沸 5～10min，人工去皮，清洗，沥去水分，常压蒸瓣 30～40min 或高压 0.1MPa、10～15min，要求熟透，有利于细胞破裂、淀粉膨胀，摊晾冷却至温度 35℃左右。

（7）接种制曲　按照原料重量加入 10％的焙烤面粉，调节蒸料水分含量为 65％～68％，接种 1％～3％的米曲霉麸曲孢子种曲，混合均匀，装入竹编盘内，厚度以 2～3cm 为宜，上覆盖一层干净湿纱布保湿。28～30℃培养约 20h，当曲料上生长白色菌丝、结块，品温升至 37℃时进行翻曲，搓散曲块、摊平，根据需要补充适量无菌水，保持曲料的湿度；品温控制在 40℃培养，一般培养 2～3d 即为成曲。

（8）调配　根据不同消费者的要求，添加适量香菇和红曲。一般添加量按照蚕豆曲重的 5％～10％加入已处理过的香菇，如加入量少，香菇味不足；加入量大，则菇味过浓，酱香不突出。按 1％～10％加入红曲粉（磨成粉状），加入量大，颜色过红，酱味淡薄，后味不足。

（9）装坛　将上述调配曲料装入发酵容器内。将混合曲 600g 送入发酵坛（2kg），扒平表面，稍予以压实。待品温上升至 40℃时，加 60～65℃热盐水（10～12°Bé）1400～1800g，让盐水逐渐渗入曲内后，再翻拌酱醅，扒平表面，加一薄层封面盐，密封。食盐含量控制在 8％左右，夏季可适当增加食盐含量，但不超过 12.5％。

（10）发酵　放置于 45℃恒温条件下厌氧发酵 5～7d 后酱醅成熟，第 2 次加盐水搅拌均匀，再发酵 3～5d 或将发酵缸移至室外后熟数天，即得成熟的红曲香菇蚕豆酱。

（三）成品质量指标

（1）感官指标　色泽：深红色，鲜艳有光泽；香气：浓郁的酱香和酯香味；滋味：咸甜适口，味鲜无异味；形态：稠状固液混合物，其固体形态呈小块状。

（2）理化指标　固形物含量≥30％，食盐（以 NaCl 计）7％～12.5％，砷（以 As 计）≤0.5mg/kg，铅（以 Pb 计）≤1.0mg/kg。

（3）微生物指标　大肠菌群≤30MPN/100g，致病菌（系指肠道致病菌）不得检出。

八、油辣豆酱

（一）生产工艺流程

$$面粉＋菌种 \qquad 食盐＋西瓜$$
$$\downarrow \qquad\qquad \downarrow$$
黄豆→预处理→浸泡→蒸煮→拌面接种→制曲→入缸→发酵→调配→产品

（二）操作要点

（1）原料选择　选用个大、粒匀、皮薄、粗蛋白质含量高、色泽金黄、不霉不烂的黄豆，去除杂物；选用纯净、无杂质，符合 GB 5461—2000 标准的食盐；色泽鲜红、肉厚、品种优良的辣椒；含糖分高、成熟度适宜的良种红瓤西瓜；优质小磨麻油；六必居高酱花生仁；优质鲜嫩生姜；一级红果酒；各种香辛料均用一级品。

（2）泡豆　浸泡时在缸中先放入适量清水，把经去杂处理的黄豆慢慢倒入缸中，不断搅动，清除浮起的污物。浸泡时间根据豆粒吸水膨胀程度灵活掌握，当水温为 20～22℃ 时，浸泡 6～7h 即可。以豆粒表皮舒展、无皱纹、不易脱落、豆瓣扁平、中间稍有凹陷、含水量 65％ 为宜。

（3）蒸料　将浸泡后的黄豆捞出沥去水，分层倒入蒸料锅内（不要一次倒入，以免压汽，造成原料生熟不匀）。蒸料要求黄豆熟而不烂，表面水分挥发前呈淡棕黄色，而后呈棕红色。

（4）拌面接种　每 100kg 原料用干面粉 25kg，加入 0.3kg 沪酿 3.042 种曲。把种曲与面粉混合均匀后备用。黄豆出锅后自然冷却，待温度降至 30～32℃ 时，将菌种加入，以翻料、拢堆等手段使其混匀。

（5）制曲　将接种后的黄豆送入通风制曲池，厚度为 20～25cm，室内温度保持 24～28℃。6h 时菌种开始生长，并逐渐进入繁殖旺盛期，品温随之上升。这时注意通风，将品温控制在 30～32℃，12h 后控制在 34～36℃。当黄豆表面不见白色菌丝，原料结块，通风受阻时进行第 1 次翻曲。以后当表面有裂缝、品温相差较大时，进行第二次翻曲。直至 65h 后，菌丝长齐呈淡黄色，并逐渐变为黄棕色时为成熟。一般成曲量为混合料的 90％。

（6）入缸　成曲按 300％ 的比例加入 16°Bé 的盐水入缸。掺西瓜时，将鲜西瓜直接掺入豆酱，从而使产品增加鲜味，减少咸度。然后将缸置于露天场地，日晒夜露，自然常温发酵。

（7）发酵　进入发酵期每天早晨打耙，直至豆酱落花（发酵停止）。如此日晒夜露 40～50d，待豆酱呈棕红色，略有褐色时即为油辣豆酱半成品。成曲豆酱出品率为 250％。

（8）调配比例　半成品豆酱 100kg，高酱花生仁 10kg，麻油 5kg，白糖 10kg，辣椒粉 3kg，红果酒 10kg，香料 1kg，生姜 3kg。经过调配后进行包装即为成品。

（三）成品质量指标

按 GB 2718—2014《食品安全国家标准　酿造酱》执行。

九、海带豆瓣辣酱

（一）生产工艺流程

黄豆→挑拣→清洗→蒸熟→冷却

↓

海带→清洗→挑拣→切分→研磨→蒸煮灭菌→冷却→按比例混合→接菌种制曲→调味→装瓶→发酵→真空封口→灭菌→冷却→成品

(二）操作要点

(1) 原料的选择及处理 黄豆要求豆粒饱满，需剔除虫蛀、干瘪、霉烂者及杂质；海带要求不霉变的二级以上海带，剔除黄白边梢及杂质，清洗干净后切碎，利用胶体磨研磨 15min，达 100 目以下备用。

(2) 原料蒸煮 将糊状海带放入夹层锅中熬煮 15min 左右；对黄豆利用直接蒸汽蒸 25～30min。蒸熟的黄豆粒，用手指捻时，手感柔软，豆皮能搓破，咀嚼时无豆腥味，具有黄豆香味，色泽淡黄。豆粒不宜蒸得过熟，否则因软烂而损坏豆粒之完整。

(3) 混合、制曲 将海带和黄豆按 1∶3 的比例混合均匀进行制曲。目的是使蒸熟的黄豆和海带在霉菌的作用下产生相应的酶系，为发酵创造条件。其方法是：在料温 40℃左右，接入混合菌种，接种量为原料量的 0.4%～0.5%，菌种比例为米曲霉菌∶毛霉菌∶生香酵母＝6∶3∶1。接种后拌和均匀，分装于竹匾内，厚度控制在 2.5cm 左右，放进制曲室内进行培养。前期温度控制在 20℃左右，时间为 25h，利于毛霉菌生长，等长有白色毛霉菌丝及少量米曲霉菌丝时，则需提高温度至 26℃，经过 10h 后，由于米曲霉的大量繁殖，品温迅速升高，此时应通风降温，保持品温在 33℃左右，大约经过 24h，制曲成熟，菌丝饱满，有种曲特有的香气，无霉味及其他杂味。

(4) 调味、装瓶、发酵 按照食盐 12kg、白砂糖 2kg、生姜 2kg、红辣椒丝 2kg、八角 1kg、混合料 100kg、水 86kg 的比例将各种原辅料进行混合均匀，然后将混合物料进行装瓶，装瓶后倒入少许 50 度白酒，盖上瓶盖，不需旋紧，送入保温库进行保温发酵，采用低盐快速法。以 40℃保温 6d，海带豆瓣酱发酵成熟，降低温度至 26℃，后期发酵 5d，以改善风味。

(5) 真空封口、灭菌 将上述发酵成熟的酱料瓶利用真空封口机进行密封，然后进行杀菌处理，以 227g 包装的为例，其杀菌公式为：7min—20min—15min/110℃，杀菌结束后分段冷却至 40℃，经过检验合格者即为成品。

十、香味大酱

大酱通常是以豆饼为主要原料，采用米曲霉为主的微生物，经过发酵而制成。质量优良的大酱，既是调味品，又可作为餐桌上的佳肴，但是，现在市场售的大酱，只鲜而不香，不能满足众多消费者口味上的嗜好，这里介绍一种采用低温发酵酿制香味大酱的工艺。采用这种工艺酿制的大酱别具特色，颜色金黄、亮泽，味鲜，独具酱香和酯香。

(一）生产工艺流程

原料→蒸料→冷却→接种→培养制曲→发酵→成品

(二）操作要点

(1) 蒸料 选取优质豆饼为原料，加入 50～60℃的热水拌匀，使原料含水量为 30% 左右，堆放 0.5～1h，待豆饼被水浸透后，上锅蒸料，时间为 30min 左右，为了减少蒸料的时间，可将水烧开，然后再陆续加料。

（2）冷却、接种　当料蒸熟后及时出锅，迅速翻拌降温，待料温降至 37℃ 左右时，加入种曲拌匀。种曲加入量为原料量的 0.3%～0.5%。

（3）高温薄层培养　将接种后的曲料装盘扒平，表面和周边稍加压实，以保持料的水分和温度，曲料的厚度为 8～10cm。将曲盘置 25℃ 左右的室温中自然升温培养，但要注意控制温度不要超过 38℃，温度过高时，可将曲盘移入通风处降温。待曲料表面见有灰白色时，于曲料表面和周边喷洒少量的温开水（约 35℃），然后翻曲或倒盘一次，再稍加压实，继续控温培养。待曲料温度自然逐渐下降到 35℃ 乃至 30℃ 时，表面曲料已经成熟，可以出曲。总的培养时间为 54～60h。

（4）低温液态发酵　将成曲转入发酵容器中，加入澄清的 21.5°Bé 的热盐水（45℃），加入盐水量，按曲料∶盐水为 1∶2.8 添加，稍加搅拌后，加盖密封，置 30～40℃ 的环境中发酵，经 4～5d，打开盖子，每天打耙或搅拌 1～2 次，直至发酵成熟。此间，要注意防止灰尘和其他异物落入发酵容器中。总的发酵时间为 15～25d。发酵结束后取出大酱，经过包装即可作为成品。

（三）应说明的几个问题

（1）与传统的制曲法相比，制曲的温度稍高，时间稍长。其目的是为了获得足够数量的完全成熟的孢子，赋予曲料香气，有助于改善成品酱的风味。可是，从理论上讲，高温（35℃ 以上）制曲会影响蛋白酶的分泌与活力，进而影响成熟的质量，而事实上，产品的质量不但没受其影响，反而质量更佳。这足以证明，这种制曲方法对产品质量的影响是利大于弊，起码对低温液态发酵法是如此。但是，制曲的温度又不能太高，时间也不能太长，否则，成品酱会有焦煳味。

（2）发酵过程中的打耙或搅拌，可以使酱醪中各部分酶的浓度、水分、温度均匀，排除不良气味及有害物质，增加氧含量，防止厌氧腐败菌生长。

从发酵过程中，感官质量的跟踪检查来看，发酵到第 10d 时，酱醪逐渐变黄，鲜味呈现，15d 以后，酱色黄而亮泽，具有酱香和酯香味。由此可见，低温液态发酵，并未影响蛋白酶、淀粉酶等酶类作用的充分发挥，相反，会使成品的色、香、味俱佳。

（3）成品酱为黄色，但在空气中暴露过久，褐变作用使酱的颜色逐渐加深，但并不会因此而失去众多的消费者，因为广大消费者对酱的色泽并不苛求。若要满足部分消费者对深色的嗜好，可添加适量的酱色调制。

（4）酱中的食盐含量，应依生产季节的不同而有所不同。春季，为避免成品出厂后继续发酵变酸，含盐量应稍高，为 14%～15%，秋季以 12%～13% 为宜，并一次性加入足够量为好。

十一、霉豆渣酱

豆渣含有丰富的营养成分，在我国南方民间流传着将豆渣制作成霉豆渣的方法。霉豆渣是一口味鲜美异常的菜肴，但要随制随食，不宜久放，不适合工业化生产，而豆渣作为豆制品的副产品其量是很大的，必须走工业化生产的道路。下面就介绍以新鲜豆渣为原料经微生物霉制后加调料调制生产霉豆渣酱的工艺。

（一）生产工艺流程

原料→酸解→压榨→蒸料→冷却→接种→霉制→腌制→蒸料→装瓶→排气→封口→冷却→成品

（二）操作要点

（1）酸解　取新鲜豆渣加水浸没，于缸或池中搅拌均匀，然后浸泡放置约20h，气温高时时间可短点，气温低时时间宜长一点。浸泡程度以挤去的水不浑浊为佳。

（2）压榨　将酸解过的豆渣装入干净的白粗布袋内，利用压榨机或人工挤压去水，压至豆渣含水量为60%～70%。

（3）蒸料　豆渣以压榨后的自然块状放入蒸料的容器中，利用旺火蒸30～40min，然后出蒸锅，摊散开来，铺在洁净的专用霉箱中，厚度为3～4cm。

（4）接种　先制得新鲜的毛霉菌液，然后将菌液用喷雾器均匀地在霉箱中的豆渣表面喷上一层，再将豆渣翻拌均匀后铺平，又在表面均匀喷上一层菌液。

（5）培养　将霉箱放入霉房中，由上至下叠放。培养温度为20～25℃，并保持一定的湿度。培养时间与培养温度紧密相关，25℃时约为48h。温度高培养时间短，温度低则培养时间长，以豆渣表面长出长长的白色绒毛，色泽开始转深为宜，此时用手拿豆渣可见豆渣已呈富有弹性的、疏松的块状。

（6）腌制　将霉好的豆渣放入腌制容器中，加入浓度为20°Bé左右的食盐水拌匀，盐水加入量以使豆渣均匀吸入而不浸出为宜。充分搅拌均匀，压紧加盖腌制3～5d。气温高腌制时间短，气温低则腌制时间长。

（7）配料　腌好的豆渣按味型需要加入不同的配料，配方类型很多，现举一例：霉豆渣50kg、腌辣酱7.5～10kg、鲜姜粒1kg、蒜粒0.5kg、豆豉适量、味精100g、酱色适量、防腐剂按规定量加入。

配好料后充分翻拌均匀，密封放置3～5h（味精、酱色、防腐剂分别先用少量水溶化后再加入）。

（8）蒸料　配好料的豆渣放入蒸料容器内，于蒸料锅中蒸汽杀菌约20min。

（9）装瓶　蒸好的料出锅后迅速装瓶，瓶子及盛料容器务必洗净消毒，装瓶要装得紧密一些，用汤匙加热食油封口，随即盖紧瓶盖，擦净瓶盖瓶身，自然冷却至室温，即为成品。

（三）成品质量指标

（1）感官指标　色泽：酱红色，无杂质；气味：具有本品特有的香气，无不良气味；口感：味鲜，较细腻，无异味。

（2）理化指标　食盐≤12％，氨基酸态氮≥0.6％，总酸（以乳酸计）≤1.0％。

十二、绿豆酱

绿豆酱是以绿豆、大豆和面粉为主要原料经过发酵加工而成的一种半固体发酵调味品。

（一）生产工艺流程

黄豆→洗净→浸泡→蒸熟→冷却　种曲

绿豆→洗净→浸泡→蒸熟→冷却→混合→接种→曲盘培养→绿豆曲→入发酵罐→自然升温→第一次加盐水→酱醅保温发酵→第二次加盐及盐水→翻酱→成品

（二）操作要点

（1）制曲原料选择及配比　酱的鲜味主要来源于原料中蛋白质的分解产物氨基酸，而酱的香甜则来源于原料中淀粉的分解产物糖及其发酵生成的醇、酯等物质。由于100g绿豆中含蛋白质21.6g、淀粉16g，所以选择原料配比见表2-2。

表2-2　绿豆、黄豆、面粉不同配比制曲原料　　　　　单位：%

序号	1	2	3	4	5	6	7	8
绿豆	100	50	100	100	100	75	75	75
黄豆		50				25	25	25
面粉	40	40	30	20	10	30	20	10

注：面粉含量为绿豆和黄豆总重的百分比。

（2）洗净　将绿豆和大豆中的泥沙和其他杂物用清水洗净。

（3）浸泡　绿豆常温浸泡10h，水与绿豆的重量比为3：1。黄豆常温水浸泡12～15h，水与黄豆重量比为3：1，浸泡至其中心也吸饱水分，重量增至原来的2.2倍后进行蒸煮。

（4）蒸煮　蒸煮的目的是使豆粒组织充分熟透，其中所含的蛋白质变性，易于水解，同时部分碳水化合物水解为糖和糊精，以便曲霉利用。

将浸泡适度的黄豆和绿豆按表中的混合比例放入蒸锅内，将水烧开，待蒸汽全部冒出后加盖，维持2h左右，再焖2h，蒸熟的程度是以豆粒全部均匀熟透，达到既酥又软，保持整粒不烂为标准。

（5）面粉　直接采用生面粉，不必进行预处理。

（6）成曲　将出锅的豆子摊于托盘中，冷却至40℃左右，添加2.25g种曲（一般用量为0.15％～0.3％）和面粉，充分搅拌混合均匀，使面粉和种曲均匀地附着在豆粒表面，摊平厚度为 2cm 左右，然后放入 30℃的恒温箱内，用温度计测得品温上升至 37℃时，进行第一次翻曲（大约为 6h），然后摊平，厚度为 3cm 左右，再隔 4h，进行第二次翻曲，继续培养，大约 18h 孢子开始产生，至 22～26h，曲料已着生淡黄绿色，即为成曲。

（7）制酱操作　先将成曲倒入发酵罐内，表面扒平，稍压实，一是使盐水逐渐缓慢渗透，曲和盐水的接触时间增长，二是避免底部盐水积得过多，而使面层曲也充分吸收盐水。罐内部温度很快达到 40℃左右，再将准备好的 14.5°Bé 的热盐水（加热至 60～65℃）加至面层，使其逐渐全部渗入曲内，最后在面层加细盐一层，并将盖子盖好，这样使酱含食盐量维持在 9%～10%。盐水加热温度为 60～65℃，既能达到盐水灭菌的目的，又不至于破坏酶活力，同时使成曲吸入热盐水后，立即能达到 45℃左右，以后维持此温度 10d，平时每天只要检查温度 1～2 次，酱醅成熟，发酵完毕。第 2 次补加浓盐水，浓度为 24°Bé 及适量细盐，充分搅拌均匀，在室温下发酵 4～5d 即得成品。

（三）成品质量指标

（1）感官指标　香气：有浓郁的酱香，无不良气味；滋味：味鲜醇厚，稍咸，无酸、苦涩、焦煳及其他异味。

（2）理化指标　见表 2-3。

表 2-3　理化指标　　　　　　　　　　　　单位：g/100g

水分	62.19	68.20	61.92	61.99	62.03	64.14	63.98	64.72
还原糖（以葡萄糖计）	4.82	6.55	4.81	4.82	4.84	5.86	5.71	5.69
食盐	11.90	10.40	10.50	11.45	11.37	10.82	10.91	10.93
氨基酸态氮（以氮计）	0.362	0.379	0.368	0.367	0.722	0.750	0.690	0.689
总酸（以乙酸计）	0.0077	0.0098	0.0079	0.0078	0.0081	0.0083	0.0089	0.0090

（3）微生物指标　细菌总数 10 个/g，大肠菌群 1MPN/100g，致病菌不得检出。

十三、黑豆豆酱

黑豆豆酱不论在城市，还是在边远山村都能生产，它是以黑豆、蚕豆与含淀粉多的禾谷类作物籽实混合制成。

（一）生产工艺流程

黑豆→清洗→浸泡→蒸煮→冷却→混合→接种→培养→黑豆曲→发酵→自然升温→加第 1 次盐水→酱醅保温发酵→加第 2 次盐和盐水→翻酱→成品

（二）操作要点

（1）清洗、浸泡　将黑豆清洗干净，除去杂质，加水浸泡，以豆粒泡展，用手指轻揉能破成两瓣为宜，再将泡好的黑豆放入锅或蒸桶中煮熟即可。

（2）蒸煮　大量生产豆曲多采用蒸煮的方法，将浸泡好的黑豆放入蒸锅内，通入蒸汽蒸煮，在常压下加盖蒸 2h、焖制 2h 后出锅。若在加压下蒸煮时间要短，蒸到豆粒全部均匀熟透，既酥又软，以豆粒不烂为标准。

（3）制曲　采用厚层通风制曲法将出锅的黑豆输送到曲池（或曲箱）内摊平，加入相当于黑豆重量 40% 的面粉，充分搅拌通风冷却至 40℃，然后接入 0.3% 的种曲翻匀，待料品温度达到 36～37℃ 时，再通风降温至 32℃，以促进菌丝迅速生长。如上下层温差大，可用翻曲机翻 1～2 次，使料品温度维持在 33～35℃，当豆粒表面有大量黄绿色孢子出现，即完成制曲。

（4）发酵　先将大豆曲倒入发酵容器内，表面摊平，轻轻压实。当料温升至 40℃ 时，加入 60～65℃ 的热盐水，每 100kg 黑豆曲加 90L 水，使水逐渐渗入曲内，上面加封面，再盖好盖，使醅温达到 45℃ 左右，保持此温度 10d，酱醅成熟，发酵结束。

（5）制酱　将 100kg 黑豆加入 40kg 曲、10kg 细盐，用翻浆机充分搅拌，使细盐全部溶化混合均匀，再发酵 4～5d，即可制成豆酱。

十四、板栗蚕豆酱

（一）原料配方

板栗 21.24%、蚕豆 42.29%、食用盐 13.94%、白砂糖 14.85%，其余为生姜、花椒等。

（二）生产工艺流程

新鲜板栗→蒸煮→脱壳→晾干　种曲←扩大培养←米曲霉

蚕豆→洗净→浸泡→蒸煮→晾干→混合→接种→制曲→加入食用盐→ 发酵→制得酱醅→调配→杀菌→包装→成品

（三）操作要点

（1）板栗处理　将脱壳处理的板栗常压蒸煮至熟透，手工去壳，捣碎，自然晾干，备用。

（2）蚕豆处理　剔除肉眼可见的杂质，用水洗净，在室温下用水浸泡至蚕豆表面无皱纹，浸泡后的大豆常压蒸煮 2h，自然晾干，备用。

（3）混合制曲　蒸煮的板栗与蚕豆混合均匀，在 30℃ 下按照 3.6% 的比例接入米曲霉种曲。之后在培养箱中培养，定期测定曲的温度，当曲料温度上升到 44℃ 时降温并打碎结块，培养约 55h，曲料出现黄绿色即为成曲。

（4）发酵、调配　将成曲倒入容器中与食用盐混合均匀，控制温度在 50℃

左右，定时测定氨基酸态氮的含量。在制作酱醅时，采用传统工艺一次性加入足够的食用盐。发酵结束后加入生姜、花椒等进行调味，在按照常规酱杀菌的条件进行杀菌，最后经包装即为成品。

（四）成品质量指标

（1）感官指标　色泽：红褐色，色泽鲜艳有光泽；组织状态：黏稠适度，无杂质，酱体均匀；风味：板栗、蚕豆香气浓郁，发酵后酱香浓郁，无异味；口感：口感细腻而醇厚，咸味适中，无不良风味。

（2）理化指标和微生物指标　氨基酸态氮为 0.5g/100g，大肠菌群＜1MPN/mL。

十五、黑豆豆豉

黑豆豆豉在印度尼西亚又称丹贝，它是一种整粒发酵食品，味道鲜美，营养丰富。

（一）生产工艺流程

黑豆精选→浸渍→蒸煮→制曲→洗霉→配料→封坛

（二）操作要点

（1）选豆　黑豆豆豉是以黑豆为原料，要选择颗粒饱满、皮薄肉厚、含苦味量少、新鲜、无霉变的小黑豆。

（2）浸渍　黑豆浸渍的目的是使豆中含有一定量的水分，这样蒸料时易于熟透，淀粉易于糊化，便于溶出豆豉霉菌所需要的养分。黑豆浸渍后含水量以45％为宜，曲料过湿不易控制温度，常出现"烧曲"现象，杂菌乘虚而入，使豆曲酸败、发糊，发酵后的豆豉有苦涩味，表皮光泽不油润；如果水分低于40％，不利于豆豉霉菌的生长繁殖，发酵后的豆豉硬实，豆豉肉不松软，俗称"生核"。豆豉浸渍的时间长短因气候条件而异，一般冬季为5～6h、春秋季为3～4h、夏季为2～3h。浸渍时应细心观察，每10粒黑豆中有6～7粒已膨胀、豆粒表面无皱纹、尚有2～3粒有皱纹时，即可结束浸渍。

（3）蒸煮　黑豆浸渍后撇去浮面的杂质，捞出并沥干水分，置于蒸桶内用旺火蒸至上大汽后，把桶盖盖上继续蒸2h，使黑豆细胞软化、熟烂，蛋白质适度变性，淀粉达到糊状程度，并产生少量糖类，有利于豆豉霉菌发育繁殖，也起到杀灭黑豆表面杂菌的作用，提高了制曲的安全性。黑豆浸渍后，若水分不足、蒸煮时间短或温度低，蛋白质未完成适度变性，为蒸豆"过生"，未变性的部分蛋白质及酶不能水解，淀粉糊化也不够彻底，使豆豉霉菌分泌减少，也会出现"生核"现象，使豆豉鲜味降低；如果蒸煮时间过长、温度高、压力大，会使黑豆蛋白质过度变性，造成黑豆组织硬度过低、豆粒脱皮、表皮角质蜡状物受破坏、油润光泽消失等现象，使得豆豉成品率降低，脱皮率增加，产品色泽受到影响。因此，有些厂家采用旋转式蒸煮锅蒸煮黑豆，或用蒸汽直接蒸煮，温度以104～

105℃、时间为 2h 左右为宜。当蒸煮散发出大量豆香味时，可抽取 10 粒黑豆，用手指压捻豆粒，当有 6～7 粒能捻碎、3～4 粒尚硬时，即可停止蒸煮。此外，也可口尝豆肉是否还有豆腥味，以判定黑豆是否继续蒸煮。

（4）制曲 豆豉制曲一般不添加种曲，而是利用低温，直接在蒸煮过的原料豆上制曲，利于豆豉霉菌生长繁殖。在制曲过程中应注意两个要点：一是要进行2 次翻曲，使豆豉曲全部着生孢子，要求每个豆粒都要翻散，不允许豆粒黏结，以免影响菌丝深入豆内，产生硬实；二是要控制好制曲时间，一般以 7d 左右为宜，为了保证豆豉的色、香、味均良好，避免豆曲过软，在洗霉时造成豆粒软烂，制曲时间不能过长。

（5）洗霉 豆豉成曲后表面附着许多孢子和菌丝，有苦涩味，必须用清水洗霉。在洗霉过程中，尽量减少豆豉的脱皮率，因此水中浸泡时间不宜过长。经过洗霉后，一般豆豉的含水量达到 35％左右，还需洒水，使其含水量达到40％。豆豉制曲发酵时水分以 47％为宜，水分过高、过低都会影响酶的水解活性。

（6）配料、封坛 在豆豉完成发酵过程中，菌丝绒毛长稳并有香味时配料。按 100kg 黑豆配食盐 18kg、白糖 1kg、清水 6L 进行混合，然后放入坛内，用厚纸或塑料布封口。为了防止坛口生白、产生杂菌，塑料布应先用热水烫软然后封口效果较好。封坛后加盖，经 6 个月酿制，豆粒颜色变黑、滋润、味香甜，即成豆豉。

十六、香辣豆豉

传统制曲加工的豆豉虽然出缸味丰满，但受气候条件制约，发酵周期长、产量低；而单一菌种加工豆豉风味欠丰满，还易发臭。采用多菌种制曲，用厌氧发酵，生物降解除臭技术，所产豆豉香气浓郁，味道鲜美，发酵周期由传统的 1 年以上缩到 2～3 个月。

（一）生产工艺流程

黄豆→筛选→润水→蒸煮→接种→制曲→洗曲→配料→装罐→晒露→成品

（二）操作要点

（1）筛选 选颗粒硕大、饱满、粒径大小基本一致、充分成熟、表皮无皱、有光泽的黄豆，经分选去杂备用。

（2）润水 按 1∶2 加水泡豆，水温控制在 20～25℃，pH 值在 6.5 以上，根据不同季节浸泡 15～25h，以豆膨胀无皱皮，手感有劲，豆皮不轻易脱离为宜。

（3）蒸煮 用常压锅蒸煮 4h，停火甑焖豆 4h 出锅冷却，所煮豆粒熟而不烂，内无生心。蒸煮豆含水量在 52％左右。

（4）接种 出甑熟豆摊晾在曲台上待品温降为 34℃左右时，接入毛霉和沪酿 3.042 米曲霉，种曲先用 1‰ 杀菌面粉拌匀后再接种，种曲与熟豆拌时要迅速而均匀。

（5）制曲　将曲料以丘形堆积于曲盘中央，保持室温 28～30℃，品温最高不超过 36℃，每 6h 倒盘 1 次。经 16～18h 曲料结块进行搓曲，将曲料轻轻搓碎摊平，使曲料松散，并保持豆粒完整。搓曲后 12h 左右豆粒普遍呈黄绿色孢子，品温趋于缓和，曲子成熟，开窗排潮，水分为 20%～25%。

（6）洗曲　将成曲放入冷水中洗净曲霉，反复用清水冲洗至没有黄水，用手抓不成团为宜，然后滴干余水，放入垫有茅草的箩内。

（7）配料　将乳酸菌和酵母菌按 0.1% 的比例溶入 35℃ 温水中，再将洗曲后的豆曲边堆积边洒水。当水分含量 50% 左右用草垫或麻袋片盖上保温，当品温上升到 38℃ 时，加入食盐、鲜姜碎、白酒、发酵型米酒、红糖、花椒、桂皮、大茴等充分拌匀。

（8）装罐　把配制好的豆曲料装入浮水罐，每罐必装满，压紧罐口部位，并不加盖面盐，用油纸、藕叶等封好罐口，加盖，装满浮水。保持勤换水不干涸，绝对不能让发酵罐漏气、浸水。

（9）晒露　将封好的发酵罐放在室外或房顶，让其日晒夜露，利用昼夜温度的变化，使生化反应加快。经 2～3 个月晒露，豆色棕褐而有光泽，味鲜咸而回甜，粒酥化而不烂，豉香浓而鲜美可口。

（10）成品　将成熟的豆豉掺入调料制成川味、广味、湖南味、西北味等多味豆豉，用玻璃瓶、瓦罐、复合塑料袋等包装灭菌，检验合格，即为成品。

十七、细菌型干豆豉

（一）原料配方

细菌型豆豉 1kg、食盐 20g、姜粉 40g。

（二）生产工艺流程

菌种→扩大培养→种子液　　　　　　辅料

黄豆→浸泡→沥干→高温蒸煮→冷却→豆豉发酵→后熟→拌料→预冻→冷冻干燥→真空包装→检验→成品

（三）操作要点

（1）黄豆　选用颗粒饱满、无虫眼和霉变的黄豆为原料，过筛去杂质后备用。

（2）浸泡　将黄豆放于大小合适的塑料容器中，用约 3 倍豆体积的可食用水常温浸泡 8～12h。

（3）沥干、高温蒸煮　将充分浸泡的黄豆用不锈钢筛沥干浸泡水，然后将黄豆分装于适宜容器中，厚度约 8cm，然后于 121℃ 蒸汽蒸煮 35min。

（4）种子液制备　从 *B. subtilis subsp. subtilis* DC8 斜面取 1 环接入马铃薯液体培养基，于 37℃ 摇床培养 12h。

（5）豆豉发酵　1kg 黄豆接入 50mL *B. subtilis subsp. subtilis* DC8 种子液，混匀，于 40℃ 恒温培养 18h。

（6）后熟　将发酵完成的豆豉置于 4℃ 放置 12h。

（7）拌料　将食盐 20g 与姜粉 40g 混匀，然后边搅拌边加入 1kg 豆豉中，拌匀后静置入味 30min。

（8）冷冻干燥　将拌料的豆豉置于 -40℃ 以下的冰箱中预冻 12h，然后置于冷冻干燥机中于 -55℃、8Pa 冷冻干燥 30h。

（9）真空包装　将冷冻干燥获得的细菌型干豆豉用铝箔袋进行真空包装，经检验合格后即为成品。

（四）成品质量指标

（1）感官指标　产品颗粒饱满，棕黄色，表面附着姜粉，豉香宜人，口感松脆，无苦味，食后余甘。

（2）理化指标　总游离氨基酸 (38.89 ± 2.27)mg/g，酸可溶性多肽 (82.79 ± 3.14)mg/g，纤溶酶活性 (114.83 ± 10.61)IU/g。

（3）微生物指标　大肠菌群 $\leqslant$3MPN/g，致病菌未检出。

十八、蒜蓉豆豉

（一）生产工艺流程

As 3.951→培养→种曲

大豆→清洗→浸泡→蒸熟→冷却→接种→制曲→无盐发酵→成熟酱醅→溶盐→调配→杀菌→包装

蒜蓉香精

（二）操作要点

（1）浸泡　将清洗好的大豆浸泡 4～8h，浸泡至豆粒表面无皱纹，并能用手指压成两瓣为适度。

（2）蒸煮　浸泡的大豆放入高压锅进行蒸煮，具体操作条件：温度 121℃、时间 15～20min。

（3）接种、制曲　蒸煮后的大豆出锅后冷却至 40～50℃，然后接入 3% 的 As 3.951 曲种，进行通风制曲。

（4）无盐发酵　将上述所得米曲霉曲切成小块，投入发酵罐中，待温度升到 38～42℃，洒入 60℃ 的热水，至豆曲含水量为 45% 左右，然后进行保温发酵，保温温度为 50～55℃，2～3d 后即得成熟酱醅。采用此法发酵时间短，风味酱的品质好、风味独特，工艺简单。

（5）溶盐　出醅入拌料池后，加入 18% 的食盐，搅拌均匀，待食盐充分溶化即可。

（6）油制　将新鲜辣椒、大蒜等预处理后进行入锅油制，温度为85℃以上，维持15min。

（7）调配　将油制的调味料加入调料缸中，最后加入2.5%蒜蓉香精进行调香。

（8）杀菌、包装　将调配好的酱在温度80～85℃保持12～15min，然后进行包装即为成品。

（三）成品质量指标

（1）感官指标　色泽：黑褐色，油润光亮；香气：酱香浓郁，蒜香突出，无不良气味；滋味：鲜美，咸淡适中，无苦涩味；形态：颗粒完整，松散。

（2）理化指标　水分≤30%，蛋白质25g/100g，氨基酸态氮（以氮计）0.6g/100g，总酸（以乳酸计）2.0g/100g，盐分（以氯化钠计）12g/100g，还原糖（以葡萄糖计）2.5g/100g。

（3）卫生指标　杂菌数目≤50000个/g，大肠杆菌群≤30MPN/100g，砷（以As计）≤0.5mg/kg，铅（以Pb计）≤1.0mg/kg，黄曲霉素B_1≤5μg/kg，食品添加剂按GB 2760—2014规定。

十九、香辣淡豆豉

（一）生产工艺流程

淡豆豉→加入各种调味料→搅拌→微波处理→装袋→抽真空封口→成品

（二）操作要点

（1）淡豆豉制备　大豆常温条件下浸泡8～12h后，经高温蒸煮（121℃、30min），冷却至35℃左右，接入重量0.3%～0.5%的沪酿3.042米曲霉孢子并拌匀。在相对湿度90%～95%的条件下，保持品温30～35℃，在白色菌丝布满豆粒、曲料结块、品温上升至35℃左右时，进行第1次翻曲，在豆粒布满菌丝并呈黄绿色孢子时即可出曲；将该成曲放入冷水中，用水冲洗至孢子基本除去，不破坏种皮为止；然后按照豆曲：食盐：白酒（52～60度）的重量比为100：（2～4）：（2～3）的比例加入食盐、白酒，混合拌匀，并加入少量凉开水，使拌料后的豆醅含水量在45%左右；在40～45℃条件下发酵8～10d。发酵结束后，在50～55℃烘箱中烘3～5h，即得到淡豆豉产品。

（2）挑选去杂　选择颗粒饱满的淡豆豉，除去杂质以及豆豉表面的少量黏着物。

（3）调味料的处理　将花椒粉、红辣椒打碎，过80目筛。同时，将辣椒油树脂用80～100目细网过滤，用色拉油将其稀释5倍，备用。

（4）调配　取1kg淡豆豉，按要求比例加入各种配料，即花椒粉0.5%，辣椒粉2%，芝麻油量3%，辣椒油树脂0.3%，然后将其充分搅拌均匀。

（5）微波处理　调配后的豆豉，经微波膨化设备处理，传输速度为 3.0m/min，使其进一步增香，并达到膨化酥脆的口感。

（6）包装　按规定重量装入复合包装袋中，用真空包装机在 −0.09MPa 的真空度条件下抽真空封口，热合带宽度＞8mm。

（三）成品质量指标

（1）感官指标　豆色棕褐而有光泽，豉香浓郁，辣度适中。

（2）理化指标　食盐（以 NaCl 计）4.2%～4.5%，含水量 19%～21%，氨基酸态氮 0.7%～0.9%。

（3）微生物指标　大肠菌群≤30MPN/100g，致病菌不得检出。

第四节　其他发酵酱类

一、咸味西瓜酱

采用此工艺生产的西瓜酱，色艳质嫩，具有浓郁的醇香和酱香，口感具有软、香、鲜、甜等特点。

（一）生产工艺流程

黄豆→去杂→浸泡→蒸煮→制曲

西瓜→选择→对剖取瓤→混合→密封发酵→成品

（二）操作要点

（1）黄豆选择及处理　选择无腐烂、无虫害的新鲜黄豆，除去杂豆及其他杂质，然后用清水将黄豆洗净，并放入清水中浸泡 3～4h，使黄豆充分吸水膨胀。

（2）蒸煮、制曲　将浸泡好的黄豆捞出，在常压下蒸煮 3～4h，至嗅到有豆香味，用两个手指能将豆粒捏成饼状、无硬心为蒸煮适度。将蒸煮好的黄豆取出，滤去水分，稍晾一下，用面粉与熟豆粒拌匀，使其包裹于豆粒表层，成为曲料。然后将曲料放入干净的案板上摊平，厚度为 1.5cm 左右，表层盖好，放在室内不通风处。约 1 周后黄豆表面长满黄绿色的菌毛，轻轻搓去豆粒表层的粉面，即可用于制西瓜酱。

（3）西瓜选择及处理　选择新鲜、无腐烂、无病虫害、成熟适宜的西瓜，不用生的或过熟的西瓜。将选好的西瓜洗去表面的泥土后，对半剖开取瓜瓤。

（4）混合　按豆∶食盐＝10∶3 的比例，将豆料、食盐倒入罐中，再加入西瓜瓤（黄豆和西瓜瓤的比例为 1∶3，瓜瓤不要破碎，瓜籽也不要取出）及一定比例的花椒、大料、生姜丝、小茴香、陈皮丝，用干净的筷子搅拌均匀，用塑料布封严罐口，放在阳光下进行暴晒，每天打开搅拌 1 次，大约经过 1 个月的时间，鲜美可口的咸味西瓜酱即做好。

二、风味辣椒酱饼

（一）生产工艺流程

大豆→筛选→清洗→浸泡→蒸煮→冷却→打浆→拌盐→接种→发酵→混合→均质→成型→干燥→成品

（二）操作要点

（1）前处理

① 筛选。将优质大豆原料经机器去石、泥杂、草屑等，挑拣出霉粒及损伤粒；干辣椒去柄、去籽，备用。

② 清洗。原料放入盛有清水的池中，不断搅拌，洗净表面的泥杂，然后捞出沥干水分。

（2）浸泡 浸泡的目的是使原料吸收一定的水分，蒸煮时蛋白质迅速达到适度的变性，淀粉易于糊化。试验证明，适宜的原料含水量为45%。具体浸泡时间和浸泡的温度有一定的关系，一般随着温度的逐渐升高，浸泡时间逐渐缩短。

（3）蒸煮 称取适量大豆于40℃、150min浸泡后，再在常压下蒸煮130～160min，熟料闻有豆香，豆粒柔软有弹性，豆肉改变原色，咀嚼时无豆青味。将熟料冷却后打浆加入种曲。

（4）拌盐 用16°Bé的盐水，在20℃的水温下加入，避免因降低发酵品温而导致酱醅酸度过大。

（5）发酵 拌盐后入罐发酵，发酵温度35℃左右，为蛋白酶充分发挥催化作用创造有利条件。

（6）辣椒炙锅 把碎粒的辣椒下油锅炙锅，油量约为所用辣椒的一半，油温为130℃左右即可，加热2～3min，使辣椒变得色泽红亮，加入花椒面和味精炒制。把炒好的辣椒和花椒面及味精等加入发酵好的酱醅中，边加入边搅拌。应注意的一点是，味精要最后加入酱中。

（7）成型 将混合均匀的酱醅成型，表面撒上芝麻后进行干燥，当表面干燥以后即可为成品食用，若要延长贮存时间，则可继续干燥。

（三）成品质量指标

（1）感官指标 色泽：红黄相间，夹杂着零星的黑芝麻，色泽十分诱人；风味：酱香、酯香浓郁，无其他异味；滋味：香辣可口，回味无穷；体态：椭圆形饼状或圆饼状，质地酥硬。

（2）理化指标 水分7%～15%，蛋白质28.54%，盐度20°Bé，还原糖4.03%，总酸（以乳酸计）3.11%，氨基酸态氮3.26%，纤维素23%。

三、果味辣椒酱

（一）原料配方

以鲜辣椒和鲜姜（比例为 10：1）为基础原料，其他原料的配比为：食盐 12%、梨 6%、苹果 6%、酒 2%。

（二）生产工艺流程

新鲜辣椒→去柄蒂、杂质→清洗→风干→粉碎→发酵、成熟→灭菌处理→成品

（三）操作要点

（1）原料选择及处理　选取新鲜、无虫害、不发霉的红辣椒，去除把柄、杂质，利用清水反复清洗至无污物黏着为止。然后进行风干，这一步特别重要，如果含有一定量的水分，那么很可能在发酵过程中出现发霉、变质现象。

（2）粉碎、发酵、灭菌　将风干后的辣椒与其他辅料混合，再用食品加工机进行粉碎，然后分装于玻璃容器中，在常温下自然发酵 2 个月左右。此时辣椒酱具有清香、浓厚的香味，组织很好，口味令人满意。最后进行常压杀菌，经过杀菌后的辣椒酱，货架期可延长 2～3 年。

（四）成品质量指标

气味：有正常辣椒酱的气味，清香、柔和；体态：颜色红润，组织均匀无分层现象，或有少量水析出；滋味：咸度适中，味道柔和，辣味突出，正常；保质期为 2 年，在此期间不允许有霉变和分层现象发生。

四、荞麦酱

荞麦是谷物中风味评价较高的一种作物，最近发现对人体调节功能有很多作用，因荞麦中富含类黄酮，荞麦酱作为健康食品已受到国际注目。

（一）生产工艺流程

原料处理→制曲→配料→发酵→成熟→保存→成品

（二）操作要点

（1）原料　将荞麦进行精选，除杂，加水湿润，使其含水量达到 35.4%，利用饱满蒸汽蒸煮使荞麦淀粉 α 化。再用冷风干燥使含水量降低至 18%～28%，调整温度至 30℃ 以下，分离壳。

（2）配料　主要包括食用精盐，精白度 60%～65% 的澳大利亚产圆麦，日本产大豆与碎米。

（3）原料处理　荞麦糊化后，洒水（含水量 36%）放置使吸水均匀，常压蒸煮 45min；碎米水洗后浸 15min，然后除水，蒸煮 45min，大豆加 3 倍量水浸 16h 后除水，再加 3 倍量水，在 49kPa 的压力下蒸煮 40min，除煮汁，然后进行冷却。

（4）制曲 糊化的荞麦、碎米、精白圆麦分别蒸煮放冷，常温制曲，40h出曲，种曲用米曲霉（*Aspergillus oryzae*）。成曲中含 α-淀粉酶（2200U/g）、葡萄糖淀粉酶（200U/g）、酸性蛋白酶（14400U/g）、中性蛋白酶（12890U/g）、碱性蛋白酶（6040U/g）、酸性羧肽酶（2400U/g），荞麦中的蛋白酶、羧肽酶活性大大高于米和圆麦。

（5）发酵配料 蒸煮大豆5.2kg、荞麦3.89kg、食盐（精白度60%～65%）1.24kg（浓度达到11%）、酵母40mL（耐盐酵母）、水969.5mL，pH 4.8～4.9。

酵母培养基为正宗特级酿造酱油160mL（不含防腐剂）、精制葡萄糖50g、磷酸二氢钾0.1g、食盐1000g，28～30℃振荡培养48h。

（6）成熟、保存 将上述各种原辅料配制好后，在25℃的温度下，放置30d即可成熟，其成品色泽红，味香，风味佳。成品含水量55.9%，食盐10.8%，pH 5.0，酸度9.9，蛋白溶解率51.5%，蛋白分解率23.4%，还原糖生成率45.3%，乙醇1.9%。

由于荞麦酱易变色，需要放置在15℃以下暗处密闭保存，为防止装酱漏气（产生胀袋），一般在酱中加入2.0%～2.5%的乙醇混合均匀。

五、甜米酱

甜米酱是一种较好的佐餐调味料，南瓜、茄子、甜椒等瓜菜经甜米酱腌制后，咸中带甜，风味独特。

（一）原料配方

米酱曲100kg、15%的盐水110kg。

（二）生产工艺流程

大米→浸泡→蒸煮→冷却→制曲→装缸晒制→成品

（三）操作要点

（1）大米浸泡 将大米放在浸米池中，清水浸没米面20cm左右，浸泡3～6h，待米完全浸胀、无白心时，取出冲洗干净。

（2）蒸煮 将木制蒸甑放在锅中（与蒸馒头相同）。蒸甑上汽后开始上料，加盖蒸20min左右，开盖扒松米饭，泼温水。泼水量为米量的15%左右，使米饭充分吸水。盖上甑盖再蒸20min左右即熟。米饭的质量要求是：疏松不烂，均匀一致，内无生心，并有少量开花。

（3）培养酱曲 待米饭冷却到30℃左右时，装入竹匾中，接种。也可在装匾前接种酒曲。装匾后移入培养房中，经1d后，饭料表面长出白色菌丝，当温度上升到35℃以上时，揭去盖物降温。温度高时，可用工具翻拌降温。将温度控制在35℃以下，培养2～3d，米酱曲即培养成熟。由于米酱曲前期水分含量高，故应注意防潮，以免烧曲和糖分流失。少量生产米酱时，多将米酱曲晒干备用。

(4) 装缸晒制　将米酱曲放入缸内，加入盐水搅拌均匀，放置在太阳下晒，晚上或雨天用竹斗篷盖好，以免雨水进入酱醅中。酱醅晒得过干时，可补充水分搅均匀，继续晒酱。夏季 20d 左右，冬季 2 个月左右成熟。成熟的酱醅可晒干包装，也可湿酱包装出厂。

六、特色粟米酱

粟米作为一种杂粮，营养丰富，食用价值较高，具有特殊的保健功能，被誉为"黄金食品"。如果把粟米作为制作酱的原料，不但顺应了人们对酱类产品的要求，还可以提高粟米的深加工度，提升其附加值，创造更大的经济价值。

(一) 生产工艺流程

种曲
↓
粟米→洗涤浸泡→蒸煮→冷却→接种→通风制曲→第 1 次翻曲→第 2 次翻曲→成曲→混合→发酵→成品

(二) 操作要点

(1) 原料配比　粟米:大豆＝4:4，混合后水分 45.5%、盐分 11.7%。

(2) 种曲的制备　挑取试管菌种接入麸皮培养基中，在 30℃培养箱内培养 21h，即为种曲。

(3) 制曲　将用色彩选别机或手选后无杂质的粟米，用清水洗涤 3 次，浸泡 6～8h，沥干，用高压蒸煮 40min，冷却至 40℃，接入种曲，放恒温恒湿培养箱 30℃培养，其中 12h 左右要进行第 1 次翻曲，之后每 5h 左右，当曲料重新结块，应再次进行翻曲并加湿，42～45h 出曲。成曲手握有弹性，稍滑，菌丝白色，着生均匀。有曲香味，无异味，水分在 24%～27%，糖化度为 16%以上，中性蛋白酶活力在 200U/g 以上。

(4) 发酵　将绞碎的大豆、粟米曲、食盐、酵母菌、乳酸菌、水按质量及产品设计要求混合均匀后进行发酵。发酵温度控制在 30℃，湿度控制在 90%，发酵时间为 1 个月。

(三) 成品质量指标

(1) 感官指标　色泽:红褐色，鲜艳有光泽;香气:有独特的酱香和酯香气，无其他不良气味;滋味:味鲜，甜咸适口，无酸、苦、焦煳及其他异味。

(2) 理化指标　水分≤50%，盐分≤12.0g/100g，色度≤12.0～16.0，氨基酸态氮≥0.40g/100g，酒精度≥2.5%（体积分数）。

(3) 卫生指标　细菌总数<10^4个/g，大肠杆菌及致病菌不得检出，防腐剂不添加。其他相关指标应符合 GB 2718—2014《食品安全国家标准　酿造酱》。

七、草菇姜味辣酱

（一）原料配方

基本配料：草菇 10kg、辣椒 50kg、生姜 25kg、大蒜 5kg，下列辅料分别占上述基本配料的百分比：白糖 1.2%、氯化钙 0.05%、精盐 13%、白酒 1%、豆豉 3%、亚硫酸钠 0.1%、苯甲酸钠 0.5g/kg。

（二）生产工艺流程

各种原辅料处理→拌匀→装瓶（坛）→密封发酵→包装→成品

（三）操作要点

（1）草菇的处理　若用鲜草菇，除杂后用 5% 的沸腾盐水煮 8min 左右，捞出冷却，把草菇切成黄豆粒般大小的菇丁备用，若用干品则需浸泡 1~2h，用 5% 沸腾盐水煮至熟透，捞出冷却，切成黄豆粒般大小的菇丁备用。

（2）辣椒的处理　选用晴天采收的无病、无霉烂、无质变、自然成熟、色泽红艳的牛角椒，先洗净晾干表面水分，再剪去辣椒柄，剁成大米粒般大小备用。如果清洗前将辣椒柄剪去，清水会进入辣椒内部，使制成的产品香气减弱，而且味淡。

（3）生姜处理　选取新鲜、肥壮的黄心嫩姜，剔去碎坏姜，洗干净，晾干表面水分，把生姜剁成豆豉般大小备用。

（4）大蒜处理　把蒜头分瓣，剥去外衣，洗干净后晾干表面水分，制成泥状备用。

（5）混合　将各种主料、辅料、添加剂按原料配方比例充分混合均匀。

（6）装坛　将上述混合好的各种原料置于坛中，压实、密封。

（7）发酵　将坛置于通风干燥阴凉处，让酱醅在坛中自然进行发酵，每天要检查坛子的密封情况，一般自然发酵 8~12d，酱醅即成熟，可打开检查成品质量。经过检验合格即可进行包装作为成品出售。

原料装坛时一定要压紧、压实、压平，目的是为了去除坛内的空气，营造成厌氧发酵条件，发酵过程不可随意打开坛口，以免氧气进入，若酱长时间暴露在空气中，会发生或促进氧化变色，使酱品变黑。同时在有氧存在的条件下，会出现有害微生物如丁酸菌、有害酵母菌、腐败细菌的活动，这些有害微生物不但消耗制品中的营养成分，还会生成吲哚，产生臭气，使产品发黏、变软，从而降低酱品品质，乃至失去食用价值。

（四）成品质量指标

（1）感官指标　色泽：鲜红色间杂豆豉、草菇的棕黑色，有光泽；香气：有草菇、辣椒、姜的香气和醇香气，无其他不良气味；滋味：味鲜而醇厚，辣咸酸香脆适口，无苦味及其他气味；体态：黏稠适度，不稀不稠，无霉花、无杂质。

（2）理化指标　水分≤65%，食盐（以氯化钠计）≥12%，总酸（以乳酸计）≤2%，氨基酸态氮（以氮计）≥0.50%，还原糖（以葡萄糖计）≥1.5%。

八、保健复合型橘皮酱

本产品是以柑橘皮和蚕豆为主要原料，将橘皮进行处理和加工，并将蚕豆处理及发酵后，制成的一种具有典型橘皮风味的保健型复合调味料。

（一）生产工艺流程

柑橘皮→清洗→切丝→蒸煮→浸渍→浓缩物

蚕豆→去皮→浸泡→蒸料→接种制曲→酱醅发酵→后熟→杀菌→包装→成品

（二）操作要点

（1）橘皮清洗　清洗主要是去除橘皮表面的灰尘、微生物和残留的农药，剔除腐烂变质的果皮，以确保产品的质量。

（2）橘皮切丝　将洁净的橘皮切成长约30mm，宽1～3mm的细丝。

（3）蒸煮、浸渍、浓缩　用20%的盐水将橘皮丝进行煮沸，煮沸后在盐水中浸渍1d，再在夹层锅中浓缩至可溶性固形物达60%时，出锅备用。

（4）蚕豆去皮、涨发　蚕豆有一层不适于食用的种皮，在酿制前须去除。去皮方法通常有湿法和干法两种。湿法去皮要先用水浸泡至豆粒无皱皮，断面无白心，并有发芽状态，在80～85℃用2%的NaOH浸泡4～5min即可去皮，再用清水漂洗去碱。干法机械去皮，具有劳动生产率高、豆瓣容易保存的优点，因此通常采用干法去皮。

将采用干法即利用脱皮机去皮后的蚕豆，洗涤除杂，投放清水中浸泡至断面无白心即可，体积增加2～2.5倍，重量增加约2倍。

（5）蒸料、制曲　将蚕豆移入蒸锅内蒸熟，经过冷却后，按30%的比例加入面粉混合，并加入0.3%的种曲，移入曲室内培养，通风制曲时间为48h左右。

蒸料煮熟的程度以豆瓣中心刚"开花"，并用手指能压成粉状，不带"浮水"且无生腥味为宜。

（6）酱醅发酵　将曲块移入发酵缸，并与橘皮浓缩物按5:1的比例混合均匀，按每100kg混合物料加入4kg植物油、1kg香料和4kg白酒后，摊平稍压实。待升温至40℃左右，按每100kg酱醅配用预热至65℃的15°Bé的盐水140kg喷洒到酱醅上，然后用盐铺撒一层并将发酵缸密封。待缸内温度45℃左右，发酵约10d，酱醅成熟。发酵成熟后，按每100kg补加食盐8kg和10kg水，充分混合均匀，再在45℃的温度下保温发酵4～5d即可。

在酱醅发酵期间要经常检查，发现水分蒸发要及时补充淡盐水，隔绝空气，抑制有害微生物的活动。

醅发酵成熟后应有酱香和酯香气，而不应有其他不良气味。

（7）杀菌、包装　将制得的酱品加热至 120℃ 杀菌 20min，包装后即为成品。

（三）成品质量指标

（1）感官指标　酱体棕褐色，有红褐色橘皮丝均匀分布中间，色泽鲜艳有光泽，酱香浓郁，味鲜而醇厚，富有独特的橘皮风味。

（2）理化指标　水分 40%，食盐 14%，氨基酸态氮 0.85%，还原糖（以葡萄糖计）3.5%，总酸（以乳酸计）1.12%。

（3）卫生指标　符合 GB 2718—2003 酱卫生标准。

九、纤维型调味酱

豆腐渣是加工豆腐的副产品，而且食用纤维含量高，本产品是以豆腐渣、面粉为主要原料加工制作的，所以是一种高纤维的调味酱。

（一）原料配方

豆腐渣 100kg、标准面粉 160kg、食盐 60kg、种曲和水适量。

（二）生产工艺流程

食盐
↓

新鲜豆腐渣→加热脱酶→冷却脱臭→增白→纤维渣→混合配料→加热→冷却→酱团→发酵→切开→混合入缸→保温发酵→磨酱→灭菌→灌装→检验→成品

（三）操作要点

（1）原料选择及处理　豆腐渣要求新鲜，未变质，水分少。选择好的豆腐渣要先进行脱酶处理，处理的温度为 85℃ 左右，时间为 10min 左右。

（2）脱臭、增白　将上述加热后的豆腐渣利用冷风冷却到 60℃，进行真空脱臭处理，然后冷却到 40℃。生产淡色酱时，还需增加一道脱色工艺，由于豆腐渣一般呈淡黄色，使用浓度为 2%～3% 的 H_2O_2 水溶液即可脱色，温度宜控制在 40℃ 左右，时间不应超过 3h。

（3）混合配料、加热　按照配方要求的比例将豆腐渣、面粉、食盐、水等混合均匀，利用胶体磨进行细磨，使大酱无粗糙感。将经过处理的各种原辅料进行加热处理，温度为 110℃，时间为 30min。然后将其冷却到 40～45℃，再制成直径 2～3cm、高 4～5cm 的圆柱状酱团。

（4）发酵、切开、混合入缸　在上述制得的酱团中加入适量的种曲，经过 40h 左右的发酵制成酱团曲，将酱团曲切开，添加适量的水和食盐，充分混合均匀后入缸。

（5）保温发酵、磨酱、灭菌、灌装　原料入缸后按照常规面酱的生产方法进行发酵、磨酱、灭菌、灌装即为成品酱。

调味用的香辛料主要包括五香粉、辣椒粉、大茴香、胡椒等。包装可采用250g轻瓶或纸质易拉罐、软质牙膏管等，易挤、易开、易携带。

十、龙须菜风味海藻酱

(一) 生产工艺流程

龙须菜→清洗→高压蒸煮→均质→搅拌混合→灭菌→发酵→调味与炒制→真空包装→杀菌→冷却→检验→成品

(二) 操作要点

(1) 清洗　将龙须菜用自来水反复浸洗，直至水质清透，以除去其中的泥沙、贝壳。

(2) 高压蒸煮　将漂洗后的龙须菜在压力0.08MPa、温度115℃的夹层锅中隔水高压蒸煮10min，以达到软化和部分脱腥的目的。

(3) 均质　将蒸煮后的龙须菜与水浸泡30min，捞出龙须菜置于均质机中，按照重量比湿藻：玉米淀粉：大豆脱脂粕＝6：3：1的比例均质搅拌成浆糊状，备用。

(4) 灭菌　在121℃条件下，高压灭菌锅灭菌20min。

(5) 发酵　在无菌条件下，将经过三级培养活化好的米曲霉和鲁氏酵母菌菌种分别接种在灭菌过的龙须菜发酵粕上进行发酵。最优发酵条件为米曲霉接种量1.0%、鲁氏酵母加入量0.8%、发酵时间5d、发酵温度35℃。

(6) 调味与炒制　按1000g发酵过的酱料计，先在锅中倒入30g食用植物油，中火至油温约80℃，加入辣椒粉，中火炒出香味，立即倒入龙须菜酱文火翻炒，依次加入五香粉、蒜粉、姜粉、胡萝卜粉、香葱粉、酱油、白醋、味精、食盐翻炒15min，最后倒入口味型配料及麻油熬制到酱体固形物含量在85%以上，自然冷却到室温。具体各种配料比例可见表2-4。

表2-4　龙须菜风味海藻酱配料表　　　　　　　　　　单位：g

原料类别	名称	草本沁凉味	川式麻辣味	川式香辣味	粤式海鲜味
主原料	龙须菜浆糊	1000	1000	1000	1000
咸味剂	食盐	15	15	15	15
鲜味剂	味精	10	10	10	10
甜味剂	白砂糖	10	10	10	10
酸味剂	白醋	20	20	20	20
香辛料	五香粉	5	5	5	5
	蒜粉	5	5	5	5
	姜粉	5	5	5	5

续表

原料类别	名称	草本沁凉味	川式麻辣味	川式香辣味	粤式海鲜味
脱水蔬菜	胡萝卜	15	15	15	15
	香葱	5	5	5	5
油脂	植物油	30	30	30	30
	麻油	5	5	5	5
着色剂	酱油	15	15	15	15
高固形物黄豆酱		10	10	10	10
防腐剂	山梨酸钾	1	1	1	1
增稠剂	羧甲基纤维素钠（CMC-Na）	2	2	2	2
淀粉糊精		2	2	2	2
口味型配料		薄荷粉 15	辣椒精油 10	辣椒精油 5	蛤汁 20
		甘草粉 10	花椒精油 5	花椒精油 10	鲍鱼汁 10
总量		1170	1150	1150	1175

（7）真空包装 称量后装入真空包装袋，250g/袋，真空包装封口。

（8）杀菌 75℃巴氏杀菌5min，达到商业无菌，冷却至室温，经检验合格即为成品。

（三）成品质量指标

（1）感官指标 色泽：酱体呈红褐色，略微有黑色；组织状态（形态特征）：黏稠状，组织细腻，长期静置无分层，依稀有油沁出；滋味与气味：龙须菜固有的清香，口味型配料香味显著，香辛料的特征香味明显，无腥味，无异味，滋味适中；杂质：无肉眼可见杂质；咀嚼适口性：绵，嫩，滑，不粘牙，无腐软感；汁液略褐色，有黏稠性，香辛料粉末可见。

（2）理化指标 净含量（220±2）g，固形物含量≥85%，pH 6.0±0.5，铅（以 Pb 计）0.376mg/kg，镉（以 Cd 计）0.198mg/kg，山梨酸钾（以山梨酸计）0.75g/kg，甲基汞 0.19mg/kg，无机砷未检出。

（3）微生物指标 菌落总数≤3×10⁴个/100g，大肠菌群≤30MPN/100g，沙门菌、志贺菌、副溶血性弧菌、金黄色葡萄球菌等致病菌未检出。

十一、复合动植物蛋白风味酱

本产品是以文蛤和大豆为原料生产的一种发酵调味酱。

（一）生产工艺流程

文蛤→热烫→取肉→打浆
↓
大豆→清洗→浸泡→蒸煮→冷却→混合→接种→制酱曲→制酱醅→固态无盐发酵→成熟酱醅→酱醪→浸醪→调配（香辛液、蒜蓉辣酱）→包装→灭菌→成品

（二）操作要点

（1）蒜蓉辣酱的制备　选用红色辣椒，去蒂，水洗，沥干，按辣椒与盐11：1的比例加食盐腌制24～36h，取出磨浆得到原辣酱，备用。选当年产的蒜头，去蒂去外皮，水洗，沥干，加盐腌制（方法同上），取出磨浆得到原蒜蓉酱。

按照原辣酱93g、原蒜蓉酱36g、食盐12g、白砂糖15g、味精2g、水63mL、柠檬酸及琼脂适量的比例混合均匀即为蒜蓉辣酱。

（2）香辛液的制备　配方为：桂皮12g、大茴香12g、小茴香6g、丁香2g、草果3g、花椒6g、生姜25g、白砂糖4g。

按照上述配方配好料，加水用文火煎煮2h，最后加入白砂糖，补加水煮至200mL，过滤，得香辛液。

（3）大豆蒸煮　大豆加水浸泡5～6h，放入压力蒸锅，在0.1MPa的压力下蒸煮40min，以大豆均匀熟透，既酥又软，整粒不烂为度。

（4）文蛤浆制备　鲜文蛤于淡盐水中养1d，取出于水中煮开，捞起取肉，蒸熟，送入打浆机中打成肉浆。

（5）接种　将蒸熟的大豆在盘中摊晾。先将90％的炒面粉与文蛤肉浆拌匀，然后与蒸熟的大豆拌匀，大豆和文蛤肉的比例为20：6。另将10％炒面粉与研碎的种曲拌匀，撒于上述肉浆豆料上，翻拌均匀。

（6）制酱曲　将已接种的原料按照常规方法进行制曲。

（7）酱醅发酵　成熟酱曲捣碎，拌入少量水制醅，按固态无盐发酵法，在60℃的温度下发酵48～60h，即为成熟酱醅。

（8）制酱醪　成熟酱醅迅速补加适量的盐水（盐水量比酿造酱油少1/3），充分搅拌，保温60℃，浸醪48h，即为成熟酱醪。

（9）调配、包装、杀菌　以成熟酱醪为原酱，加入蒜蓉辣酱和香辛液进行调配。具体配比为：原酱35g、蒜蓉辣酱10g、香辛液2g。将上述各种物料混合均匀后即可包装，然后在100℃杀菌10min左右，经过冷却即为成品。

（三）成品质量指标

（1）感官指标　色棕黄，既有酱香又有蒜辣香，味鲜，微甜，柔和，具有海鲜风味。

（2）理化指标　氨基酸态氮（以氮计）0.89％，总糖（以蔗糖计）6.43％，总酸（以乳酸计）1.67％，食盐（氯化钠计）15.2％。

（3）微生物指标　细菌总数<$3.2×10^4$个/g，大肠菌群<15MPN/100g，致病菌不得检出。

十二、河蚬风味调味酱

本产品参照传统发酵调味酱和现代酶解风味调味酱的方法，将酶解后的河蚬蛋白液加入面曲中接种发酵制得具有河蚬风味的发酵酱，再经调配添加后制得。

（一）生产工艺流程

静养吐沙→热烫去壳→粉碎打浆→酶解→灭活→过滤→浓缩→加入面曲（酱油曲精）→加盐接种发酵→半成品→稀释调配→成品→检测

（二）操作要点

（1）热烫去壳　相比较蒸汽去壳，开水热烫法操作简单，同时能尽量减少营养素的损失。

（2）酶解　按照前期确定的方法，进行具体的酶解工艺，选用低价高效的木瓜蛋白酶作为酶制剂，酶解时间可适当延长，有利于风味氨基酸的产生。

最佳的祛腥工艺条件：在 48.18℃，加 17.7mL/100g 紫苏水提液，处理 1.5h。最佳酶解工艺条件：温度 70.11℃，pH 7.04，加入 0.55％的胰蛋白酶，酶解 5.16h，最终的水解度（DH）最大为 30.054％。酶解完成后灭酶、过滤、保存。

（3）浓缩　减压浓缩，较低温度下将水分蒸发，能够较好地保护蛋白液。

（4）面曲的制作　面粉中加入 0.5％的酱油曲精，加入适量的水，自然发酵 36h 左右。

（5）接种　菌种为耐盐四联球菌，菌种活化（培养基为 0.5％蛋白胨，0.3％ 牛肉浸取物，0.5％NaCl，1.5％琼脂，1.0L 蒸馏水，pH 7.0），复苏增殖后接种，接种量为 3000U/g。

（6）发酵　加入 15％紫苏提取物，25％河蚬酶解物，60％制好的面曲，混合后发酵，发酵温度为 35℃，发酵 15d。

（7）稀释调配　发酵结束后的酱为原酱，需经稀释调配后才为成品调配酱，调配酱的添加剂使用量为国标规定范围。

十三、山核桃粕发酵酱

本产品是经过发酵山核桃粕和黄豆，使原料中的氨基酸等营养物质溶解出来，加工过程中加入多种微生物菌种进行发酵，生成了多种呈香物质，赋予了酱品更多营养、更好风味的特点。

（一）生产工艺流程

大豆→清洗→破碎　　　　　菌种

山核桃粕→预处理→粉碎→过筛→混合→蒸煮→冷却→接种→培养→翻曲→成曲→发酵→第一次加盐水→保温发酵→第二次加盐水→调酱→翻酱→杀菌→成品酱

（二）操作要点

（1）原料预处理

① 山核桃的干燥。挑选完整的、没有被虫害污染的山核桃粕置于干燥箱中干燥，在 55℃温度下干燥 50min，除去多余水分，变为淡黄色为止。

② 大豆清洗。选取颗粒完整、无皱皮、表面有光泽的大豆进行清洗，除去表面灰尘，后将水沥干。

（2）破碎

① 山核桃粕的破碎与筛分。将干燥的山核桃粕放入多功能粉碎机中粉碎，粉碎后过 100 目筛进行筛分，取筛下物。

② 大豆的破碎。将沥干的大豆，放入粉碎机进行粉碎，粉碎成粉末状。

（3）蒸料　将粉碎过筛后的山核桃粕与大豆按重量比 6∶4 的比例混合，加入大豆与山核桃粕总量 10％的熟面粉。混合好的原料放到电磁炉上进行常压蒸料，在 2200W 下蒸 5min，再换到 800W 蒸 20min，至原料熟烂，具有香味即可。

（4）制曲　将米曲霉、黑曲霉、毛霉、枯草芽孢杆菌按 2∶1∶1∶1 的重量比混合，配制成混合菌种，并按 0.25％的添加量与蒸后冷却的原料混合，加入总量 65％的无菌水，拌匀，捏成蚕豆大的丸曲装入竹匾内平铺，移入霉菌培养箱内培养，在温度为 30℃、湿度 80％的条件下培养 18h 左右，曲料上呈现白色菌丝，同时产生曲香。在培养过程中，每隔 3h 向纱布上喷洒无菌水，随时进行翻曲以防曲料结块，减少通风阻力，降低曲料温度。曲料表面呈新鲜淡黄绿色，内部很松散，翻动时有飞舞的孢子，这时制曲完成。

（5）发酵　将成品丸曲打散，放入土陶制的坛子中，用手按压实。放置自然升温，当温度上升至 40℃时，进行翻酱。当温度持续上升，将温度为 60℃、浓度为 14.5°Bé 的盐水按曲的 140％加入原料曲中，等盐水慢慢渗入其中，在表面撒薄薄一层细盐，进行封盖。密封保存，发酵温度为 29℃，每天检查 2 次温度，进行升温和降温维持温度相对稳定。发酵时间为 23d，待丸曲完全被分解成黏稠的半固态，且测定氨基态氮含量大于 0.5％时，酱醅即成熟，此时补加 24°Bé 盐水，翻酱溶解食盐。

（6）后熟发酵　放置土陶坛子中进行后熟发酵，温度控制在 20℃，时间一个月左右，即山核桃粕发酵酱发酵完成，此时酱品口感细腻，酱香及酯香柔和，具有淡淡的山核桃味。

（7）调酱、杀菌　成品酱根据口感、滋味的不同可进行调配。将密封好的已经发酵完成的成品酱，放入 85℃的水浴锅中进行杀菌，维持 15min。

（三）成品质量指标

色泽：黄褐色，色泽均一，油光泽；香气：酱香明显，有浓郁的酯香；滋味：咸淡适口，柔绵；体态：半固态，流动性小。

十四、发酵型平菇酱

（一）生产工艺流程

<pre>
                              种曲   食盐
                               ↓   ↓
原料挑选→清洗→切丁→热烫杀菌→冷却→混合→接种→厚层通风培养→成曲→固态低
盐发酵→第二次加盐、翻酱→成品
</pre>

（二）操作要点

（1）原料挑选与处理　选择质嫩、菇体完整、无虫蛀、无病斑的新鲜平菇，去掉菇脚。清水冲洗干净，切成不大于黄豆粒大小的小丁。

（2）热烫杀菌　将洗净切丁后的平菇放入 95～100℃ 水中，煮沸约 2min，杀死菇体细胞及菇体表面微生物，然后捞出，适当脱水，即可放入无菌纱布中挤出水分。适当脱水后的平菇水分含量应保持在 47%～50%，使平菇丁水分不至于过多而影响制曲。

（3）混合　称取平菇重量 20% 的面粉，然后将这些面粉与平菇重量 0.3% 左右的市售沪酿 3.042 米曲霉种曲混合均匀，注意使用消毒后的用具。

（4）接种　待杀菌后的平菇丁冷却到 35～37℃（冬天 40℃），将混合均匀的面粉与种曲的混合物加入其中，并拌和均匀，全过程均使用经消毒的用具。

（5）厚层通风培养　将接种后的曲料装入通风池，厚度为 25～30cm，为了通气均匀良好，曲料必须堆积疏松及平整。曲室温度 26～28℃，曲料上、中、下及面层各插温度计一支。培养至 6～8h 为孢子发芽期，曲料升温，当温度升至 37℃ 时进行通风，使温度维持在 35℃。培养至 12～14h 为菌丝生长期，通风维持温度不超过 35℃，曲料开始发白结块时翻曲，全部发白结块时二次翻曲。培养 18～20h 时开始着生孢子，此时也是蛋白酶分泌的最佳时期。培养至 24～30h 曲已着生肉眼可见淡黄绿色孢子，即可出曲（实验室条件下，可平摊放入曲盘或竹匾，厚度 2～3cm，放入霉菌培养箱，温度设定为 45℃，培养 48h）。

（6）加盐　将平菇曲倒入发酵容器，表面抹平压实。称取食盐溶解成 13°Bé 左右的食盐水，并加热到 60～65℃，这样既能达到盐水灭菌的目的，又不会破坏酶的活力，而且使曲吸入盐水后，立即能达到 45℃ 左右的发酵适温。按盐水量与成曲比 1∶1 的比例，将热盐水缓缓浇到面层，使曲料与盐水均匀接触，表面撒封盖盐，密封发酵容器。

（7）固态低盐发酵　采用固态低盐发酵法，将发酵容器至于适宜的温度中进行发酵，注意保持环境卫生。固态低盐发酵法工艺简单，操作方便，有利于酶的分解。由于采用了低盐发酵，对酶的活性抑制不明显，发酵温度较高，发酵周期较短，酱的颜色深，质量较稳定，易于管理，产量大。具体发酵温度为 45℃，发酵时间为 12d。

（8）第二次加盐、翻酱　发酵 10d 左右，酱醅成熟，发酵完毕，进行第二次加盐。称取食盐配制成 24°Bé 的食盐水，补加食盐水及所需细盐，然后用灭菌后的用具进行充分翻拌，使所加细盐全部溶化，酱醅上下均匀。

（9）后发酵　这个后发酵过程在室温下进行即可，后发酵 4～5d，即得成品平菇酱。

（三）成品质量指标

（1）感官指标　色泽：棕褐色，有光泽；香气：酱香浓郁，有平菇特有风味，无不良气味；滋味：味鲜而醇厚，咸味适口，无苦、酸涩、焦煳及其他异味；组织状态：黏稠适度，无杂质。

（2）理化指标　水分≤60%，食盐（以 NaCl 计）≥12%，氨基态氮≥0.6%，总酸（以乳酸计）≤2%，砷（以 As 计）≤0.5mg/kg，铅（以 Pb 计）≤1mg/kg，黄曲霉毒素 B_1≤5μg/kg。

（3）微生物指标　大肠菌群≤30MPN/100g，致病菌（系指肠道致病菌）不得检出。

十五、发酵兔肉酱

（一）原料配方（占兔肉的百分比）

蔗糖0.5%、葡萄糖0.5%、食盐2%、水12%、豆豉4%、脱皮芝麻2%、四川香辣酱4%。

（二）生产工艺流程

兔肉解冻→预处理→绞碎→拌料（加蔗糖、葡萄糖、食盐和水）→接种→发酵→拌料（加豆豉、芝麻和香辣酱）→真空包装（高温蒸煮袋）→灭菌→成品

（三）操作要点

（1）发酵剂菌液制备　将生产用菌株接种于生物反应管后于30℃培养24h，观察培养基的颜色是否变化，若变为黄色，则为阳性，表明可发酵该糖并产酸。本产品生产采用的是植物乳杆菌 L21 和葡萄球菌 C5，L21 与 C5 的菌种配比为1∶3。

（2）兔肉预处理　将冷冻兔肉置于室温下解冻约4h，利用清水进行清洗，然后去筋膜，绞碎。

（3）接种　按照配料比例在肉糜中加入蔗糖、葡萄糖、食盐和水，混匀，添加发酵剂，接种量为2%，再充分混匀搅拌。

（4）发酵　将接种后的混合原料密封，避光进行发酵，其发酵的最佳条件为：温度23.1℃，时间为46.5h。在此条件下发酵的产品，pH 4.97，氨基酸态氮含量为 0.1102g/100g，综合品质最佳。

（5）拌料　发酵完成后，按照配料的比例添加豆豉、芝麻和香辣酱等调味料进行拌料，制得发酵兔肉酱。

（6）包装灭菌　将发酵成熟并拌好的兔肉酱放入耐高温的包装袋中，真空包装并封口，在温度121℃下进行灭菌20min，同时起到熟化肉酱的作用。灭菌后经过冷却、检验合格即为成品。

十六、发酵辣椒酱

（一）原料配方

以辣椒粉100%计，纯净水300%、蒜5%、姜5%、食糖5%、酵母菌接种

量 0.2％、食盐 2.5％、番茄 125％，果葡糖浆、蒜粉、乙基麦芽酚等适量。

（二）生产工艺流程

蒜、姜→去皮、去蒂→榨汁　榨汁←去皮←番茄

辣椒粉→预处理→加热蒸煮→搅拌冷却→混入各种原料→接菌→发酵→熬制、调味→杀菌→装瓶、冷却→成品

（三）操作要点

（1）原料处理　将蒜去皮、洗净，姜洗净去皮、去蒂，利用榨汁机进行榨汁；番茄用清水洗净、去皮，利用榨汁机进行榨汁。

（2）辣椒粉的前期发酵　按比例取一定量的纯净水，加热煮沸，加入辣椒粉，搅拌。加入一定量的番茄、白砂糖、食盐及大蒜、生姜等，再次搅拌，待冷却至室温后加入酵母菌，搅拌均匀后放入发酵箱中发酵 24h。

（3）辣椒酱的后期调配　按一定比例将发酵后的辣椒酱和纯净水混合倒入锅中，加热并不断搅拌，以防粘锅。待辣椒软化后加入按比例称量好的果葡糖浆、食盐、蒜粉、乙基麦芽酚等。熬煮出些许水分，使辣椒酱略显黏稠。熬至颜色略显暗红即可。

（4）辣椒酱的装罐　采用常压沸水杀菌法对玻璃罐进行杀菌，将产品装于干燥后的罐中即可。

（四）成品质量指标

产品色泽鲜红，风味浓郁，晶莹透亮，甜味和辣味适中，有发酵特有的香气，组织状态良好。

十七、蟹味菇辣椒酱

（一）原料配方

蟹味菇 35％，辣椒 50％，食盐 3％，白砂糖 2％，生姜、大蒜、韭菜等占 10％。

（二）生产工艺流程

生姜、大蒜→筛选→去皮→洗净　食盐、白砂糖

蟹味菇、韭菜和辣椒→筛选→洗净→去杂质→切碎→搅拌→装罐→发酵→灭菌→冷却→成品

（三）操作要点

（1）原料预处理　选取新鲜、无损伤、肉质致密的蟹味菇和新鲜的辣椒、韭菜、生姜、大蒜，首先去除不可食部分，然后清洗干净，晾干，切碎，大小控制在 0.5cm^3 左右，备用。

（2）搅拌和装罐　将切碎后的各种原料放入均质机中，加入食盐、白砂糖搅拌均匀，装入玻璃罐中密封。

（3）发酵和灭菌　将密封好的玻璃罐放在阴凉无风处，静置20d后，分装于玻璃瓶中，进行微波低温杀菌处理，杀菌结束后经冷却即得成品。

（四）成品质量指标

（1）感官指标　色泽：蟹味菇辣椒酱外观呈现出鲜亮的暗红色，有光泽；气味与滋味：气味协调，具有蟹味菇特有的清香，兼有淡淡的韭菜、姜蒜香，滋味咸甜适中，口味咸辣可口，不激不腻，口有余香；外观：酱体均匀，菇块明显，酱汁清亮。

（2）理化指标　铅、汞、镉、总砷、黄曲霉毒素B_1均不得检出。

（3）微生物指标　细菌总数≤50个/g，大肠菌群不得检出，致病菌（沙门菌、志贺菌、金黄色葡萄球菌）不得检出。

十八、特色风味辣椒酱

本产品是以红辣椒、大蒜、木姜子、苦藠、生姜等为原料，采用低盐接种发酵技术开发的新产品，巧妙地利用了木姜子果实、苦藠（薤白）等药食同源原料，发酵后避免了原料本来的辛辣与刺激气味，赋予了产品独特的清香风味，在产品风味提升的同时增加了药理作用，又避免了防腐剂的添加，使得产品更加独特与健康。

（一）原料配方

辣椒76％、食盐6％、大蒜8％、花椒粒0.3％、苦藠2.5％、木姜子5％、植物乳酸杆菌0.2％、其他2％。

（二）生产工艺流程

菌种活化→扩大培养→接种

新鲜辣椒→洗净、去梗、切细→添加辅料→拌匀→发酵→搅拌→灌装→密封→杀菌→保温检验→成品

（三）操作要点

（1）辣椒选择与预处理　辣椒选用辣度适中、辣椒红色素丰富的双流二荆条辣椒。感官指标：呈鲜红色，质地硬朗，个头均匀，辣味强；椒把保留长度不得超过5mm，不能脱帽；青椒、黄椒、花壳椒等未成熟辣椒比例不得超过2％，挤压损伤辣椒比例不得超过0.5％，无腐败变质的辣椒。辣椒去柄后称重，洗净、沥干后，用切菜机分切2次，要求状态均匀，无周长大于1.8cm的大块辣椒，备用。

（2）木姜子挑选　选择毛叶木姜子果实作为原料，果实采摘最好在6月中旬进行，此时的木姜子较鲜嫩，果内未形成硬核，香味浓郁，口感较好。选用新鲜成形的果实，果实要求鲜嫩、无硬壳，果皮颜色青绿色，无褐变部分或少量褐变部分；去除枝干、叶子等杂质部分，柄可保留参与发酵。

（3）姜、蒜、苦藠预处理　利用姜、蒜切粒机对姜、蒜、苦藠进行切粒，粒径均控制在 2～3mm 左右。切粒后不仅可以让原料的香味充分释放，还利于后续包装。

（4）山奈预处理　山奈去除杂质，使用 2mm 筛网粉碎机进行粉碎。

（5）菌种活化　取植物乳酸杆菌种 2 环→活化（10mL 乳酸菌液体培养基中，37℃，24h）→再活化（取 0.5mL 活化菌液，接入 10mL 乳酸菌液体培养基中，37℃，24h）→扩大培养（接入 500mL 乳酸菌液体培养基中，37℃，至植物乳酸杆菌液中植物乳酸杆菌活菌数达 10^8 个/mL 以上）→植物乳酸杆菌菌液。

（6）原料混合　按照配方要求，依次加入新鲜整粒木姜子、苦藠、加碘食用盐、生姜、大蒜、山奈、花椒，加入占新鲜辣椒重量 1.0%～1.5% 的白砂糖，充分搅拌，混合均匀。加入白砂糖利于前期乳酸菌的生长繁殖和产酸。

（7）接种发酵　接入 3% 左右已活化的植物乳酸杆菌，同时添加发酵母液 1%，拌匀装坛，最上层撒上一层薄盐，防止微生物污染，坛的装料系数为 0.8，采用经煮沸冷却的水封盖，置于 25～30℃ 环境下发酵 7d。采用植物乳酸杆菌强化发酵，不但可以加快发酵速度，缩短生产周期，还可抑制杂菌生长，减少发酵过程中亚硝酸盐的产生，提升产品安全性能。

（8）灌装、密封、杀菌　将发酵成熟的辣椒酱混合均匀后进行灌装，经密封，按照常规发酵辣椒酱进行杀菌（90℃，5min），再经冷却、保温检验，合格者即为成品。

十九、风味辣椒酱

本产品是以新鲜的红辣椒、大蒜、生姜和食盐、蔗糖、白酒、花椒、八角、香叶、黑胡椒等为原辅料，加入乳酸菌菌粉进行发酵，经调配、炒制等工序制作的一种风味独特的辣椒酱制品。

（一）生产工艺流程

乳酸菌

原料→选择→预处理→清洗→打浆→配料→接种→恒温发酵→二次配料→炒制→计量→装瓶→封盖→杀菌→冷却→贮存→出厂

（二）操作要点

（1）原料选择与预处理　选用新鲜刚采摘的、无损坏的红辣椒，并且将辣椒柄去除。选用外观较好、没有发芽的大蒜，并且去皮。选用完整的、没有霉变和腐烂的生姜，去皮。

（2）清洗　将挑选好的红辣椒、生姜和大蒜分别去蒂，然后分别放入容器中，用清水洗去表面泥巴，将原料清洗干净。

（3）打浆　将清洗去蒂的辣椒、生姜、大蒜分别放入打浆机中进行打浆，打好的浆汁放入干净的容器中备用。

（4）配料　将打浆后的辣椒放入干净的容器中，按质量的配比向辣椒浆中加入食盐4%、糖6%、生姜4%、大蒜8%、白酒2%，并用勺子将其搅拌均匀。

（5）接种　配料完成的辣椒酱还需向其中加入其重量0.1%的乳酸菌菌粉，再使用经灭菌处理的勺子将辣椒酱和乳酸菌菌粉搅拌均匀，然后将容器密封。

（6）恒温发酵　将配好的辣椒酱放在恒温条件下进行发酵，发酵温度要保持恒定，发酵期间不能打开发酵辣椒酱的容器，发酵温度为30℃，发酵时间为6d。

（7）二次配料　在发酵好的辣椒酱中添加花椒粉、八角粉、香叶粉、黑胡椒粉进行二次配料，然后使用勺子将其搅拌均匀，便于后面的炒制。具体添加的比例为：八角0.1%、花椒0.1%、黑胡椒0.1%、香叶0.15%。

（8）炒制　为了得到风味较好的辣椒酱，要把二次配料后的发酵辣椒酱放入锅中，对其进行炒制。

（9）装瓶　将炒制好的辣椒酱装入杀菌后的玻璃瓶中，使用容量为200mL的玻璃瓶，每瓶装辣酱200g，热装瓶封盖。

（10）杀菌　装瓶完成的辣椒酱还需要进行杀菌处理，以便于长期保存，瓶装辣椒酱的杀菌条件为90℃条件下水浴杀菌20min。

（11）冷却、贮存　将杀菌完的辣椒酱在常温下进行冷却，冷却至室温。将冷却好的辣椒酱放在干燥的环境中保存。

（三）成品质量指标

（1）感官指标　色泽：颜色鲜红，有光泽，色泽均匀；气味：有香味，气味纯正，香气浓，协调无异味；滋味：呈浓郁的特色香味，香辣味适宜，咸甜适中，滋味协调；组织状态：颗粒大小适中，与辣酱混合均匀，无肉眼可见杂质。

（2）理化指标　亚硝酸盐3.51mg/kg，总酸度0.372%。

二十、茶油辣椒酱

本产品是以茶油、辣椒、食盐、白砂糖、大蒜、生姜等为原料生产的一种辣椒酱。

（一）生产工艺流程

大蒜挑选→分瓣→去皮→切碎　　茶油、食盐、糖、$CaCl_2$
　　　　　　　　　　　　↓　　　　　↓
辣椒挑选→除梗→清洗→打酱→装坛→发酵→出坛→调配→灌装→杀菌→成品
　　　　　　　　　　　↑　　　　　　　　　　↑
生姜挑选→清洗→切片　　　　　　　豆瓣酱

（二）操作要点

（1）辣椒处理　选用晴天采收、自然成熟、无病虫害、无腐烂霉变的小米椒，除梗、洗净并晾干辣椒表面的水分后，去柄，切碎，备用。

（2）生姜处理　选用新鲜、无病虫害、无腐烂霉变的黄心老姜，洗净，除去碎坏姜，晾干，切片，备用。

（3）大蒜处理　分瓣后将其去皮，切碎，备用。

（4）打酱　用搅拌机将上述经过处理的辣椒、大蒜和生姜打成酱后备用。具体用量（占辣椒重量）：大蒜8％，生姜2％。

（5）装坛　按原料配比（占辣椒重量），加入茶油10％、食盐10％、白砂糖1.5％、$CaCl_2$ 0.05％，混合均匀后装入坛中，压实、压紧、压平，在表面倒入茶油，密封。

（6）发酵　将坛置于通风干燥阴凉处，每天检查坛子的密封情况，自然发酵14d，辣椒酱成熟，可打开检查成品质量。

（7）调配　将发酵好的辣椒酱取出后，加入20％的豆瓣酱调配辣椒酱的味道。

（8）灌装、杀菌　将灌装好的酱在90℃的温度下灭菌30min。杀菌结束后经过冷却即为成品。

（三）成品质量指标

色泽：枣红色，色泽均匀，有光泽；风味：味鲜，香味浓，气味纯正，无异味；口感：味鲜，辣味咸淡适宜，滋味协调；组织状态：黏稠适度，无分层现象，无发霉。

二十一、蜂蜜玫瑰花酱

本产品是针对滇红玫瑰的可食性及保健功能，研发的一款蜂蜜玫瑰花酱。

（一）生产工艺流程

野生蜂蜜、柠檬酸、异抗坏血酸钠
↓
滇红玫瑰花→筛选、清洗→晾干→调配→装罐发酵→灌装→杀菌→封盖→冷却→贴标→成品

（二）操作要点

（1）筛选、清洗、晾干　通过机器筛选除去玫瑰花中的杂质及霉烂部分，再用清水喷淋以除去表面附着的泥沙，晾干后备用。

（2）蜂蜜过滤　蜂蜜采用多层滤网进行过滤，以除去野生蜂蜜中的杂质。

（3）溶液配制　为了保证产品充分混匀，需将柠檬酸配制成3％的柠檬酸溶液，将异抗坏血酸钠配制成2％异抗坏血酸钠溶液，调配过程中二者均以溶液形式进行添加。

（4）调配　将经过处理的蜂蜜以及其他配料按比例进行调配，具体比例是蜂蜜：玫瑰花：柠檬酸：异抗坏血酸钠＝100∶30∶8∶6。

（5）发酵　将搅拌均匀的玫瑰花酱转入密封罐中进行厌氧发酵7d左右。

（6）灌装　将发酵结束的玫瑰花酱分装到已消毒的玻璃瓶中，盖子不旋紧，注意应尽量装满，防止成品表面花瓣颜色变黄等。

（7）杀菌、冷却　在 60～65℃的条件下进行水浴杀菌 20～30min 左右，旋盖，然后迅速冷却至室温即为成品。

（三）成品质量指标

色泽：玫瑰红色，色泽艳丽；香气：具有良好的玫瑰花及蜂蜜的香气；味道：玫瑰花及蜂蜜香味浓郁，酸甜适度；组织形态：加水冲泡后，玫瑰花瓣完整。

二十二、鲜辣杏鲍菇酱

本产品是以传统发酵工艺为基础，将杏鲍菇与鲜辣椒制备成一种具有鲜辣风味的杏鲍菇酱产品，既可用于烹饪调味，也可直接食用。

（一）生产工艺流程

杏鲍菇、辣椒→初步处理→接种→发酵→包装→杀菌→成品

（二）操作要点

（1）发酵菌种培养　将植物乳杆菌 Lp、短乳杆菌 Lb 和肠膜明串珠菌 Lm 按 2∶3∶1 的比例置于恒温箱内，在 30℃环境下培养 20h，备用。

（2）原料处理　将杏鲍菇与辣椒清洗干净，辣椒去籽，放入多功能料理机制成糊状，按 50g/瓶进行分装备用。杏鲍菇与辣椒重量比 40∶60。

（3）接种发酵　将占杏鲍菇与辣椒糊盐 2.5% 的蔗糖、3% 的食盐加到杏鲍菇与辣椒糊中，接入培养好的菌种，接种量为 6%，在 31℃的恒温条件下进行发酵，时间为 3d。

（4）包装、杀菌　将发酵好的鲜辣杏鲍菇酱密封包装，于 115℃杀菌 5min。

（三）成品质量指标

（1）感官指标　色泽：色泽棕红，有光亮，褐变；气味：浓郁的发酵鲜香，味美，无异味，无刺激味；滋味：鲜辣适口，有杏鲍菇发酵的鲜味，无异味；形态：浓稠糊状，质构均匀，涂抹性好。

（2）微生物指标　菌落总数 9654 个/g，大肠菌群 7MPN/100g，致病菌未检出。

二十三、龙香芋酱

兴化龙香芋中淀粉含量达 12.04g/100g，特别是鲜味氨基酸含量与氨基酸总量之比达到 44%。龙香芋酱是以龙香芋为主要原料酿制成的一种调味酱，和豆酱及面酱相比味更鲜。

（一）生产工艺流程

选料→清洗→去皮→切丁→配料→蒸煮→摊晾→接种→制曲→加盐水→发酵→成品

（二）操作要点

（1）选料　选用 250g 左右的新鲜兴化龙香芋，要求大小均匀，形状近似球

形，无病虫害。

（2）清洗　用水将芋头清洗干净，没有泥土或其他杂质残留。

（3）去皮　用削皮刀削去芋头表面褐色皮层，操作时需戴防护手套，以防芋头表皮引起操作人员手上皮肤过敏。

（4）切丁、配料　用不锈钢菜刀把去皮后的龙香芋切分为 1cm³ 左右的芋头丁，切分后立即放进 1% 的盐水中护色保存。将龙香芋丁与浸泡好的黄豆瓣以 12∶5 的干料比混合并搅拌均匀。

（5）蒸煮、摊晾　将拌匀后的混合物料倒入蒸煮锅内，按料水比为 1∶0.35 的比例加水并搅拌均匀，通入蒸汽加热至充满蒸汽后，维持蒸汽 2～2.5min 后出锅，摊晾冷却至室温。

（6）接种、制曲　按总干料重量的 0.8% 接种米曲霉发酵剂，并混合拌匀后制曲，接种后的曲料需均匀松散地平铺在曲床上，曲厚约 5cm，制曲室内温度控制在 32℃，进行通风制曲，制曲时间为 36h。在接种后分别在 14～16h 和 19～21h 进行 2 次翻曲，待曲料表面生长出黄绿色的孢子，有曲香时出曲。

（7）加盐水、发酵　按总干料的 112% 加入制醅盐水，盐水浓度在 16.6%，控制酱醅中食盐浓度约为 8%。置于恒温箱中进行发酵，每天翻醅 1 次，控制发酵温度在 42.8℃，发酵 18d 左右至酱醅成熟。发酵后检测酱醅中游离氨基酸态氮含量（FAN 值）的变化情况。

（三）成品质量指标

（1）感官指标　呈黄褐色或红褐色，鲜艳有光泽；咸甜适口，酱香浓郁，无异味；黏稠适中，无杂质。

（2）理化指标　氨基酸态氮（以氮计）0.50g/100g，铅（以 Pb 计）0.1mg/kg，砷（以 As 计）0.1mg/kg。

（3）微生物指标　大肠菌群 10MPN/100g，致病菌未检出。

二十四、鸡胗酱

（一）原料配方

绞好的鸡胗碎 500g、植物油 100g、食用盐 9g、白砂糖 6g、味精 0.3g、鲜姜末 5g、大葱末 5g、五香粉 0.45g、鸡膏 2g、酿造酱油 5g、豆瓣酱 75g。

（二）生产工艺流程

原料预处理→绞制→爆炒→冷却→低温发酵→分装、灭菌→成品

（三）操作要点

（1）原料预处理　鸡胗冰鲜或冻态，自然解冻或用水解冻至中心温度 0～4℃，半解冻状态；如使用冰鲜品，原料需预冷至中心温度 0～4℃，修去筋膜、黄皮等，备用。

（2）去腥　用重量比例为1∶4的白醋和水浸泡，浸泡过程中要不断搅拌以使其浸泡充分，20min后捞出用清水冲洗两遍，控水。

（3）绞制　将处理好的鸡胗送入绞肉机中，用直径8mm的孔板绞制。

（4）爆炒　按照配方要求的量，待锅热后加入植物油，加热至160℃时放入鲜姜、大葱末，翻炒几下后放入豆瓣酱，炒出香味后加入鸡胗碎，翻炒至八分熟时加入其他调味品，翻炒均匀至全熟，出锅。

（5）冷却　酱炒制出锅后，自然冷却至10℃以下。

（6）低温发酵　将冷却后的酱密封起来，存放于0～4℃条件下进行发酵，发酵时间为16～24h，发酵结束后取出即可进行分装。

（7）分装、灭菌　将发酵好的酱定量进行分装，然后在108℃条件下，灭菌20min。灭菌后冷却至常温即为成品。

二十五、发酵型风味鸡腿菇酱

（一）生产工艺流程

大豆→清洗浸泡→蒸煮→拌和→冷却→接种→入曲盘→培养→成曲→（鸡腿菇、盐水）混合→恒温发酵→成熟酱→炒酱→调配→装瓶加盖→杀菌→冷却→成品

（二）操作要点

（1）原料处理　将黄豆浸泡10～12h，达到软而不烂，用手搓挤豆粒感觉不到硬心。高压蒸煮15min后冷却。将选好的鸡腿菇浸入0.3%～0.5%的低浓度盐水溶液中漂洗干净，倒入含0.04%柠檬酸的沸水中，煮沸2min后再浸入2%的盐水溶液中。

（2）制曲　将酱油曲精拌入面粉，再拌入黄豆（大豆∶面粉∶种曲为250∶100∶1）。装入曲盘后开始制曲，品温维持在32℃左右，培养至成曲嫩黄绿色即可。

（3）发酵　成曲加入16%的盐水和鸡腿菇后，在45℃恒温下培养，每日翻料1次，以保证发酵均匀。

（4）炒酱、调配　将发酵好的原酱与调味料准备好后，按热油、白糖、辣椒粉、原酱、料酒、花椒粉、五香粉、炒芝麻粉的顺序依次入锅，翻炒20min，加入味精，装瓶。

（5）装瓶、密封、杀菌、冷却　将调配好的酱装瓶后立即进行封盖，然后在70～80℃进行常压杀菌，杀菌时间为30min，杀菌结束后经冷却即为成品。

（三）成品质量指标

（1）感官指标　颜色鲜艳、有光泽，具有独特的酱香，味道鲜美，咸甜适口。

（2）理化指标　氨基酸态氮1.81g/100mL。

（3）微生物指标　符合GB 2718—2014标准要求。

二十六、洋姜酱

洋姜是一种多年宿根性草本植物，其分布广泛，产量高，营养价值高。本产品是以洋姜、白砂糖、食盐、白酒为原辅料生产的一种调味酱。

（一）生产工艺流程

新鲜洋姜→清洗→沥干→热烫→去皮→护色→切块→搅粉碎→细粉碎→配料→发酵→炒制→调味→装罐→封口→杀菌→冷却→成品→检验

（二）操作要点

（1）原料挑选及清洗　选用新鲜的洋姜，放入浓度为 3.5%、温度为 95℃的 NaOH 中热烫 2～3min 后立即用流动水冲洗 2～3min，冲洗掉被腐蚀的表皮上残留的碱液。因为花黄素遇碱会变黄，因此需要用 0.6%～0.8% 的柠檬酸溶液浸泡，使黄色消失。

（2）切片及粉碎　将洋姜切成细条状后放入水中防止褐变，将破碎完的洋姜浆倒入胶体磨进行磨细。

（3）配料、发酵　在磨细后的洋姜浆中加入其总量的 5% 食盐、3% 白砂糖、1% 白酒、0.1% 的维生素 C、0.8% 的柠檬酸、0.4% 的氯化钙及乳酸菌，置于温度为 30℃的恒温条件下进行发酵，时间为 66h。

（4）炒酱　待油温升至 120℃时，将黄豆酱倒入锅中，再加入适量辣椒粉、生姜粉、胡椒粉搅拌混合均匀，倒入发酵过的洋姜酱翻炒，炒制温度控制在 100℃左右，待炒出酱香后，停止加热。

（5）调味　为了避免炒酱使酱体颜色加深，可采用直接加料的方式进行调味。调味液的调制：花椒 1.8%、桂皮 2.5%、麻椒 1.2%、丁香 3.5%、生姜 5.0%、水 86%，大火熬制 1h，转小火熬制 0.5h，离心后备用。在浓缩后加入调味液调味。

（6）装罐、封口　酱炒制完成后趁热装入罐中，90℃水浴加热，保持中心温度 85℃以上排气 8min，迅速旋紧瓶盖。

（7）杀菌、冷却　将玻璃罐在 100℃水浴锅中杀菌 15min。产品经过灭菌后应迅速用凉水冲洗进行冷却，待产品温度达到 25℃时即为成品。

（三）成品质量指标

色泽：米白色，均匀一致；口感：有明显的发酵复合香味，咸甜适中；风味：具有蔬菜发酵特有的香气，风味纯正；状态：酱体中的洋姜颗粒度很小，酱体均匀。

第三章

调制酱类生产技术

第一节 辣　酱

一、海虾黄灯笼辣椒酱

黄灯笼辣椒生长于海南南部，颜色金黄，形状似灯笼，其辣度可达 15 万辣度单位，是真正的"辣椒之王"。它除了辣度高外，胶质和蛋白质含量也都较高，肉质极为细嫩，虽然超辣但口感清爽，食后令人回味无穷。本产品在虾酱和辣椒酱的传统制作工艺基础上进行改良，将小海虾和黄灯笼辣椒一起腌制，不仅增加了辣椒酱的营养，使之含有较多的胶质蛋白、磷脂质及钙、磷等矿物质，而且极大地改善了传统辣椒酱的风味及口感，较好地达到了丰富口味和增加营养的目的。

（一）原料配方

酱 68%、蒜头 10%、蔗糖 5%、白萝卜 5%、白酒 2%、醋 2%、香油 2%、鸡精 1%、食盐 1%、柠檬酸 0.1%、抗坏血酸钠 0.1%、水 3.8%。

（二）生产工艺流程

蒜头、白萝卜→洗净→沥干→泡制→破碎

黄灯笼辣椒、小海虾→洗净沥干→破碎→腌制→混合→煮酱→装瓶→成品

蔗糖、鸡精、食盐、柠檬酸、抗坏血酸钠、白酒、醋和香油等

（三）操作要点

（1）小海虾、黄灯笼辣椒的腌制　将除柄、去蒂、洗净沥干的黄灯笼辣椒和洗净沥干的小海虾按 8∶2 的质量比破碎、混合均匀，再加入食盐，按一层辣椒一层食盐腌制在缸内，最后用食盐平封于表层，食盐量为 20%，腌制缸一定要密封，避免辣椒和空气接触变质。腌制 20d 即可。

（2）蒜头、白萝卜泡菜的制作　蒜头去皮，白萝卜去蒂洗净沥干备用，在凉开水中加入适量的蔗糖、食盐、姜、辣椒和白酒，然后加入蒜头及白萝卜，密封好，泡制 7d。食盐的量控制在 10%。

（3）配料、入锅、煮酱　蔗糖、鸡精、食盐、柠檬酸和抗坏血酸钠先用水溶

解过滤后，与辣椒酱及破碎好的蒜头、白萝卜搅拌均匀，然后倒入夹层锅中，加热至沸，倒入白酒、醋及香油等，搅拌均匀后停止加热。

（4）保温　将煮好的酱倒入具有保温功能的缓冲罐中，该罐应设有搅拌器，可以避免灌装时香油与辣椒酱分离。

（5）灌装　将缓冲罐中的酱品，按规定重量装入杀菌后的四旋玻璃瓶中，保持灌装温度≥85℃。将封口后的玻璃瓶放入两道清水清洗干净，并用无纺布拭擦干净，以免辣椒酱沾在玻璃瓶上引起发霉。

（6）包装　将灌装好的辣椒酱放置于库房 10d 左右，经检验，无胀瓶和漏瓶的产品再进行包装。

（四）成品质量指标

（1）感官指标　色泽：金黄色，带有白色蒜头、白萝卜粒；形态：糊状，上层浮有封口油；口感：黄灯笼辣椒酱特有风味，略带虾酱风味，酸辣适口。

（2）理化指标　氯化物≥15％，pH 值 3.8～4.5，氨基酸态氮≥4.5g/kg。

（3）微生物指标　大肠菌群≤300MPN/kg，致病菌不得检出。

二、果味辣椒酱

果味辣椒酱是以辣椒、苹果、梨、番茄、大蒜为原料生产的，色泽为红褐色，体态浓稠，甜、香辣可口，在目前市场上是一种创新产品，符合人们对健康、口味的需求，是一种有发展潜力的营养风味食品。

（一）原料配方

以辣椒为主要原料，鲜辣椒重量为基准，按辣椒重量配比含量为 50％，苹果、香梨、番茄各占 6％，大蒜占 8％，白醋、味精、盐、白砂糖添加量分别为8.5％、1％、6％和 8.5％。

（二）生产工艺流程

苹果、梨等原料→去皮清洗→切粒→护色

辣椒、番茄等原料→去梗清洗→切粒→混合→熬制→罐装→杀菌→冷却→装箱→成品

（三）操作要点

（1）整理、清洗　将合格的原料清洗干净，去皮，去梗，去蒂。

（2）护色　将洗净的原料成品分别置于清洗池中，并加入浓度为 1％的糖或盐溶液作为护色剂。

（3）破碎　将护色后的原料分别加入破碎机中，并添加辅料进行破碎，保证物料在 2mm×2mm 大小。

（4）熬制　将破碎后的物料放入高压锅内敞口熬制，先大火待物料沸腾后小火熬制，熬制过程不断搅拌防止物料煳锅。熬制时间控制在 1h 左右。

（5）灌装　将熬制后所得制品分别灌装于干燥瓶中，封口。

（6）杀菌、冷却　将灌装后的制品采用常压杀菌，温度控制在 80℃左右，保持 10min，杀菌完毕，通入冷水冷却。

（7）成品检验　将成品放到（37±2）℃的培养箱内 7d，观察其质量变化，要求保持原色、均匀、无褐变即为合格。

（四）成品质量指标

（1）感官指标　红褐色，体态浓稠，甜、香辣可口。

（2）理化指标　水分≤80%，食盐≤5%，亚硝酸盐≤2.2mg/kg，砷（以 As 计）≤0.5mg/kg，铅（以 Pb 计）≤0.1mg/kg。

（3）卫生指标　大肠菌群≤30MPN/100g，细菌总数≤600 个/g，致病菌不得检出，其他卫生指标符合 GB 2714—2015。

三、海带辣椒酱

本产品是利用未加工过的干辣椒和已提取过辛辣物质的辣椒渣的混合物为原料，辅以海带、大蒜及其他调味料调配的辣椒酱。

（一）生产工艺流程

干海带→浸泡清洗→高压蒸煮→切碎　调味料

干辣椒→粉碎→浸泡软化→煮制→调配→装袋→排气→封口→杀菌→冷却→成品

（二）操作要点

（1）辣椒的预处理　将干辣椒用粉碎机粉碎，与提取过辛辣物质的辣椒渣混合，比例为 1∶1，作为原料辣椒。用冰醋酸浸泡 48h，其软化效果最好，时间如果太短，原料比较硬且口感粗糙；如果时间太长，则辣椒原料软烂，口感和形态差，对产品的质量均有较大的影响。

（2）海带的预处理　选择深褐色且肥厚的无霉烂海带，用流水快速洗净泥沙、杂质，放入一定量水中浸泡至海带充分吸水膨胀，浸泡时间为 3h，然后入高压锅中 0.15MPa 蒸煮 25min，使海带充分软化后切成 1cm 左右的小段。

（3）大蒜的预处理　选取饱满洁白、无病虫害、无机械损伤的蒜瓣为原料，将大蒜剥皮后，捣成蒜酱，迅速置于 1% β-环状糊精的盐水溶液中，60℃护色除臭 1.5h，备用。β-环状糊精利用自身的空腔结构，对臭味物质进行包埋而达到除臭效果，区别于其他化学除臭法，对人的身体无害。

（4）稳定剂的溶解　将不易溶解的稳定剂加入一定的水充分吸涨后，置于 60℃水浴锅中搅拌溶解。

（5）煮制　将辣椒、水、海带、蒜酱、变性淀粉和稳定剂加入夹层锅内，95℃煮制，不断搅拌以免粘锅，待海带将熟时，加入蒜酱、食盐、白糖，再煮 2min 左右，待出锅时加入适量味精混合均匀即可。最佳生产配方为盐 10%，黄原胶 0.7%，变性淀粉 1%，蒜酱 6%，海带 5%，辣椒 30%，糖 2%，其余为水。

（6）调配 煮制后的酱体加入适量香辛料和味精，制成混合酱体。

（7）装袋、封口、杀菌 将所得的混合酱体装袋，排气封口后于95℃水浴锅中杀菌15min，迅速冷却至室温。

（三）成品质量指标

（1）感官指标 色泽：鲜红色；香气：辣椒的香辣味、海带的鲜味以及蒜等香辛料的香味，无其他不良气味；滋味：味鲜而醇厚，咸、香、辣味适口；组织状态：黏稠适度，无分层现象。

（2）理化指标 水分≥55％，食盐（以氯化钠计）≥10g/100g，总酸（以乳酸计）≤2g/100g，氨基酸态氮（以氮计）≥0.5g/100g。

（3）微生物指标 大肠杆菌≤30MPN/100g，致病菌不得检出。

四、速食鲜辣酱

速食鲜辣酱以豆酱、面酱为主要原料，配以其他调味料加工而成，其特点先酸后辣，香味浓郁，既有酱香味，又有其他调料的复合香味，是一种风味独特的复合型调味酱。本品食用方便，便于携带，是居家和旅游必备的佳品。

（一）原料配方

豆酱30kg，面酱30kg，香油6kg，白糖6kg，干辣椒1kg，蒜泥、味精、食醋各适量。

（二）生产工艺流程

     干辣椒   豆酱、面酱

     ↓   ↓

香油→加热→冷却→过滤→加热→加热搅拌→加入调味料→加热搅拌→过胶体磨→灌装→成品

（三）操作要点

（1）香油加热 将香油注入锅内，加热使油烟升腾后，加入干辣椒炸至呈黄褐色为止。应注意的是切勿将辣椒炸煳。

（2）冷却过滤 将稍冷却的辣椒油用一层纱布（或豆包布）进行过滤，澄清的辣椒油再倒入锅中。

（3）加热搅拌 将辣椒油加热并加入豆酱、面酱搅拌均匀，再加入白糖不断搅拌至八成熟。应注意的是炸豆酱、面酱时要不断搅拌，切勿让酱粘在锅底。

（4）加调味料 将大蒜去皮，洗净打浆，再加入等量的米醋，配成醋汁蒜泥，与食醋一同加入酱中，并不断搅拌使其充分混合均匀。

（5）过胶体磨 酱熟后停止加热，并加入味精，然后送入胶体磨进行处理，得到的酱趁热进行灌装，以免污染。最后经过冷却即为成品。

（四）成品质量指标

成品为棕褐色，有浓郁的酱香味及其他调味料的复合香味，口感先酸后辣。

五、调味辣椒酱

（一）原料配方

发酵辣椒原料酱 67.5％、饴糖 17.6％、番茄酱 6.3％、苹果丁 3.8％、花椒油 1.5％、黄原胶 0.2％、CMC 0.2％、姜粉 0.1％、特鲜味素 0.3％、生姜片 0.7％、白砂糖 0.6％、蒜粒 1.2％。

（二）生产工艺流程

发酵辣椒原料酱、淀粉、稳定剂
↓

各种香辛辅料、醋酸→煮沸→浸提→过滤→混合均匀→真空脱气→预热杀菌→灌装封口→喷码→保温→包装→成品

（三）操作要点

（1）配料说明

① 原料。严格按照辣酱工艺生产加工的合格辣酱原料酱。

② 花椒油。食用油加热到 180～250℃，每 15L 油加花椒 0.1kg，剔除炸黑花椒粒后制得。

③ 打浆。将新鲜的生姜和去皮蒜粒经过绞肉机磨成 2～3mm 大小的粒。

（2）调配　将真空调配罐真空度升至 0.05～0.08MPa，温度 70～80℃，原料酱充分搅拌均匀后加入蒜粒。将水、白砂糖同稳定剂在夹层锅中混合均匀，通过胶体磨打入真空调配罐，加热煮沸，再将辣椒酱、苹果丁等原料一同充入真空调配罐充分混合。将可溶性固形物调整到规定的浓度。

（3）预热　控制温度在 80℃以上。

（4）洗瓶、灌装　瓶、盖经过 82℃热水，清洗 12s 以上。灌装物料中心温度不得低于 80℃，灌装量达到规定要求。

（5）封口　安全值＞－1.5cm，扭紧值＜＋1.6cm，生产中每小时检测 1 次。

（6）杀菌　采用喷淋杀菌机进行杀菌，关键限值，杀菌水温一段＞92℃；二段＞95℃；变频值（杀菌时间）210g 52Hz（8min），370g 47Hz（9min30s）。操作限值，杀菌水温一段≥93℃；二段≥96℃；变频值（杀菌时间）210g 50Hz（8min15s），370g 45Hz（9min45s）。

（7）冷却、喷码、包装　杀菌后进行冷却，控制中心冷却温度≤40℃。然后经喷码、包装即可入库。入库保温 10d，检查合格后方可出厂。

（四）成品质量指标

（1）感官指标　外观：容器密封完好，无泄漏，内容物无霉变、无异物；组织形态：酱体均匀，可含有辣椒皮和粗块；色泽：橙红色或者鲜红色，颜色均匀一致，具有辣椒酱应有的颜色；气味和滋味：辣味，咸甜味，同时应有辣椒应有的滋味与气味，无异味；杂质：无肉眼可见外来杂质。

（2）理化指标　可溶性固形物含量（折光法计）≥12％，氯化钠1.4％～10.0％，总酸（以苹果酸计）0.6％～3.5％，pH≤4.6，水分≤80g/100g，酸价（KOH，以脂肪计）≤3.0mg/g，过氧化值（以脂肪计）≤0.25g/100g，铅（以Pb计）≤0.5mg/kg，砷（以As计）≤0.5mg/kg，黄曲霉毒素B_1≤0.02μg/kg，苏丹红不得检出。

（3）微生物指标　菌落总数≤50个/g，大肠菌群≤30MPN/100g，致病菌（沙门菌、金黄色葡萄球菌、志贺菌）不得检出。

六、辣饼酱

辣饼酱是用大豆为主要原料，经炒熟后粉碎，加水发酵，配伍其他辅料制成的一种可直接食用或用作调味的调味品。

（一）原料配方

大豆10kg、食盐1kg、红辣椒粉0.3～0.5kg。

（二）生产工艺流程

大豆→炒熟→粉碎→拌和→保温发酵→加辅料→踩透→成熟→成品

（三）操作要点

（1）炒熟、粉碎　将大豆放入锅内，加火炒熟，但不能炒焦。将炒熟的大豆用粉碎机粉碎。

（2）加水拌和保温发酵　在熟豆粉中加入相当于熟豆粉重量40％的开水，并拌和均匀，放入蒲包内，入保温灶保温，保持其品温在28～30℃为宜，任其自然发酵。

（3）加食盐和红辣椒粉拌和　饼酱醅发酵5～7d后，用手将饼酱醅掰开，如有许多黏丝即为成熟。然后将蒲包内的饼酱醅放入拌盆内，加入食盐和红辣椒粉，拌和均匀并踩透，再用双手揉透，即成熟。

（四）产品特点

辣饼酱呈棕红色，饼酱香味浓郁，鲜辣可口。

七、白果鱼子香辣酱

（一）原料配方

鱼子2500g、白果450g、辣椒粉550g、盐200g、淀粉100g、炒面粉400g、花生仁250g、芝麻仁250g、调和油3kg、味精50g、苯甲酸钠7g、酱油少许。

（二）生产工艺流程

鲜鱼子→清洗→除腥→制熟　　　　　蒸制←清洗←白果

调和油加热→加入干辣椒（油红亮）→加入鱼子煸炒至熟变色→与白果混合→煮酱→翻搅→包装→杀菌→检验→成品

（三）操作要点

（1）鱼子的选择与处理　鲜鱼子在煮制时不要去皮，带皮煮，成熟之后再去皮，这样鱼子便于操作，且鲜味不流失。处理鱼子可分为两步：第一，先用清水对鱼子进行漂洗，洗去血污。第二，鱼子再用清水清洗，放入水锅中，水锅要清洗干净，不能有杂质，否则会出现黑点等异物，用小火煮制，中间可加入料酒，除去腥味。

（2）白果处理　先用清水清洗干净，然后放入水中浸泡，之后进行蒸制，蒸熟之后，制成泥状，备用。由于白果种仁含有白果酸、白果酚、白果醇等有毒物质，每次吃白果不宜过多，否则会引起中毒。为了防止中毒，在煮白果时，锅盖要盖紧，而且一定要把白果煮得熟透，去除毒素，未熟透的不要吃，若熟食，食用量以每次 20～30 粒为宜，如去壳、去红软膜、去胚煮食，即使剂量大一些，也是不会发生中毒的。

（3）辅料的选择与处理　芝麻：选用成熟、饱满、白色、干燥清爽、皮薄多油的当年新芝麻，将芝麻微火炒至香气充足，注意不要炒焦，以防失去特有的香味；花生：选用成熟、饱满的优质花生米炒熟去皮，用刀斩碎或用粉碎机粉碎；辣椒：将热油倒入辣椒粉中，然后放置一段时间，使其回油，这样颜色会很亮，且油质易控制；炒面粉：将精制面粉放入锅中炒至有面香味并使其颜色微黄。

（4）调配　将上述原料准备好后，将调和油倒入锅内烧至 70～95℃时，加入几片姜片和葱段，浸炸出香味，然后去除，放入芝麻和花生碎，用油搅散，炸出香味，之后放入鱼子，煸炒至鱼子松散，再放入辣椒油，加入适量的水及白果、面粉、淀粉和食盐，边加热边搅拌，保持微沸，最后加入味精。

（5）煮酱　在煮酱过程中每加入一种料，都应不断翻拌，使各种原料充分混合均匀，防止煳锅底，料加完后，用小火在不断搅拌中再熬制 5～10min。

（6）真空灌装封袋　将熬制好的白果鱼子香辣酱趁热装入锡箔袋中。注意灌装温度不能低于 85℃，此时注意搅拌，防止灌装前油脂浮出，影响灌装的均匀性，每灌装量准确，不低于 200g，灌装后应尽快趁热封口。将酱料袋放入真空包装机里在 0.06～0.08MPa 下进行抽气，热封 3～5s。

（7）杀菌、冷却　用杀菌锅在 121℃下杀菌 30min，冷却到 30℃以下。要注意包装袋的洁净，保持其外表的洁净卫生。

（8）保温检验　将冷却后的调味酱放在 31℃恒温培养箱中，保温检验 7d，经检验合格者即为成品。

（四）成品质量指标

（1）感官指标　色泽：酱体呈金黄色，有光泽，表面有一层红油析出；香气：有浓郁的香味；味道：具鱼子的鲜味，有香辣味，味咸辣适中；体态：分上下两层，上层为红油，下层为金黄色的鱼子，可见芝麻的均匀分布。

（2）理化指标　净重：每批标准产品重量不低于标明重量，亚硝酸钠残留量

＜0.15mg/kg，食品添加剂符合 GB 2760—2014《食品安全国家标准 食品添加剂使用标准》规定的要求，固形物含量≥90％，氯化钠含量 0.8％～1.4％。

（3）微生物指标 微生物符合 GB 13100—2005《肉类罐头卫生标准》、GB/T 4789.26—2013《食品安全国家标准 食品微生物检验 商业无菌检验》规定的指标，致病菌不得检出。

八、鸡油菌香辣酱

鸡油菌是真菌植物门真菌鸡油菌的子实体，富含蛋白质、钙、磷、胡萝卜素、维生素 C、铁等营养元素，味甘、性寒。它还具有明目、利肺、有益肠胃等功效。鸡油菌香辣酱是一款营养丰富、易消化的佐餐食品、调味品。

（一）生产工艺流程

纤维素酶   酸性蛋白酶
↓   ↓

鸡油菌子实体→挑选→清洗→干燥→粉碎→过筛→混合→混合→调配炒制→成品

（二）操作要点

（1）鸡油菌挑选 挑选新鲜优质鸡油菌，以伞盖呈均匀蛋黄色、直径 3cm 以上、菌柄内实光滑长 3.5cm 以上者为挑选对象。

（2）清洗 将挑选好的优质鸡油菌，用灭菌的水手工清洗（蒸馏水或者高温灭菌后的冷却水），动作要轻柔，反复清洗 3 次备用。

（3）干燥 将清洗后的鸡油菌均匀地摊置在干净的托盘中，放置在 45～50℃的烘箱环境下干燥，待到水分基本散失后，每 60min 称重 1 次，如果重量变化小于 2％，则干燥完成。

（4）粉碎 将干燥后的鸡油菌利用粉碎机进行粉碎处理。

（5）过筛 将粉碎后的鸡油菌粉末过 200 目筛子，操作时动作要轻，避免粉末扬尘，无法过滤的大颗粒可再次投入粉碎机研磨。

（6）纤维素酶酶解 称取定量的鸡油菌粉末放入容器中，按照 1:5 的比例加水并搅匀，利用冰醋酸调节 pH 值为 5.5，然后再加入纤维素酶，用量为 0.9％，再次搅匀，进行酶解，酶解温度为 50℃，时间 90min。

（7）酸性蛋白酶酶解 将经过纤维素酶酶解的鸡油菌酱调节 pH 至 2.5，再加入酸性蛋白酶，用量为 1.1％，搅匀后进行酶解。酶解温度为 45℃，时间 105min。

（8）调配炒制 基础香辣酱配料：菜籽油 90g、豆豉 35g、辣椒 40g、白砂糖 7g、味精 3g、食盐 7g。炒制步骤：将新鲜红辣椒剁碎，备用；将电磁炉的温度设置为 240℃，锅加热后，倒入菜籽油；当菜籽油稍热后，加入白砂糖；一边搅匀一边加热，待油温达到六至七成热（约为 170～190℃），加入辣椒翻炒，再加入豆豉炒匀；待到色泽成熟，有香味飘出时（大约 30～50s），加入占成品总量 40％的鸡油菌酱，继续炒制 20～40s；加入盐和味精，起锅即为成品。

九、辣子鸡风味香辣酱

（一）原料配方

精炼植物油 40％、粗辣椒粉 7.2％、味精 3％、食盐 3％、白砂糖 1％、酱油 1％、黄豆 0.3％、花生仁（1/4～1/2 碎仁）23％、香精 1％、鸡膏 0.5％、带骨鸡肉 20％。

（二）生产工艺流程

精炼植物油→炸制（带骨）鸡肉→炸制花生、黄豆→依次加入辣椒、食盐、味精、酱油、白砂糖→熟制→加入天博香料→搅拌→装瓶→放盖→入笼→蒸煮→取笼→旋盖→蒸煮→成品

（三）操作要点

（1）制备粗辣椒粉　选用二荆条、朝天椒两种辣椒，以 1：1 的比例混合，粉碎，得到粗辣椒粉。根据不同的辣度调节两种辣椒的比例，若要香味更足，可适量增加二荆条用量，若要增重辣味，则增加朝天椒用量。

（2）炸制鸡肉　将带皮或带骨的鸡肉斩成小块，用中火油炸至微黄。

（3）炸制花生、黄豆　将花生仁和黄豆放入油锅炸至微黄。

（4）熟制辣椒粉及其他调味料　待花生、黄豆炸至微黄时，将辣椒、食盐、味精、酱油、白砂糖加入，熟制过程中注意控制油温。油温过高，原料易被炸制焦煳而产生苦味，油温较低，升温过程也易导致物料焦煳或产生腥味。为使加工的成品色泽较好，可先将辣椒粉加一定量水调湿后再下锅。注意用水量不宜过多，否则可能导致产品分层。

（5）加香　待物料温度降至 75～80℃，加入香精、鸡膏混合均匀。若选用几种香精配合，可得到不同风味的辣子鸡香辣酱。

（6）装瓶　在常温下装料，以人工或灌装设备灌装至距瓶口 3～8cm。

（7）灭菌　将装好料的瓶子盖上瓶盖，放入蒸笼中加热蒸煮，蒸汽加热至 100℃ 以上（瓶内温度），或用开水煮 30min，瓶内温度不低于 100℃。在蒸笼内达 100℃ 以上高温时，取出瓶，旋紧瓶盖，再将瓶放入蒸笼中蒸 30～40min，取出经过冷却即为成品。

十、蒜蓉辣椒酱

辣椒及其制品作为一种开胃食品特别受消费者喜爱。蒜蓉辣酱具有色泽鲜艳、风味香醇、保质期长的优点。开瓶后保质期可达 20d 以上。

（一）原料配方

辣椒酱 50kg、味精 300g、蒜酱 20kg、醋精 1kg、食盐 6kg、山梨酸钾 50g、砂糖 1kg、卡拉胶 100g。

（二）生产工艺流程

鲜辣椒→去蒂→清洗→腌制→磨酱
　　　　　　　　　　　　　　　↓
蒜→去皮→去蒂→清洗→腌制→磨酱→配料→搅拌→均质→灌装→封口→成品

（三）操作要点

（1）辣椒酱制作　选择色红、味辣的辣椒品种，剔除虫害、霉变的辣椒，去蒂，然后清洗干净，沥去水分。按 46kg 鲜辣椒加 4kg 食盐的配比，一层辣椒一层食盐腌于缸中或池中。腌渍 36h，将腌过的辣椒同未溶化的盐一起用钢磨磨成酱体。在磨制过程中，边磨边补加煮沸过的盐水 5kg。该盐水的配法：100kg 水，加食盐 14kg、山梨酸钾 500g、柠檬酸 1.5kg，煮沸。磨成酱体后，放置半个月再用。

（2）蒜酱制作　采用当年大蒜，剔除虫害、变霉的蒜头，去蒂去皮，洗净沥干。采用与辣椒酱相同的加工制法。

（3）配料　按配方将卡拉胶、食盐、醋精等溶于水中，煮沸冷却备用。将辣椒酱、蒜酱和溶解冷却后的料一同混合搅拌均匀。

（4）均质　将酱料经胶体磨均质，便可灌装。

（四）成品质量指标

（1）理化指标　色泽：酱体呈棕红色，色泽一致；滋味及气味：具有辣椒和蒜头组成的滋味和气体，无异味；组织形态：酱体细腻，黏稠适度；固形物≥35％；pH≤4.5。

（2）微生物指标　大肠菌群≤30MPN/100g，致病菌不得检出。

十一、特制蒜蓉辣酱

（一）原料配方

蒜泥 60kg、黄酱 30kg、面酱 40kg、洋葱 5kg、辣椒糊 40kg、番茄酱 10kg、鲜姜 2kg、白糖 30kg、味精 1kg、胡萝卜泥 20kg、柠檬酸 0.3kg、开水 30kg、食用油 0.5kg。

（二）生产工艺流程

食用油加热→辣椒糊→洋葱、鲜姜→开锅→面酱、黄酱、蒜泥、番茄酱、胡萝卜泥、白糖→加热→搅拌→停止加热→味精→柠檬酸→分装→成品

（三）操作要点

（1）蒜泥制备　大蒜去皮去蒂，在 10°Bé 的盐水中腌制 7d，用绞肉机绞碎，然后用胶体磨磨成泥状，备用。

（2）胡萝卜泥制备　胡萝卜去皮切片，蒸熟，用胶体磨磨成泥状。

（3）洋葱、鲜姜的处理　将二者用刀切成碎末。或用绞肉机绞碎。

（4）配料、加热搅拌　将处理后的原料按照一定的顺序加入夹层锅中，加热

搅拌，开锅后加热 20min，为防止煳锅，可分批加入开水。

（5）分装　将经过加热并搅拌均匀的酱在酱温不低于 80℃的温度下进行分装，然后经过冷却即为成品。

（四）成品质量指标

（1）感官指标　色泽：酱体呈酱红色，色泽一致；滋味及气味：具有大蒜和辣椒的滋味及气味，口味酸甜，酱香浓郁，无异味；组织形态：酱体均匀，黏稠适度。

（2）理化指标　固形物≥40%，pH≤4.5，氯化钠≤8%。

（3）微生物指标　大肠菌群<30MPN/100g，致病菌不得检出。

十二、美味蒜蓉酱

我国是大蒜主要生产国，其产量占世界总产量的 1/4，日本及东南亚市场上80%的大蒜由我国进口。大蒜有极高的营养价值和药用价值，它不仅含有人体需要的营养成分，而且还含有多种营养保健素，如具有抑菌防病的大蒜素，防癌抗衰老作用的超氧化物歧化酶（SOD）以及微量元素硒等。一般人们都是以生吃大蒜为主，但生吃后口腔会散发一股难闻的臭味，影响人们食用，美味蒜蓉酱很好地解决了脱臭等问题。

（一）原料配方

大蒜 100kg、I+G 0.1kg、精盐 20kg、CMC-Na 0.1kg、冰醋酸 400mL、柠檬酸少量、味精 0.2kg、冷开水 200kg。

（二）生产工艺流程

大蒜→浸泡→去皮→灭酶→冷却→浸泡液浸泡→换液浸泡→破碎→调味增稠→磨细→包装→灭菌→冷却

（三）操作要点

（1）原料选择及浸泡　应选择新鲜成熟的大蒜，除去霉烂、空瘪的蒜粒，在去皮前蒜体内不得受到外界的损伤。蒜体内不长绿心。对选择好的大蒜用水浸泡 1h。

（2）去皮　将浸泡好的大蒜用去皮机去皮，并除去蒜蒂。

（3）灭酶　将去皮后的大蒜放入 80～85℃的热水中，用柠檬酸调 pH 4.5，水中漂烫 1～2min。

（4）冷却　漂烫后迅速用冷水冷却。

（5）浸泡液浸泡　取 100kg 冷开水，加入精盐 10kg、冰醋酸 200mL，浸泡 48h。容器敞口以利于大蒜中浊味和空气排除。

（6）换液浸泡　取出大蒜，重新配制浸泡液再浸泡 48h。

（7）破碎　将浸泡后的大蒜破成 2mm 大小的颗粒。

（8）调味　加入味精、I+G 调味。加入 CMC-Na 增稠（CMC-Na 需提前浸泡），并搅拌均匀。

（9）磨细　胶体磨调至最低一挡，把蒜粒磨细。

（10）包装　袋装用真空封口机封口。瓶装旋上盖不封盖。

（11）灭菌　装袋：100℃灭菌 10min；装瓶：用蒸汽蒸 15min，迅速封瓶。

（12）冷却　迅速冷却至 40℃以下。瓶装需分段冷却，以防瓶裂。

（四）成品质量指标

（1）感官指标　色泽：产品呈白色，微黄，同包装中色泽一致。滋味及气味：具有大蒜的滋味及气味，产品微酸微咸，味鲜，无异味。组织状态：泥状。

（2）理化指标　水分≤80%，总酸≤0.2%，食盐 5%～6%。

（3）微生物指标　细菌总数≤100 个/g，大肠菌群≤30MPN/100g，致病菌不得检出。

十三、牛蒡蒜蓉调味酱

（一）原料配方

以 100kg 计，牛蒡浆 69.7kg、大蒜浆 12.3kg、精盐 10kg、酱油 5kg、白砂糖 3kg、生姜 3kg、花椒 0.2kg、茴香 0.1kg、味精 0.2kg、精炼植物油 1.5kg。

（二）生产工艺流程

大蒜 → 浸泡去皮 → 灭酶处理(脱臭) → 打浆 ┐
生姜 → 去皮 → 切片 → 捣碎 ┤
花椒、茴香 → 烘炒 → 磨粉 ┘

牛蒡 → 清洗 → 去头尾 → 刨皮 → 护色切片 → 烫漂 → 打浆 → 调配 → 胶体磨 → 加热灭菌 → 真空封瓶 → 成品

（三）操作要点

（1）牛蒡的预处理

① 牛蒡。原料新鲜，老嫩适当，肉质坚实而致密。凡根部开裂、分叉、糠心、外表损伤严重或因病虫害形成严重缺陷的剔除。

② 清洗。验收后的牛蒡用带毛刷的清洗机高压喷淋清洗，洗净表面的泥沙等污染物。

③ 刨皮。清洗后的牛蒡首先用不锈钢刀切去头尾，然后刨皮。刨皮要干净、彻底，不能留毛眼。同时修去斑疤等缺陷，并投入护色液中进行护色。

④ 切片。用旋刀式切片机进行切片，切片厚度不超过 2mm，切片后应及时烫漂，避免暴露在空气中，以免引起褐变，如不能及时加工，应把牛蒡片投入护

色液中护色。

⑤ 护色液。选用异抗坏血酸钠、柠檬酸、精盐配制护色液，其最佳配方为异抗坏血酸钠 0.05％、柠檬酸 0.10％、精盐 0.20％。

⑥ 烫漂。目的是钝化氧化酶、软化组织，便于打浆。烫漂水的配制：精盐 10％、柠檬酸 0.15％。烫漂水的温度为 90～95℃，时间为 2～3min，以烫透、呈半透明状为准，烫漂后迅速进行冷却。

⑦ 打浆。烫后的牛蒡切片应及时进行打浆，避免积压，为使浆液呈黏稠状、均匀、流散，打浆时应加入约 15％ 的清水。

（2）大蒜的处理

① 大蒜。选用收获时成熟、清洁、干燥、头大、瓣肉洁白、无病虫害、无机械破损的大蒜为原料。

② 浸泡去皮。将大蒜用冷水洗净，剥开蒜瓣，在 38～40℃ 的温水中浸泡 1h 左右，搓去皮衣，捞出蒜瓣，淘洗干净，去除带斑、伤疤、干瘪、病污的杂瓣蒜，要求去皮干净，蒜瓣一色。

③ 灭酶处理（脱臭）。将蒜瓣置于 10％ 的盐水中，沸水烫漂 3～5min，其目的是钝化蒜酶，抑制大蒜臭味产生，软化组织，破碎更方便。

④ 打浆。脱臭处理后的蒜瓣加入 30％ 的水进行打浆，打浆粒度不必太细，浆体呈徐徐流散状。

（3）生姜　手工去皮或化学脱皮，漂洗干净，用不锈钢刀切成薄片，再用组织捣碎机打碎备用。

（4）花椒、茴香　花椒、茴香烘炒出香味，再磨成粉，过 60 目网筛，备用。

（5）调配　按配方称取牛蒡浆、蒜蓉浆及各种辅料，倒入调配桶中，不停地搅拌，使之充分混合均匀。

（6）磨浆　将配制好的半成品酱通过胶体磨进行磨浆。

（7）灭菌　将磨好的酱倒入夹层锅中加热至 85℃，灭菌 25min。然后趁热装入预先经清洗、消毒的玻璃瓶中。装瓶量：370 瓶型，净重 330g；314 瓶型，净重 280g。

（8）封瓶　用真空旋盖机封瓶。成品真空度控制在 0.02～0.05MPa，擦干瓶子，贴上商标，即为成品。

（四）成品质量指标

（1）感官指标　色泽：成品为鲜亮的红棕色；组织形态：酱体黏稠适当，呈半流体状；风味：具有牛蒡蒜蓉酱特有的风味，牛蒡、大蒜香味协调，风味纯正；杂质：不允许存在。

（2）理化指标　净重：允许公差±3％，但每批平均不低于净重，氯化钠含量 10％～12％。

（3）微生物指标 大肠菌群≤30MPN/100g，无致病菌，保质期1年以上。

十四、风味香辣鲜菇酱

（一）原料配方

新鲜平菇3.0kg，新鲜蒜瓣3.0kg，新鲜红辣椒1.0kg，豆瓣酱2.5kg，白糖200～300g，食盐150～250g，生姜100～200g，菜籽油、香油适量。

（二）生产工艺流程

主料准备→油炸菇末、炸红辣椒→配酱加料→装罐→成品

（三）操作要点

（1）主料准备 将平菇洗净，摊开沥干，撕成细条，晾至大半干后切成碎末状。蒜瓣剥皮，洗净，放绞碎器内绞成蒜蓉状。红辣椒选用色红、辣味强、含水量低的优质品，去杂洗净，沥干，稍加晾晒后切细切碎。

（2）油炸菇末 大锅内盛菜籽油，加热至140～150℃，平菇碎末分次倒入网眼较密的丝捞子中，置锅内油炸5s左右，同时不断地晃动丝捞子，使其受热均匀，至酥脆时捞出。

（3）炸红辣椒 将辣椒末分次倒进丝捞子，入锅炸至略显黄褐色停止。注意要不停地晃动丝捞子，以防部分辣椒料油炸不足或过度。

（4）配酱加料 倒出大锅内的熟菜籽油，分别按配方量放入各种原辅料，接着过滤适量熟菜籽油加入酱体，边充分搅拌边加热升温到85℃以上，维持1min左右后进行装罐。

（5）成品装罐 成品按实际需要装入经洗净、消毒过的瓶罐内，至八成满后添加一层香油，盖顶后立即封罐备用。如果需要贮存三个月以上的，则应进行杀菌处理。

十五、蒜蓉西瓜酱

（一）原料配方

大蒜瓣20kg、西瓜皮60kg、白砂糖90kg、淀粉糖浆15kg、果胶0.4kg、柠檬酸0.5kg、柠檬香精0.06kg、β-环状糊精0.3kg、柠檬黄色素适量。

（二）生产工艺流程

西瓜 → 去外皮去瓤 → 清洗 → 打浆 → 软化┐
　　　　　　　　　　　　　　　　　　　├→浓缩 → 灌装 → 密封 → 冷却 → 贴标 → 装箱
大蒜 → 去蒂去皮 → 清洗 → 漂烫 → 打浆┘

（三）操作要点

（1）大蒜的处理 原料蒜要求成熟、无虫蚀、无霉烂和发芽等变质现象。用不锈钢刀去蒂，分瓣，用流动水清洗掉表面的杂质。用2.5%盐水浸泡蒜瓣1h，然后用脱皮机去皮，要求脱皮率大于95%。

脱皮后的大蒜用流动水进行冲洗,去掉蒜内皮及杂物,挑拣出蒂皮和有斑点的蒜瓣,然后进行漂烫。漂烫的目的是杀灭蒜中的酶活性,以防止蒜褐变,并脱掉蒜臭味。

漂烫液中加入食盐2.5%,用柠檬酸调pH至4,水与蒜瓣的比例为2∶1,控制水温为85~95℃,漂烫时间为2min,漂烫时要不停地搅拌。漂烫后立即用流动水冷却,冷透后沥干水分,然后磨浆,颗粒大小为0.3mm。

(2)西瓜皮的处理 选择新鲜、无腐烂、无病虫害、成熟度适宜的西瓜,不用生的或过熟的西瓜,清洗掉表层的脏物,用不锈钢刨皮刀刨去表层硬皮,并切去瓜柄处硬皮。将西瓜对半切开,去瓤,瓤用于制西瓜汁。清洗掉碎皮和瓤,在打浆机中进行打浆,颗粒大小为1.5mm。

(3)果胶和白砂糖的处理 果胶加水溶解,果胶与水的比例为1∶15,水温为40~60℃。白砂糖加水煮沸,溶解后形成75%的糖水液,用四层纱布过滤待用。

(4)浓缩 先将一半的糖水液加热煮沸,然后加入西瓜皮浆进行软化,控制进汽压力为0.15MPa,时间15~20min。将另一半糖水和淀粉糖浆加入,进行浓缩,此时控制进汽压力为0.3~0.4MPa,浓缩过程中要不停地搅拌,以防烟锅。当浓缩到固形物达70%时,加入果胶、柠檬酸、蒜浆、香精、色素等,此时控制进汽压力为0.2MPa。当固形物浓度为65%时,关汽出锅。

(5)装罐、密封 灌装前需对瓶和盖进行消毒。趁热灌装,罐的中心温度不低于80℃,立即密封,然后将其倒置2min,冷却至37℃以下,进行贴标、装箱。

(四)成品质量指标

(1)感官指标 色泽:淡黄色,均匀一致;口味:具有蒜香和西瓜的清香,酸甜适口,无异味;组织及形态:软胶凝状,软硬适度,无糖粒结晶,无杂物。

(2)理化指标 可溶性固形物(折光计)≥65%,pH 3~4,总糖≥60%,砷(以As计)≤0.5mg/kg,铅(以Pb计)≤0.5mg/kg,铜(以Cu计)≤5mg/kg,锡(以Sn计)≤200mg/kg,重量220g。

(3)微生物指标 细菌总数≤100个/g,大肠菌群<3MPN/100g,致病菌不得检出。

十六、风味大蒜辣椒酱

这种产品香气浓郁,诱人食欲,味美可口,且不添加任何防腐剂,不经杀菌,营养损失少,口味天然,是一种健康调味副食品。

(一)原料配方

辣椒100kg、大蒜75kg、豆豉20kg、食盐15kg、酱油12kg、白酒12kg、味精0.2kg。

（二）生产工艺流程

大蒜→挑选→去皮→清洗→晾干水分→破碎
　　　　　　　　　　　　　　　↓
辣椒→挑选→除梗→清洗→晾干水分→破碎→混合→调味→装瓶→加盖→存放→成品
　　　　　　　　　　　　　　　↑
　　　　　　　　　豆豉→去灰屑

（三）操作要点

（1）原辅料选择及预处理

① 辣椒。选择个大整齐、无霉烂、无虫害、个体完好、新鲜色红、辣味足的尖辣椒。去辣椒把，放在清水中洗净，沥干后放在干净的场地上进行晾晒，将其表面上的水分晒干，然后放入果蔬破碎机中进行破碎。

② 大蒜。选择瓣大、未发芽、不烂、肉质白而脆的大蒜，去皮，用清水洗净沥干，晾干表面水分后，放入果蔬破碎机中进行破碎。

由于大蒜的植物杀菌素具有挥发性，随着时间的延长，会因挥发而损失。因此，宜在破碎后立即进行加工，如延长加工时间，会因降低杀菌素的含量而影响抑菌效果。

③ 豆豉。选择黑豆制成的气味纯正的豆豉，去掉灰屑和其他杂质后待用。

④ 白酒。选择气味香醇的高度三花酒或其他高度的白酒，其度数在60度以上较好。

⑤ 酱油、食盐。选择上等酱油，酱油在配方中除起调味作用之外，同时还起增香的作用。食盐选择一级精盐。

（2）调配　将经过处理的辣椒、大蒜、豆豉等原料按照配方混合均匀，加入白酒、食盐、酱油及味精进行调味，并搅拌均匀后装瓶，加盖密封，存放约1个月后，即可进行食用。

十七、风味酸辣酱

（一）原料配方

以100kg成品计，精猪肉10kg、黄豆酱25kg、花生油9～11kg、甜酒10kg、豆豉2kg、辣椒15kg、酸笋10kg、姜5kg、蒜米5kg、白糖5kg、食盐2～2.5kg。

（二）生产工艺流程

豆豉、蒜蓉、复合调味料　姜粒、辣椒　肉粒、甜酒、调料　酸笋、酸醋　防腐剂
　　　　　↓　　　　　　　　　↓　　　　　　↓　　　　　　　↓　　　　　↓
花生油→加热→爆香→香油→爆炒→加黄豆酱炒香→混合→熬煮→继续加热→停止加热→灌装→杀菌→冷却→检验→成品

（三）操作要点

（1）原料预处理

① 猪肉。猪肉经微波进行解冻后，洗净，将肉按部位进行分割。用切绞机

或刀切成直径约 0.4cm 的颗粒状。

② 姜、蒜米。削除姜腐烂、病害部分，洗净后切成 0.5cm 左右的颗粒。蒜米去皮，清理干净后绞成蒜泥。

③ 豆豉。挑选颗粒完整、颜色发亮、无霉变、无异味的豆豉，剁成小颗粒。

④ 辣椒。选成熟新鲜、无腐烂变质的红辣椒，剪去蒂把，用清水洗去污物，沥干，倒入电动剁椒机剁碎。辣椒很重要，一定要材料新鲜、无腐烂。因为酸笋很入辣味，所以酸辣酱才能酸鲜辣俱全。

⑤ 酸笋。只挑选淡黄色、酸味浓郁、不腐烂、脆硬的酸笋。变黑、有异味、腐烂的酸笋会影响成品酱的品质。挑好酸笋后，切成 0.5cm 左右的颗粒。

⑥ 甜酒。甜酒起到一种增香增稠的作用，要选发酵程度正好，不稠不稀，酒味甜味适当，无异味，无杂质，无杂菌的上好甜酒。

（2）酱的预处理　油计量后倒入夹层锅，开气迅速加热，使油温快速升至 220～230℃。根据油的沸腾情况逐渐加入豆豉、蒜蓉，翻炒炸香，关掉火，此时油温 180℃ 左右，然后将复合调料倒入油锅，借油的余温将其炸香后，趁着油温倒入姜粒、辣椒，调节开关控制火候，爆炒到有香味逸出，然后加入黄豆酱不断翻炒，让酱体均匀受热，到整锅酱呈成熟状态即成。炸好的酱体，色泽由红褐色变成棕褐色，由半流体变成膏状，香味四逸。

（3）肉的预煮　将切好的肉放入不锈钢夹层锅中添加洁净的冷水，开启搅拌装置，使原料在水中均匀分散，然后通入蒸汽加热。煮沸后撇去表面的浮沫，加入复合调味包。投料完毕后，改用微沸状态煮 15～20min，充分去除肉腥味，增加肉汤的醇香。

（4）熬煮　肉汤熬好后，依次加入甜酒、炒酱、酸笋、食盐、酸醋、调味料等，继续搅拌和加热，使各种原辅料和风味充分混匀、渗透和熟化。熬好的酱应稀稠适中，风味成熟，酸鲜辣俱全，酱面有一层浓暗色的香油，浓香而不刺激。

（5）灌装封口　根据不同的产品包装形式的要求，用天平校准产品净含量，调整好灌装精度，进行灌装，注意灌装温度不低于 65℃，趁热灌装。装好瓶后 100℃ 杀菌 20～30min，或者 121℃ 杀菌 10min。杀菌后的产品，经过保温实验确认质量合格方可入库。

（四）成品质量指标

（1）感官指标　色泽：红褐色或棕红色，鲜艳，有光泽；滋味气味：酸鲜辣适口，无苦、涩、焦煳及其他异味，有本产品应有的酱香、酯香、肉香等混合香气，无不良气味；体态：黏稠适中，有肉、酸笋、豆豉等颗粒，表面有一层浓暗色的香油；杂质：无肉眼可见杂质。

（2）理化指标　水分≤70%，食盐（以 NaCl 计）≥4.5g/100g，总酸（以乳酸计）≥2.5g/100g，过氧化值≤0.25meq/kg，酸价（KOH）≤3.0mg/g，总砷（以 As 计）≤0.5mg/kg，铅（以 Pb 计）≤0.8mg/kg，镉（以 Cd 计）≤

0.05mg/kg。

（3）微生物指标　大肠菌群≤30MPN/100g，致病菌不得检出。

十八、青花椒酱

本产品是以四川省金阳青花椒为主要原料，开发研制出的一种具有麻辣风味的复合花椒调味酱，产品呈半固态状，具有青花椒原有的色泽和风味。

（一）原料配方

青花椒14.7％、胡椒粉2.0％、食盐4.0％、芝麻粉8.7％、姜和蒜2.0％、味精1.3％、香油6.7％、水60.6％。

（二）生产工艺流程

芝麻粉、食盐、味精、姜蒜、胡椒粉、香油、水等
↓
青花椒→筛选去杂→粉碎过筛→调配→灌装→杀菌→成品

（三）操作要点

（1）原料的选择及处理　该产品选择优质新鲜并且色泽为绿色的青花椒，去掉花椒种子以及其中的杂物，在低温干燥以后，将果皮放入粉碎机中进行粉碎，过60目筛备用。所用的生姜、大蒜、胡椒、芝麻均要求新鲜、干净、无虫害、无霉烂、不得变质，其中生姜、大蒜要求去皮洗净后风干，胡椒、芝麻要求粉碎后过60目筛备用。原料、辅料都要求颗粒细小，混于香油后成糊状或液体状，从而减少物料分层。

（2）配制　按顺序称取各种配料。在调配中，食用香油起护味提鲜的作用，同时辅助香味，使花椒味更香。食盐辅助香油起定味的作用，所形成的咸味满足调味品的要求。味精起提鲜的作用，使鲜味反复，更突出花椒的辛辣味。维生素C起护色的作用，同时还对产品起营养强化作用，其用量为0.4％。稳定剂CMC-Na是保证花椒酱体态最重要的添加剂，起稳定强化的作用，防止花椒酱中各微粒间的相互聚结，使花椒酱不至于分层，其用量为1.5％。

（3）杀菌　将包装好的样品放入灭菌锅中进行高温灭菌，温度控制在110～115℃的范围内，时间为10～15min。

（4）产品后处理　产品取出后用冷风快速冷却。将产品于室温（20～25℃）静置48h以上，并且保持样品静置不移动，目的是为了让花椒酱乳化体中的网络状结构完全稳固定型，应尽量避免对产品的碰撞、频繁搬动或振动。

（四）成品质量指标

（1）感官指标　色泽：酱体呈淡黄绿色，黄绿色青花椒细粉均匀分布中间，色泽鲜艳有光泽。滋味及气味：清淡可口，咸度适中，辛辣味口感好，香气浓厚，无异味。组织状态：体态要求具有一定的黏稠度并呈半固态状，均匀一致，无沉淀，无杂质，而且油与混合物料不分层。

（2）理化指标　食盐（以 NaCl 计）≤5.0%，砷（以 As 计）≤0.5mg/kg，铅（以 Pb 计）≤1.0mg/kg，水分≤70%。

（3）微生物指标　细菌总数≤30000 个/g，大肠菌群≤30MPN/100g，致病菌不得检出。

十九、蒜茸青花椒酱

（一）生产工艺流程

青辣椒、大蒜→预处理

青花椒→护色→破碎料→调配→包装→灭菌→冷却→成品

（二）操作要点

（1）原料预处理　将青花椒和青辣椒去蒂清洗，将大蒜去皮清洗备用。

（2）护色、漂烫　在对青花椒及青辣椒进行破碎之前，先将青花椒放置于复合护色剂中浸泡 30min，复合护色剂组成：0.89g/L 抗坏血酸、0.1g/L 硫酸锌和 2.62g/L 柠檬酸。将青辣椒放于 80℃的水中漂烫 5min。

（3）原材料破碎　将青花椒放置于粉碎机中进行超微粉碎，将大蒜去皮后放于捣臼中捣碎，将漂烫护色后的青辣椒切细后用捣臼捣碎。

（4）调配　将粉碎的青花椒（46%）、捣碎的大蒜（20%）和青辣椒（30%）混合，加入盐（2.5%）及其他辅料混合均匀后，得到最终产品。

（5）包装　将混合好的花椒酱 100g 装入真空袋中，用真空包装机抽真空保存。

（6）灭菌　将包装好的复合调味花椒酱进行超高压灭菌处理，其压力为400MPa，最佳处理时间为 8min，灭菌后经冷却得到最终产品。

（三）成品质量指标

（1）感官指标　色泽：酱体整体呈现翠绿色，均匀一致，天然纯正；风味：酱体具有花椒特有的清香味，且纯正；滋味：咸度适中，麻辣鲜香，口感柔和、细腻，香气浓厚，无异味；组织状态：酱体呈半固态状，质地均匀细腻，黏稠适度，无杂质、沉淀和气泡。

（2）微生物指标　符合国家标准。

二十、麻辣味复合专用调味酱

本产品具有传统麻辣味型的特点，适合大众口味，食用方便，是大众制作麻辣味菜肴的理想专用方便调味品。

（一）原料配方

花椒粉 4.19%、干辣椒 3.73%、豆瓣酱 39.60%、糖 2.33%、醋 0.93%、葱 0.47%、姜 0.47%、蒜 0.47%、酱油 0.47%、料酒 0.47%、味精 0.30%、

色拉油 46.57%、山梨酸钾 0.5g/kg、茶多酚 0.1g/kg。

(二) 生产工艺流程

色拉油 (加热)、花椒粉
↓

葱、姜、蒜、豆瓣酱、辣椒等原辅料→混合→加热→混合→搅拌→装袋、杀菌→保温检验→成品

(三) 操作要点

(1) 原料的预处理 用组织捣碎机将红辣椒打碎以待用。葱、姜、蒜去皮清洗后用刀切碎，按配方要求称取定量的豆瓣酱，再称取定量的糖、花椒粉、辣椒、葱、姜、蒜，取定量的米醋、酱油、料酒，称取定量的味精备用。

(2) 加热处理 用加热设备将锅中的色拉油加热，当温度上升到 90~110℃ 之间时，将葱姜蒜加入热油中炒拌，待有葱姜蒜香气时，迅速升温，待油温上升至 130~150℃ 时，加入豆瓣酱，炸制出红油至翻沙，加入称量好的辣椒搅拌均匀，之后加入糖搅拌均匀，溶解之后加入醋、酱油、料酒、味精搅拌均匀，有醋香味挥发时，立即停止加热，出锅倒入容器中，撒上花椒粉，将另一份已经加热好的热油均匀地淋浇到花椒粉上，之后搅拌均匀。

(3) 装袋、封口 将制好的调味酱装入干净卫生的包装袋中，并加入 0.1g/kg 的茶多酚和 0.5g/kg 的山梨酸钾搅拌均匀，用真空充气包装机包装封口，包装机温度设置为 180℃，真空度设置为 0.06~0.08MPa，时间设置为 3~5s。

(4) 杀菌、冷却 采用的杀菌方式为常压杀菌，主要以水为加热介质。如采用高压杀菌会影响产品的色香味，使产品的质量受损。杀菌的过程为：把酱袋放在 90~100℃ 的沸水中杀菌 5min，之后冷却到 38℃ 以下，然后风干。

(5) 保温检验 将冷却后的调味酱放在 37℃ 恒温培养箱中，保温检验 7d，每天采用观察颜色、看有无胀袋的方法检查。7d 后取出，无胀袋现象，色泽、气味无异常变化，即得合格成品。

(四) 成品质量指标

(1) 感官指标 色泽：油润有光泽，红亮；滋味：口味协调，麻辣味浓厚；气味：麻辣香气浓郁。

(2) 微生物指标 大肠菌群≤30MPN/100g，致病菌不得检出。

二十一、椒麻酱

本产品是以天然无污染的汉源花椒为原料，加入辣椒、豆瓣坯子、甜面酱等各种辅料，炒制出花椒香味浓郁、麻辣味适中的一种调味酱。

(一) 原料配方

菜油 30kg、糍粑辣椒（朝天椒）15kg、辣椒粉（朝天椒）4kg、豆瓣坯子 12kg、甜面酱 10kg、水 5kg、蒜泥 2.5kg、姜泥 1.3kg、花椒粉 2kg、食盐 6kg、

白糖 2kg、味精 1kg、鸡精 1.5kg、豆蔻 0.035kg、草果 0.02kg、八角 0.042kg、山奈 0.06kg、甘草 0.02kg、香叶 0.02kg、花椒油 5kg。

(二) 生产工艺流程

原料→检验→备料→炒制→起锅→灌装→抽空→旋盖→检测→贴标→塑膜→装箱→入库

(三) 操作要点

(1) 原料准备

① 豆瓣坯子、甜面酱的准备。将豆瓣坯子及甜面酱按配方比例称量后,加入绞制机中,8mm 孔径绞制成泥状,备用。

② 香辛料的准备。按照配方称取香辛料,加入粉碎机中制成粉状,过 100 目振荡筛,备用。

③ 糍粑辣椒的准备。选用优质朝天辣椒,分选出辣椒柄与霉变和变质的辣椒。经过清洗去除沙粒等杂质,煮制 25～30min,8mm 孔径绞制,备用。

④ 蒜米准备。采用收购合格的大蒜,去皮后 8mm 孔径绞制成蒜泥,备用。

⑤ 姜米准备。选用采购合格的新鲜生姜,冲洗干净,8mm 孔径绞制成姜泥,备用。

⑥ 干海椒面准备。选用优质朝天椒分选出辣椒柄与霉变和变质的辣椒,挑选出杂质,粉碎机粉碎成粉状,过 100 目振荡筛,备用。

⑦ 花椒粉的准备。选用优质新鲜、肉质厚实、色泽鲜红的汉源干花椒,分选出虫害、霉变的花椒,挑选出杂质,粉碎机粉碎成粉状,过 100 目振荡筛,备用。

(2) 炒制

① 炒制顺序。菜油 (≥230℃)→加糍粑辣椒炒制→加豆瓣坯子炒制→加干辣椒面炒制→加姜粒、蒜泥炒制→加香辛料炒制→加面酱炒制→温度达 90℃ 以上加食盐炒制→加花椒粉炒制→加味精、鸡精、白糖炒制→微沸 (95～105℃) 后出锅。

② 炒制要点。炒酱时将菜油加热至 230℃,加入糍粑辣椒炒制,至酱体烹香、红润,约 8min。加豆瓣酱、甜面酱炒制,至酱体酱香味浓郁,约 6min。加大蒜泥、姜泥炒制出蒜香味,约 5min。加辣椒粉炒制,至酱体红亮,辣味烹香,约 5min。炒酱时香辛料应均匀、缓慢地加入,以防止结块。且香辛料、鸡精、味精宜在最后时间加入。炒料时间长短受火力大小影响,一般为 25～30min,炒至酱料香味浓郁、色泽红润即可。炒制过程中要不断进行翻炒,防止焦锅。

(3) 灌装 酱体温度在 85℃ 以上时热灌装。封口油采用合格的花椒油。花椒油的添加量以高于酱体表面 1cm 即可。按瓶装规格进行灌装,灌装重量允许正偏差 3～5g,不能有负偏差。灌装时注意尽量避免污染瓶口、瓶身。

(4) 旋盖 先调节设备真空度。盖瓶盖时,注意调整设备,松紧适当 (手感有一定阻力即可)。封口严实,瓶盖旋到 1/3 丝以上。

（5）检验 将已封口的产品侧放 24h 以上，再将产品瓶口朝上静置存放 12h 以上。样品抽样后保温一周，经过检验合格者贴标、装箱即为成品。

（四）成品质量指标

（1）感官指标 形态：半固体，黏稠适度，酱体均匀，无颗粒状物体，无分层；色泽：鲜艳而有光泽的红棕色；滋味与气味：有花椒香味，口感细腻，麻辣味适中，味鲜美醇厚，回味浓郁，无异味；杂质：无外来杂质。

（2）理化指标 水分≤60.0g/100g，氨基酸态氮≥0.15g/100g，总酸（以乳酸计）≤2.0g/100g，食盐（以 NaCl 计）≤25.0g/100g，铅（以 Pb 计）≤1.0mg/kg，总砷（以 As 计）≤0.5mg/kg，黄曲霉毒素 B_1≤5.0μg/kg，食品添加剂参照 GB 2760—2014。

（3）微生物指标 大肠菌群≤30MPN/100g，致病菌（沙门菌、金黄色葡萄球菌、志贺菌）不得检出。

二十二、麻辣山黄皮调味酱

山黄皮，俗称鸡皮果，为芸香科柑橘亚科黄皮属多年生常绿大灌木或小乔木，主产于我国广西西南部、云南南部、广东新会。山黄皮果实为浆果，果皮、果肉可食，可食率在 70% 以上，不仅营养丰富，而且果实可助食消暑、消积去滞、祛痰化气、疏通肠胃。本产品是以干山黄皮为主要原料，加以黄豆酱、大蒜、辣椒等辅料进行调配开发的一种新型复合型调味品。

（一）生产工艺流程

天椒、蒜米→去蒂去皮→清洗 黄豆酱＋辅料粉
        ↓   ↓
干山黄皮→清洗→浸泡→打浆→原辅料混合→胶体磨处理→装罐→杀菌→冷却→检验→成品

（二）操作要点

（1）原料选择 山黄皮：应无霉变、无异味、不受潮，色泽为黄褐色为佳；辣椒：应新鲜、色泽鲜艳、无病虫害；大蒜：应饱满、无病虫害和腐烂。

（2）清洗 用清水把山黄皮、辣椒、大蒜等清洗干净，以除去表面的灰尘和杂物，避免带入杂质。干山黄皮清洗时间不宜过长，控制在 5min 之内，以免浸泡吸收过多的污水。

（3）山黄皮泥浆的制备 将清洗干净的山黄皮用大约 60～80℃ 的水浸泡 1～2h，山黄皮与水的比例为 7:55。然后连同浸泡的水一同倒入打浆机中，将其打成泥浆状，再对山黄皮泥浆进行加热处理，使原料的淀粉糊化。

（4）辣椒、大蒜、花椒等的预处理 用打浆机把辣椒和大蒜打成碎泥后备用，花椒用炒锅炒香后打成粉末备用。

（5）调配 按配方将各种原辅料加入锅内进行煸炒，混合均匀。黄原胶、糖

和柠檬酸先用水溶解，然后再加入锅中搅拌均匀。具体配比：山黄皮 7％、水 55％、盐 8％、糖 1.2％、1:1 的辣椒和蒜 15％、黄豆酱 12％、花椒 1.0％、柠檬酸 0.8％、黄原胶 0.1％。

（6）胶体磨处理　将调配好的麻辣山黄皮调味酱经过胶体磨的处理，可使物料混合更加均匀，也可使酱体的口感更加细腻润滑。

（7）灌装、杀菌　麻辣山黄皮调味酱为酸性食品，调味酱一般都是用玻璃瓶灌装。将上述山黄皮酱趁热灌装在消毒过的玻璃瓶中并封盖，100℃灭菌 30min 后，冷却至 40℃，擦干瓶身。

（8）保温检验　将冷却后的调味酱放在 37℃的恒温培养箱中，保温观察 5d，每天观察胀罐情况。5d 后取出，敲击瓶盖声音清脆，无胀盖现象，色泽、气味无异常变化，即为合格成品。

（三）成品质量指标

（1）感官指标　色泽：棕黄色，色泽鲜艳有光泽，且色泽一致；风味：具有较浓的山黄皮香味，酱香适宜，香味协调，无异味；滋味：咸甜酸麻辣适宜协调，口感饱满，无苦涩味、无霉味；形态：酱体黏稠适宜，均匀细腻，倾斜时可流动，但不流散，不分泌汁液，无杂物。

（2）卫生指标　调味酱的卫生指标应符合 GB 2718—2014 的规定。铅（以 Pb 计）≤1.0mg/kg，砷（以 As 计）≤0.5mg/kg，菌落总数≤100 个/g，大肠菌群≤30MPN/100g，致病菌不得检出。

二十三、麻辣乌榄复合调味酱

本产品是以乌榄、豆酱为主要原料，采用复合调味料的制作原理和方法，开发出的一种符合大众口味，食用方便，具有特色的乌榄复合调味品。

（一）生产工艺流程

原料预处理→加热调配→混匀→胶体磨处理→灌装、杀菌→保温检验→成品

（二）操作要点

（1）原料选择　盐乌榄，应无霉变、无异味；干辣椒和花椒，应无病虫害、饱满。

（2）原料预处理　用组织捣碎机将腌制的乌榄、豆瓣酱、红辣椒、花椒分别捣碎备用，黄原胶、糖和柠檬酸先用水溶解后再用。

（3）加热调配　按配方将各种原辅料加入锅内进行煸炒。先用电磁炉将锅中花生油加热，当温度上升到 80～100℃之间时，将红辣椒粉、花椒粉加入热油中炒拌，待有麻辣香味产生时，加入乌榄泥进行翻炒，待有乌榄香味产生后，加入豆瓣酱翻炒，之后加入溶解的糖、柠檬酸搅拌均匀，最后加入酱油、料酒、味精搅拌均匀，随后停止加热。

最佳比例：乌榄与豆瓣酱比例为 50.0g:20.0g，辣椒粉与花椒粉比例为

6.0g：7.0g，白糖与柠檬酸比例 5.0g：2.0g，花生油 16％，食盐的含量 8.0％，水 43.0％，黄原胶 0.1％。

（4）胶体磨处理 将调配好的麻辣乌榄调味酱经过胶体磨的处理，可使物料混合更加均匀，也可使酱体的口感更加细腻润滑。

（5）灌装、杀菌 麻辣乌榄调味酱为酸性调味酱，调味酱一般都是用玻璃瓶灌装。将上述乌榄酱趁热灌装在消毒过的玻璃瓶中并封盖，100℃灭菌 30min后，冷却至 40℃，擦干瓶身。

（6）保温检验 将冷却后的调味酱放在 37℃恒温培养箱中，保温检验 7d，每天观察颜色，有无分层、胀罐的变化等现象，无胀罐现象，色泽、气味无异常变化，即得合格成品。

二十四、熏制风味林蛙卵辣椒酱

中国林蛙又称哈什蟆，主产于我国东北三省，是一种珍贵的食、药、补两栖类经济动物。林蛙雌性个体的输卵管，可生产药用价值极高的林蛙油，林蛙卵是林蛙油加工的主要副产品之一，本产品就是以林蛙卵为主要原料加工而成的一种新型调味酱。

（一）生产工艺流程

林蛙→取卵→漂洗→腌制→沥干→蒸制→熏制
　　　　　　　　　　　　　　　　　　　　↓
辣椒粉、蒜末、熟豆油→食盐、豆豉、芝麻、味精→调配→熬制→灌装→冷却→检验→成品

（二）操作要点

（1）原料选择及处理 辣椒选择个大整齐、无霉烂、无虫害、个体完好、干红、辣味足的尖辣椒，将干红辣椒用粉碎机粉碎（颗粒为 2～5mm）备用；大蒜选择瓣大、未发芽、不烂、肉质白而脆的大蒜，去皮，用清水洗净沥干，晾干表面水分后，放入果蔬破碎机中破碎；豆豉选用黑豆制成的，气味纯正的豆豉。

（2）熏制林蛙卵

① 林蛙卵。林蛙卵要求新鲜，黑褐色或黑色，为块状。

② 漂洗。将林蛙卵用白色纱布袋子裹好，放入装有 10℃以下的清水容器中，漂洗时间 10min，林蛙卵与水的比例约为 1：3。

③ 沥水。将漂洗后的林蛙卵放入塑料容器内进行沥水，以水不连续滴下为宜。

④ 调味。将林蛙卵从袋中取出，放入塑料盘内，添加 30％的调味料，放入预冷库中进行调味，时间 8h，每 30min 搅拌一次，库温控制在 4℃以下。

调味料的配比：盐：糖：料酒：姜汁：味精：大蒜：八角茴香＝10：10：8：2：1：1：1。

⑤ 蒸制。将调味好的林蛙卵上锅蒸 20min。

⑥ 熏制。将蒸熟的林蛙卵放入铁锅内，用糖熏制 5min 后备用。

（3）熏制风味林蛙卵辣椒酱加工　将制备好的熏制林蛙卵、红辣椒粉、白砂糖、豆豉、蒜末等按一定顺序和一定比例混合调配（林蛙卵 20%、红辣椒粉 16%、白砂糖 8%、豆豉 0.15%、蒜末 0.2%），再加入食盐 1kg，味精 0.2kg，大豆油 10kg。

将大豆油放入锅内加热至油温 180℃时加入处理好的辣椒，再加入熏制好的林蛙卵、大蒜、豆豉、芝麻，加入食盐、白糖，搅拌混匀，小火熬 20min，再加入味精进行调味，然后装瓶，加盖密封保存即可食用。

（三）成品质量指标

（1）感官指标　产品具有天然辣椒的鲜红色泽，带有愉快的蒜香气和熏制风味，糊状均匀，味辣，无异味，无外来杂质。

（2）理化指标　水分≤30%，食盐（以 NaCl 计）≥4%，总酸（以乳酸计）≤30mg/g。

（3）卫生指标　大肠菌群≤30MPN/dL，致病菌（系指肠道致病菌）不得检出，砷（以 As 计）≤0.5mg/kg，铅（以 Pb 计）≤1mg/kg，食品添加剂执行 GB 2760—2014。

二十五、竹笋香辣酱

本产品是以新鲜竹笋、豆豉、辣椒、菜籽油、芝麻、花生、黄豆等为主要原料，生产的一款新型竹笋香辣酱。

（一）原料配方

菜籽油 10kg、笋丁 2kg、豆豉 6kg、干辣椒 2kg、芝麻油 1kg、花生碎粒 2kg、芝麻 0.5kg、黄豆 2kg、茴香 0.2kg、味精 0.3kg、盐 4.2kg、冰糖 0.3kg、花椒 0.1kg、草果 0.2kg、山奈 0.2kg、八角 0.3kg、姜 0.3kg、香叶 0.05kg。

（二）生产工艺流程

干辣椒→剪成段→烘干→研磨成小碎片状

原料→挑选原料→原料处理→配料→炒制→灌装→杀菌→冷却→成品

竹笋清洗切丁→护色→脱苦→护脆

（三）操作要点

（1）原料的选取　选用肉厚、无损伤、无腐烂、无虫害且无明显粗纤维的新鲜嫩竹笋；选用无霉烂、无虫害、个体完整、色泽暗红的二荆条干辣椒；选用国标一级加碘食用盐、优质菜籽油、优质重庆永川豆豉；香辛料、调味料等符合国家质量标准。

（2）原料的处理　将竹笋清洗后去除笋衣，切除笋底部粗老部分，清洗干净，切成约 1cm³ 的笋丁。将笋丁放入含 0.5％柠檬酸和 0.5％维生素 C 的 45℃热水中浸泡 10min，沥水后置于 0.2％柠檬酸溶液中沸煮 20min，捞出笋丁用清水漂洗至无色、无味。然后将笋丁置于 25℃的 0.1％～0.5％的 $CaCl_2$ 溶液中浸泡 45min，捞出沥水备用。

将二荆条干辣椒剪成长 1～1.5cm 的段，筛出辣椒籽，炒锅内倒入纯菜籽油 25g，将辣椒段倒入锅中小火炒至香脆，关火起锅晾凉后放到锤窝中舂成 0.5cm 的片状备用。

（3）炒制 将菜籽油倒入炒料锅中烧开 5min，熄火，当油温冷却至 50～60℃时，加入茴香、花椒、草果、山奈、姜、香叶等香辛料，小火炒料 25～30min，关火冷却后过滤，收集油。将收集的油倒入炒料锅中，开火，当油温升至 100℃，加入笋丁、豆豉、干辣椒碎片、芝麻油、花生碎粒、黄豆，炒料 10min，关火，起锅时加入芝麻，搅拌均匀，冷却。

（4）灌装、灭菌 将炒制好的竹笋香辣酱装入包装袋，每袋净重 250g，装袋后的竹笋香辣酱在真空包装机上进行抽真空密封，真空度在 0.09MPa 以上。将包装好的笋丁香辣酱于 100℃杀菌 20min 后冷却至室温，经检验合格者即为成品。

（四）成品质量指标

（1）感官指标 颜色金黄，香脆可口；竹笋香辣酱产品呈酱红褐色，色泽红亮，味道香辣，香气浓郁，体态黏稠度适度；无苦味、焦味等异味，无杂质。

（2）理化指标 水分 59.2g/100g，食盐 15.1g/100g，氨基酸 1.2g/100g，总酸 0.8g/100g，总砷、铅、黄曲霉素未检出。

（3）微生物指标 细菌总数 500 个/g，大肠菌群及致病菌未检出。

二十六、竹笋兔肉香辣酱

本产品是以竹笋和兔肉为主要原料加工而成的一种新型的、具有南北特色的、可广泛被消费者接受的风味辣酱。

（一）生产工艺流程

（1）炒酱

竹笋、葱姜蒜、豆瓣酱
↓
植物油→加热→爆炒→炒制酱料

（2）熬酱

炒制酱料、口蘑、香辛料
↓
兔肉→腌制切丁→熬煮→混合熬制→灌装、杀菌→冷却→成品

（二）操作要点

（1）兔肉预处理　选用新鲜、肉质娇嫩的兔肉，剔除淋巴，去除污物、污血，并用温水洗净，剔除多余脂肪组织，切成 1.5cm×3.0cm 的长条，放在腌渍液中腌渍 24h；每 1kg 兔肉用腌渍液配方：食盐 250g，味精 0.1g，料酒 10g，白糖 10g，生抽酱油 15g，花椒粉 5g，辣椒粉 2g，姜末 5g，饮用水 50g；腌渍好的兔肉用斩拌机斩成 0.3～0.5cm 见方的小块。

按重量比 1∶5，将备好的腌渍兔肉丁投入沸水中，煮制 30min，并加入葱、姜、蒜（生姜 2%、大葱 1%、大蒜 3%）煮制。

（2）竹笋预处理　竹笋洗净后去外壳及箨叶，然后去除笋衣，切除笋底部的粗老部分，清洗干净，放入 0.1% 柠檬酸中处理脱涩 10min，再放入 0.2% $CaCl_2$ 溶液中煮沸 30min 以保脆护色；经保脆护色处理的竹笋立即用流动饮用水冲洗，直至笋的中心完全冷却为止，并将其切成 0.5～0.8cm 见方的小块。

（3）辣椒油的制备　将适量植物油在炒锅中烧热后盛放在不锈钢容器中，加入几片生姜，待温度稍微下降之后，将适量干辣椒面撒入热油中即可。

（4）炒制　先加入植物油，然后投入葱、姜、蒜进行炒香，再用煮兔肉的原汤把豆瓣酱倒入热油锅中炒制，随后放入竹笋继续进行炒制，整个炒制过程控制在 12～13min。

炒制竹笋酱料的最佳配方（以竹笋丁 100g）：植物油 7%，豆瓣酱 20%，生姜 4%，大葱 3%，大蒜 2%。

（5）熬制　取用一定量炒制后的竹笋酱料，加入些许水后，再将兔肉丁、处理后的口蘑（6%）、食盐、味精以及香辛料加入其中，边加热边搅拌，保持微沸，熬制 10～15min，迅速加入调配好的淀粉浆，继续加热和搅拌直到熬至终点，最后加入适量刚做的热辣椒红油，即可制得竹笋兔肉辣酱。

熬制酱料的最佳配方：炒制酱料添加量 35%，兔肉添加量 30%，口蘑 6%，食盐 2%，味精 0.75%，香辛料 0.75%，粉末状香辛料比例为花椒∶八角∶小茴香∶桂皮为 3∶2∶3∶2，其余为热辣椒红油及淀粉等。

（6）灌装、杀菌　将上述制得的酱趁热装入罐中，在 120℃ 温度下杀菌 10min，经冷却后即为成品。

（三）成品质量指标

呈红褐色或棕红色，鲜艳有光泽；香气浓郁独特，有纯正的兔肉和竹笋香味，并有清淡的酱香味；无酸、苦、涩、焦煳及其他异味；流动性佳，呈酱状，质地均匀细腻，无明显分层现象；咸鲜适中，有轻微香辣味，口感细腻，有黏稠感；无肉眼可见杂质。

二十七、跳水鱼调味酱

跳水鱼是盐帮菜中一道色香味俱全、口感细滑、泡菜味浓郁、微辣酸爽的代表菜肴。其调味酱是体现其特点的关键，目前市售跳水鱼调味酱大多是以干辣椒、花椒等为主料，以麻辣为特点，这与正宗、传统的跳水鱼调味酱在滋味上有很大的不同。传统、正宗的跳水鱼调味酱以四川泡菜、泡辣椒、泡姜、野山椒为主要原料制作而成。

本产品是以传统跳水鱼调味料为基础，通过改良烹饪原料和工艺，研制出的一种风味优良的跳水鱼调味酱。

（一）生产工艺流程

调味红油

↓

原料→清洗→炒制→初加工→混合→包装→灭菌→成品

（二）操作要点

（1）原料选择

① 泡菜。分为自然发酵泡菜和老坛泡菜，均可直接食用，也可作为调味品使用。老坛泡菜在风味物质上更加丰富，香味、滋味更加多样、饱满。因此作为调味酱，老坛泡菜更加适合作为其主要原料。

② 泡辣椒。常见的泡辣椒有泡二金条辣椒、子弹头泡辣椒等。泡二金条辣椒颜色红艳、肉质厚实，具有正常辣椒的辣味，同时具有泡菜的酸爽味和香味，作为首选。

③ 油脂的选择。为了获得较好的营养成分同时又有良好的风味，选取大豆精炼油90%和猪油10%混合。

（2）原料初加工　泡菜切成0.3cm见方的粒状；泡仔姜切成细丝（10cm×0.2cm×0.2cm）；泡辣椒、野山椒切成0.3cm见方的粒状；泡豇豆切成0.3cm见方的粒状。

（3）复合调味红油的炼制　复合调味红油对跳水鱼调味酱的颜色、味道都有较大的影响。为制作颜色鲜艳、辣而不燥、略带酸味的调味红油，选用紫草、番茄酱、干辣椒和大豆精炼油为原料，炼制复合调味红油。

① 番茄酱用量选择。既为了获得较多番茄的风味物质，又不至于使红油成糊状，同时兼顾其红油中的番茄味不会遮盖泡菜的风味，选取番茄酱与大豆精炼油按10∶90的比例制作炼制红油的基油。

② 干辣椒加工。干辣椒去蒂、去籽，除去杂质，烘干，粉碎过30目振荡筛，备用。

③ 紫草加工。紫草切成2cm左右的段，在清水中浸泡35min，捞出，沥干水分备用。

④ 炼制基油。炒锅置于火上，加入大豆精炼油，将温度升至120℃，然后加入番茄酱反复翻炒5min，温度控制在（120±10）℃，然后静置24h，过滤，备用。

⑤ 炼制复合调味红油。炒锅置火上，加入基油，将温度提高至160℃，再将

油倒入盛有辣椒面和紫草的盛器中并不停搅动，静置 24h 以上，三层纱布过滤取红油即可。

（4）调味酱的炒制　炒锅置于炉上，加入混合油，加热至 120℃，然后加入一定量老姜、大葱、独蒜、泡菜、泡野山椒炒制，至香味浓郁时，加入自来水，继续加热 13min，烹煮至汁稠味浓，加入仔姜丝、泡二金条辣椒、泡豇豆稍炒即可，最后加入胡椒粉、精盐、鸡精、酱油拌匀装袋即成。复合调味红油另行包装、灭菌。

（5）灭菌　将水加热至 70℃，然后保持这一温度。将装袋的调味酱放入水中保持 1h，取出冷却至室温。

（三）成品质量指标

（1）感官指标　色泽：色泽浅黄；风味：泡菜香味浓郁，微酸辣，适口；组织形态：轻微黏稠状，有泡菜、泡辣椒等颗粒存在；杂质：无霉斑、无白膜、无肉眼可见的外来杂质。

（2）理化指标　过氧化值≤0.25g/100g，食用盐（以 NaCl 计）≥3g/100g，总砷（以 As 计）≤0.1mg/kg，铅（以 Pb 计）≤0.1mg/kg，苯并［α］芘 10μg/kg，食品添加剂按 GB 2760—2014 规定，亚硝酸盐（以 $NaNO_2$ 计）符合 GB 2760—2011 规定。

（3）微生物指标　菌落总数≤10000 个/g，大肠菌群≤30MPN/100g（袋装），致病菌（沙门菌、金黄色葡萄球菌、致贺菌）不得检出。

二十八、香辣火腿酱

（一）原料配方

油辣椒 48%、盐坯辣椒 7%、火腿丁 11%、芝麻 3%、香菇 3%、豆瓣酱 4%、食用盐 2%、大蒜 6%、黄酒 5%、生姜 5%、醋 2%、白砂糖 3%、味精 1%。

（二）生产工艺流程

原料选择、整理→调配→熬制→灌装→杀菌→冷却→检验→成品

（三）操作要点

（1）油辣椒制备　选取当年生产、无霉变、无虫害、色泽鲜红的干辣椒，用粉碎机粉碎，将加热至 90℃ 的食用油（含火腿油）慢慢倒入盛有辣椒粉的不锈钢桶中，边倒边搅拌，直至辣椒粉全部被油浸润为止。

火腿油：先将大豆油加热到 90℃，加入火腿分割加工中的脂肪，比例控制在 2∶3，在 140℃ 下慢慢熬制 20min 成清澈具有浓郁火腿芳香火腿油，过滤，丢弃油渣，制得大豆油与火腿油比例 1∶1 食用油。在制备油辣椒时添加 8% 食用油（含火腿油 4%）。

（2）香菇预处理　选取无霉变的香菇，用水浸泡、煮软后切成 5mm³ 左右的小丁。

（3）碎火腿肉预处理　将火腿分割时剔下的碎肉切成 3mm³ 左右的小丁。

（4）大蒜、生姜预处理　将大蒜、生姜用打浆机打成浆。

（5）调配、熬制　按配方将各种原辅料放入夹层锅，边加热边搅拌，烧开后熬制。

（6）灌装　将熬制好的酱料趁热定量装入玻璃瓶中，灌装温度不低于 85℃，趁热封盖。

（7）杀菌、冷却　将灌装好的玻璃瓶置高压灭菌锅中，在 121℃ 杀菌 15min，分段冷却。

（8）检验　抽取样品经 37℃ 保温 10d 后经感官检查、pH 值测定、涂片镜检，确证无微生物增殖则为合格品。

（四）成品质量指标

色泽：红棕色或红色，油润有光泽；香气：具有辣椒和火腿特有的芳香气味，香气纯正；滋味：味鲜回甜，辣味爽口；形态：黏稠适中，组织细腻均匀，无水析出。

二十九、香菇贡椒酱

本产品是以干香菇、贡椒盐坯为原料生产的调味酱。

（一）原料配方

香菇浆与贡椒浆重量比 60：40，按香菇贡椒酱的总量添加甜味剂（白砂糖）5％、鲜味剂（味精）0.5％、增稠剂（CMC-Na）0.4％。

（二）生产工艺流程

贡椒盐坯→脱盐→打浆→油炸
↓
香菇→复水→切片→煮制→打浆→油炸→拌料→装瓶→排气→密封→杀菌→冷却→产品

（三）操作要点

（1）选料　选择外观良好，无病虫害，无发霉现象的优质干香菇和已用盐腌制的黄贡椒盐坯作为香菇贡椒酱的原料。

（2）复水、切片　将干香菇放入洁净水中，干香菇和水重量比 1：4，进行泡制复水约 30min。然后将复水好的香菇切成片，香菇片厚 3～5mm。

（3）煮制、打浆　将切成片的香菇加水，加 1％ 的食盐，煮制 20min。将煮制好的香菇放入组织捣碎机中进行打浆。

（4）贡椒脱盐　将贡椒盐坯适量加水（贡椒盐坯与水重量比 1：1.3），并在 30℃ 温度下进行脱盐，时间为 50min。

（5）打浆　将脱盐完成的贡椒放入组织捣碎机中进行打浆。

（6）油炸　将上述的香菇浆和贡椒浆分别油炸，炸熟为止。

（7）拌料　按照配方要求，将油炸后香菇浆和贡椒浆，以及增稠剂、鲜味剂、甜味剂进行拌料。并加入 0.05% 防腐剂山梨酸钾。

（8）装瓶　先将玻璃瓶放在 60℃ 的水中，与水一起加热到沸腾，沸腾后 15min 再取出，再趁热灌装。留顶隙约 0.5cm。

（9）排气、密封　将盖子扣入但是不要拧紧。装罐后趁热在半自动真空封罐机上完成。

（10）杀菌、冷却　将封罐后的产品在 118℃ 下灭菌 15min。杀菌后的罐头迅速用水分段冷却至约 30℃。最后用洁净干毛巾擦去罐头上的水珠和污垢等。

（四）成品质量指标

（1）感官指标　色泽：呈黄绿色；香味：诱人的香菇和辣椒香味；口感：咸味和鲜味适中，辣味突出；质构：入口即化。

（2）理化指标　蔗糖 4.15%，食盐 7.82%，总酸 0.24%，水分 68.9%。

（3）微生物指标　大肠菌群 10MPN/100g，沙门菌和金黄色葡萄球菌未检出。

三十、西瓜皮辣酱

本产品是以京香西瓜皮为原料，以糖、盐、醋，酒等为辅料，以花椒、茴香、八角、味精、香油为调料，生产的一种辣酱。

（一）生产工艺流程

西瓜去瓤（去青皮）→洗净、沥干→漂烫→干燥→切块→制酱→腌制→灌装→杀菌→冷却→检验→成品

（二）操作要点

（1）原料选择与处理　选择新鲜无霉变、无腐烂的西瓜皮为原料。削去残留的瓜瓤，放入清水中洗去泥沙、尘土等杂质，捞出沥干明水，去青皮，得到清脆的西瓜皮。将鲜辣椒洗净沥干，切成块状。姜去皮，切碎，备用。

（2）漂烫、干燥　在锅里倒入水，煮沸。待煮沸后，将火关小，把处理好的西瓜皮放入水中预煮 2min。然后用凉水将西瓜皮冷却。最后将西瓜皮放入电热鼓风干燥箱进行干燥，将其温度设置为 60℃，干燥时间为 5h。

（3）切块　将干燥处理好的西瓜皮切成边长分别为 1cm 的方块。

（4）调料的配制　量取 200mL 的水，称取 10% 的食盐。将花椒、茴香、八角等用搅拌机打碎，然后和食盐混在一起。

（5）辣酱的制作　按西瓜皮：辣椒（重量比）为 7：3 的比例称取，按西瓜皮：姜（重量比）为 9：1 的比例称取一定量的姜片，将其切碎并于搅拌机中绞碎取其汁液。将调料与辣椒绞碎汁混在一起于火上煮沸，并加入一定量的甜面酱，直至水分蒸发完全，在其过程中要不断地搅拌，防止其粘锅。根据熬煮的情

况适当的减小火候，以达到最佳的熬煮效果。

（6）腌制　待熬煮后的辣酱冷却后，与处理好的西瓜皮与辣酱混在一起进行腌制 0.5h。

（7）灌装、杀菌、冷却　将腌制好的西瓜皮辣酱进行灌装，然后放于 100℃ 的高温灭菌锅中沸水煮 10min，杀菌完成后立即冷却至 40℃即可。

（8）检验　杀菌冷却后立即检查瓶子是否有裂纹，瓶盖是否严实紧密。经检验合格者即为成品。

（三）成品质量指标

（1）感官指标　色泽：鲜红色，具有辣椒原有的颜色，西瓜皮的色泽也比较突出；气味：辣椒的香辣味；西瓜皮的清香味以及蒜等香辛料的香味；滋味：味鲜而醇厚，咸、香、辣味适口；口感细腻，柔和；组织状态：黏稠适度，酱状均匀；无分层现象。

（2）理化指标　可溶性固形物 29.25%，硝酸盐≤4mg/kg。

（3）微生物指标　菌落总数 5 个/g，大肠菌群 15MPN/100g，致病菌（沙门菌、金黄色葡萄球菌）未检出。

三十一、泡椒香辣酱

（一）原料配方

泡红辣椒 300g、泡青辣椒 550g、泡姜 150g、茂汶一级红花椒 10g、江津青花椒 30g、大豆色拉油 250g、菜籽油 150g、猪油 100g、郫县豆瓣酱 90g、十三香香料粉 10g、老姜 50g、大蒜 60g、味精 12g、胡椒粉 6g。

（二）生产工艺流程

原料选择→原料处理→炒制→成品

（三）操作要点

（1）原料选择与预处理　泡制品选用泡制 6～12 个月，无霉烂、无异味、无色素添加剂，自然乳酸菌发酵，口感脆嫩、咸酸可口的原料。如果泡制时间不足，则风味不突出、味淡、辛辣味浓；如果泡制时间过长，则原料容易过酸，辛辣味不足。泡姜分为泡老姜和泡仔姜，制作泡椒香辣酱要使用泡老姜，泡姜风味才能更加突出。

菜籽油在使用前需炼制，以去掉生菜籽油的不良气味。精炼猪油，用猪生板油、姜、葱一起熬制。茂汶干红花椒，外皮亮红带紫色，内皮米黄，木腥味轻微，夹有柑橘清香，泛着淡淡的蓝紫色光泽，麻感尖锐，腥异味较重，麻香味浓郁。江津青花椒，果粒相对较小，外皮墨绿色，内皮青黄色，油包多，野草味或蔓藤味相对较轻，夹有柠檬香味，苦味弱，腥异味轻，带花香清爽滋味，清香麻味悠长。

（2）原料处理　将泡红辣椒、泡青辣椒、泡姜、大蒜、老姜利用清水清洗干净，用粉碎机粉碎成颗粒。茂汶红花椒、江津青花椒用50℃温水泡5min，再沥干水分，可去除花椒的部分苦涩味。

（3）炒制　锅中加入混合油脂（大豆色拉油、菜籽油和猪油），加热至150℃时，将泡好的茂汶红花椒、江津青花椒放入锅中炒制。当锅中花椒表皮发白发硬时，加入泡制品混合物继续炒制。油温保持在115℃左右，炒至辣椒表皮发白发亮、色青黄时，加入郫县豆瓣酱炒香，再加入老姜、大蒜，炒至酱料油亮、色泽橘红、香味浓郁时，加入十三香香料粉、味精、胡椒粉调味即可。

泡椒香辣酱成品色泽鲜亮、咸鲜微酸、清香微麻、香辣可口、泡椒风味突出，主要适用于冷菜、热菜爆炒类调味，如河鲜、湖鲜、禽肉等烹饪的调味。

三十二、奶香辣酱

（一）原料配方

辣椒酱200g、白醋25g、芥末酱8g、蛋黄酱150g、原味炼乳170g、盐10g、法香末8g。

（二）生产工艺流程

辣椒酱、芥末酱、盐、原味炼乳、白醋、蛋黄酱、法香末

↓

称取酱料→法香原料初处理→搅拌均匀→冷藏→成品

（三）操作要点

（1）称取酱料　按照设计所需的配方，用电子天平准确称量辣椒酱、芥末酱、盐、原味炼乳、白醋、蛋黄酱等原料。

（2）法香原料初处理　将称取好的法香清洗干净，倒入蔬菜切碎机中，中速切碎2min。

（3）搅拌均匀　将准确称量好的各种原料，倒入多功能料理机中，中速搅拌5min，使其充分混合均匀。

（4）冷藏　将混合好后的酱料倒入方盘中，放入冰箱冷藏5h，温度为1℃。

（5）成品　将制作好的奶香辣酱按50g/包用真空包装机包装，即为成品。

（四）成品质量指标

色泽：色泽澄黄，看起来令人食欲大增；气味：酱香味浓郁，各种香味突出；滋味：口味和谐，奶香味和香辣味兼备；黏稠度：黏稠适中，体态均匀。

三十三、辣子鸡风味香辣酱

（一）原料配方

精炼植物油40%、粗辣椒粉7.2%、鸡肉（带骨）20%、花生仁［(1/4)～(1/2)碎仁］23%、味精3%、食盐3%、白砂糖1%、酱油1%、黄豆0.3%、

香精 1％、鸡膏 0.5％。

（二）生产工艺流程

精炼植物油→炸制（带骨）鸡肉→炸制花生、黄豆→熟制→加入香料→搅拌→装瓶→排气→杀菌→冷却→成品

（三）操作要点

（1）粗辣椒粉制备　选用辣椒品种为二荆条、朝天椒两种辣椒，以 1∶1 的比例进行粉碎，得到粗辣椒粉。根据不同的辣度选用这两种辣椒的比例，若要辣椒的香味更足一些，就增加二荆条的比例；若要增加些辣味，就增加朝天椒的比例；若要香辣味均厚重，就同时增加二者的用量。

（2）炸制鸡肉　将带皮或带骨的鸡肉斩碎成小块，用油炸至刚开始发焦、微黄为准。炸制时最好采用长时间中火较好，一方面是鸡骨炸后让油渗入骨的内部，成品鸡骨发脆、口感较好；另一方面鸡骨的内部经过高温，屠宰过程中残留的一些细菌彻底被杀死。

（3）炸制花生、黄豆　将花生仁和黄豆放入油锅中，炸至微黄时为准。

（4）熟制　待花生、黄豆炸至微黄后，依次加入辣椒、食盐、味精、酱油、白砂糖等进行熟制。熟制过程中注意控制油温，油温过高，物料易被炸制焦糊发黑产生苦味；油温较低，升温过程也易导致物料焦糊或产生腥味；如果要使加工的成品色泽较好，可以在辣椒粉下锅之前加一定量的水与辣椒粉混合后再下锅。注意用水量不宜过多，过多则可能导致成品被细菌污染和产品分层。

（5）加香　待物料温度降至 75～80℃，加入香精混合均匀。

（6）装瓶　在常温下进行装料，可以采用人工或相应灌装设备进行灌装，通常以距瓶口 3～8cm 为准。根据瓶型可做适当调整。

（7）排气　将包装好的瓶子放入蒸笼中，同时盖上瓶盖，加热进行蒸煮，蒸汽加热至 100℃ 以上（瓶内温度）。或用开水煮 30min，瓶内温度不低于 100℃。目的是排除瓶中的空气。

（8）杀菌、冷却　在蒸笼内处于 100℃ 以上高温时，将瓶取出，将瓶盖旋紧，再将瓶放入蒸笼中蒸煮杀菌 30～40min。杀菌结束后，取出经冷却即为成品。

三十四、江湖风味泡椒香辣酱

（一）原料配方

泡红辣椒 300g、泡青辣椒 550g、泡姜 150g、郫县豆瓣酱 90g、红花椒 10g、青花椒 30g、十三香 10g、色拉油 250g、菜油 150g、猪油 100g、老姜 50g、大蒜60g、味精 12g、胡椒粉 6g。

（二）生产工艺流程

泡椒、泡姜→初加工粉碎→泡椒混合料　　　　　老姜、大蒜→初加工粉碎

混合油脂150℃→炒至花椒皮亮发硬→炒至辣椒皮发亮→炒至油亮味香、色橘红→成品

花椒泡水沥干　　郫县豆瓣酱

（三）操作要点

（1）原料选择及处理　泡制品选择用泡制6～12个月的原料，原料无霉烂、无异味、无色素添加剂、自然乳酸菌发酵、口感脆嫩、咸酸可口。如果泡制时间不足，风味不突出、味淡、辛辣味浓；泡制时间过长，原料容易过酸，辛辣味不足。

泡姜一般有泡老姜和泡仔姜，制作泡椒香辣酱一般使用泡老姜，泡姜风味更加突出；菜肴制作一般使用泡仔姜，清香脆嫩。

菜籽油在使用前需炼制，去掉生菜籽油的不良气味；精炼猪油，用猪生板油、姜、葱一起熬制；花椒的苦涩味，通过50℃温水泡5min，可以解决花椒中的部分苦涩味；花椒先入150℃油中炒制至表皮油包发白，能最大程度激发出花椒的麻香味。

花椒分为红花椒和青花椒，花椒本身的成分中，苦味、涩味成分含量不少，苦涩味与麻味的麻度有一定的关系。青花椒中的油包数量大，青花椒含有精油，其中柠檬烯含量高于红花椒，所以清香麻味要优于红花椒。

（2）原料初加工处理　选用泡红辣椒、泡青辣椒、泡姜、大蒜、老姜，清理干净，用粉碎机粉碎成颗粒。一级红花椒、青花椒用50℃温水泡5min，再沥干水分。

（3）炒制工艺　锅中加入混合油脂，加热至150℃时，将泡好的一级红花椒、青花椒放入锅中炒制，当锅中花椒表皮发白发硬时，加入泡制品混合物继续炒制，油温保持在115℃，炒至辣椒表皮发白发亮、色青黄时，加入郫县豆瓣酱炒香，加入老姜、大蒜，炒至油亮、色泽橘红、香味浓郁时，调入十三香香料粉、味精、胡椒粉直至炒料结束。

（四）成品质量指标

色泽：色泽橘红，颜色油润鲜亮，光泽度好；香味：无异味，泡椒味浓郁，香气十足，青花椒香味突出；口感滋味：香辣微酸，咸鲜适口，无焦煳味道，清香麻味较好，回味醇厚悠长；组织状态：酱状均匀，无异物，无霉变。

三十五、海鲜香辣酱

（一）原料配方

郫县豆瓣酱1500g、对虾肉700g、牡蛎肉600g、白砂糖130g、花生油900g、清水550g。

（二）生产工艺流程

对虾肉、牡蛎肉虾、牡蛎预处理→煮沸←白砂糖、水

郫县豆瓣酱→破碎→郫县豆瓣酱炒制→装瓶→储存

（三）操作要点

（1）对虾、牡蛎预处理　将对虾肉切段，以 0.8cm 长为宜；牡蛎肉切约 0.8cm 见方的丁。

（2）郫县豆瓣酱处理　将郫县豆瓣酱放入破壁机打碎成茸状。

（3）熬制对虾肉、牡蛎肉　将白砂糖放入清水，加入切配好的对虾肉、牡蛎肉煮沸 3min。

（4）制酱　按配方规定量，将茸状郫县豆瓣酱放入熬制过的油中，加热至 130℃，翻炒 8min，待油色红亮，香味浓郁后加入熬制过的对虾肉、牡蛎肉及汤汁，继续翻炒至 8min，待香味充分融合，即制成海鲜香辣酱。

（5）装瓶　将制好的虾蚝香辣酱放入瓶中，即可食用。

（四）成品质量指标

色泽：色泽鲜亮，呈红棕色；口感：酱细腻，鲜香回味无穷；风味：具有对虾、牡蛎特有的鲜味，海鲜味浓郁，具有郫县豆瓣酱特有的香辣味，香辣味浓郁；黏稠度：酱很浓稠，郫县豆瓣酱与对虾肉、牡蛎肉融合得好。

三十六、桂林辣椒酱

（一）原料配方

以 100kg 成品计，腌制红辣椒 50kg、黄豆酱 20kg、三花酒 0.6kg、花生油 3kg、豆豉 5kg、姜 3kg、蒜米 12kg、白糖 4kg、食盐 3.5kg、味精 1.0kg、山梨酸钾 0.08kg。

（二）生产工艺流程

蒜米、豆豉、复合调味料　　　　　　　　桂林三花酒、黄豆酱

花生油→加热→爆香→爆炒（加姜粒、腌制红辣椒）→炒香→熬煮→继续加热→停止加热→灌装→杀菌→冷却→检验→成品

（三）操作要点

（1）原料预处理

① 腌制红辣椒：选择鲜嫩、光洁的红辣椒，挑出有病虫害的、损伤的，去掉辣椒蒂，用清水洗干净，晾干，每 50kg 辣椒用盐 12.5kg、清水 15kg，然后加入缸中，翻搅 7～8 次，使盐水充分被吸收，然后加盖封缸。45d 左右即可腌制成咸辣椒。在腌制过程中腌制容器要求放置阴凉通风的地方，以防变质腐烂。把腌制好的红辣椒用绞肉机绞碎，选用 4mm 的孔板进行绞碎，绞好的辣椒泥要求看到一些辣椒颗粒。

② 生姜：除去腐烂、病虫害的部分，用清水洗净后，用刀切成小块后，过胶体磨，得到姜泥。

③ 大蒜米：去除表皮，用清水清洗干净后，用绞肉机绞成蒜泥，略带一些颗粒。

④ 阳江豆豉：精挑细选颗粒完整、饱满，颜色鲜亮，无霉味，无异味的优质豆豉，用绞肉机绞成小颗粒，绞碎时选用6mm的孔板。

（2）酱的加工　把花生油称量后倒入夹层锅中加热，等到油温升到180～190℃时，加入蒜米爆炒2min，加入阳江豆豉、生姜泥进行翻炒3min，此时油温165℃左右。然后将辣椒泥和复合调料倒入油锅，让油温保持在160℃，进行爆炒，边炒边加入，爆炒到有浓郁的香气飘出时，立即加入黄豆酱不断翻炒，让锅中辣椒酱受热均匀。把所有原料加入后，让酱体在夹层锅中熬煮15～20min，让其色泽由红褐色变成棕褐色，状态变为半流体膏状，香气四溢、味道鲜美醇厚，这时酱体已经熬煮好。加入冷水对夹层锅进行冷却，待酱体温度下降到60℃时，可以进行包装。

（3）灌装　生产不同净含量的产品，要求采用不同形式的包装。首先用电子天平校准产品净含量标准，调整好设备，进行灌装。注意灌装时，酱体温度不能低于55℃，采用热灌装的办法来减少细菌污染。

（4）杀菌、冷却　装好瓶后的产品要求在90℃杀菌15～25min，或者121℃进行杀菌10min。灭菌后的产品，经过检测合格后，方可作为成品入库和销售。

（四）成品质量指标

（1）感官指标　色泽：应具有红褐色或棕红色的色泽；滋味和气味：味道鲜美，咸辣可口，有辣椒独特的滋味，没有其他不良气味；体态：半流动膏状，略带有豆豉、辣椒等颗粒；杂质：不能有肉眼可见杂质。

（2）理化指标　水分≤40%，食盐（以氯化钠计）≥4.5g/100g，过氧化值≤0.25meq/kg，酸价（KOH）≤3.0mg/g，铅（以Pb计）≤0.8mg/kg，总砷（以As计）≤0.5mg/kg。

（3）微生物指标　大肠菌群≤30个/100g，致病菌不得检出。

三十七、风味富硒大蒜辣酱

（一）原料配方

大蒜15g、辣椒35g、食盐5g、蔗糖3g、油脂21g、豆酱15g、味精0.3g、食醋3g、姜粉和花椒粉各0.35g。

（二）生产工艺流程

辣椒原料挑选→清洗→去蒂→热烫→冷却
↓
富硒大蒜→去皮→挑选→清洗→热烫→冷却→切片→除臭→粉碎→磨酱→过滤→调配→炒制→搅拌→灌装→封口→杀菌→冷却→成品

（三）操作要点

（1）原料前处理　选择新鲜的辣椒用清水清洗去蒂，放入含食盐1.1%的80℃水中，预煮2min，沥水备用。大蒜剥皮并剔除带腐败斑的蒜米，在水中洗净后放入沸水中热烫约1min，捞出沥水，室温冷却后切片，再除臭后备用。大蒜除臭的最佳条件：大蒜在含食醋45%、含食盐0.6%、温度80℃的溶液中浸泡除臭12min。

（2）粉碎与磨酱　按配方将预煮的辣椒、脱臭大蒜片和鲜姜片放入组织捣碎机中粉碎，再用胶体磨磨成酱体。

（3）调配炒制　炒制大蒜酱，并将配方中的其他辅料加入大蒜酱中，搅拌混合均匀。配方中的水，一部分用于在打浆过程中加在打浆机中，糖、盐和其他的辅料等溶解后加入，酱体经5～15min炒制成酱红色备用。

（4）灌装、杀菌　将炒好的风味大蒜酱计量装入瓶中或袋中，在沸水中杀菌15min。若在灌装前将酱体加热至90℃趁热灌装，可缩短杀菌时间，冷却后制成产品。

（四）成品质量指标

色泽：辣椒鲜红色，大蒜浅黄色，红黄分明，色泽均匀；香气：气味正常，香气浓，协调无异味；体态：汁液少，为浅红色，流动性差；滋味：大蒜酱复合风味，协调爽口。

三十八、草菇鲜辣酱

（一）原料配方

草菇25%、豆豉10%、花生酱10%、红辣椒粉0.85%、蒜泥4%、姜泥1.65%、调和油4%、赤砂糖8%、食盐3%、芝麻油1%、复合味精（含2% I+G）1%、椒盐1%、胡椒粉0.1%、复合增稠剂0.4%、水30%。

（二）生产工艺流程

原辅料处理→混合→搅拌→隔水加热→均质→浓缩→灌装→排气→密封→杀菌→冷却→成品

（三）操作要点

（1）草菇泥制备　选用新鲜的草菇，清洗两遍，沥水备用，然后称取25%沥干的鲜草菇，进行热烫（100℃，3～5min），热烫完成后沥干，切细，倒入搅拌机中并加入适量的水打浆，制成草菇泥，放置备用。

（2）蒜泥和姜泥制备　选用新鲜的蒜头和生姜，用自来水清洗两遍，沥干后将蒜头和生姜分别切细，倒入搅拌机中打浆制成蒜泥和姜泥，放置备用。

（3）蒜泥炸香　将称量好的4%调和油先倒入锅中，待油烧沸后放入预先称量好的4%蒜泥，用文火边加热边搅拌，温度控制在170～250℃，以散发出特有的香味为评判标准。

（4）主辅料混合搅拌　将草菇泥与花生芝麻酱、复合味精（含 2%I＋G）及辣椒粉混合均匀后，再按照配方依次放入预先称量好的豆豉、炸香后的蒜泥、姜泥、赤砂糖、食盐、芝麻油、椒盐、胡椒粉，与此同时不断搅拌使加入的调味品与原料充分混匀。

（5）隔水加热　将混合后的主辅料倒入夹层锅中，同时加热至 100℃并不停搅拌，使调味料能更好地渗入原料中，混合均匀，注意酱的状态，避免出现焦煳。

（6）均质　将混匀后的主辅料在立式胶体磨中进行均质，过胶体磨 2～3 遍，以酱体无颗粒感为评判标准。

（7）浓缩和灌装　将均质后的酱体倒入夹层锅中隔水加热浓缩（需不停地搅拌），加热温度为 100℃。待酱体较稠时，加入溶解好的复合增稠剂，边加边搅拌，使增稠剂与酱体充分混匀，煮制 10～15min 后酱体呈浓稠状态，装入经杀菌并贴有标签的玻璃罐中。在罐装酱体时，玻璃罐需留有一定空间，不能装得太满，目的是防止继续加热时内容物膨胀溢出。

（8）排气、密封、杀菌、冷却　在水浴锅中倒入适量的水，设置参数后开启，待水沸腾后将装有酱体的玻璃罐放入水浴锅中进行水浴加热。当玻璃罐中的酱体中心温度达 75℃以上时进行封口，封口后再放入 100℃的沸水中继续加热 30min 进行杀菌。杀菌完成后取出，自然冷却至室温即为成品。

（四）成品质量指标

色泽：颜色为棕褐色，原辅料加工后特有的色泽；香气：有草菇、辣椒、姜的香气和醇香气，香气协调，无异味；口感：味鲜而醇厚，咸辣适中，无苦味及其他异味；体态：体态均一，黏稠度适中，无杂质和霉变现象。

三十九、香辣烤肉酱

（一）原料配方

糍粑辣椒和红油豆瓣的重量比为 1：3。以糍粑辣椒和红油豆瓣的重量为 100% 计：辣椒粉 5%，十三香 4%，胡椒粉 0.3%，姜、葱、蒜和洋葱 25%，食用油 50%，味精 4%，白糖 8%，清水 20%。

（二）生产工艺流程

原料→预处理→均质→炒制→灌装→产品

（三）操作要点

（1）原料预处理　将生姜清洗后用斩拌机斩碎备用；将葱去除根部不可食部分，清洗后用斩拌机斩碎备用；将蒜去皮，清洗后用斩拌机斩碎备用；将洋葱去除老皮及根部不可食部分，洗净后用斩拌机斩碎备用。十三香预先炒制 3min。

（2）均质　将斩拌后的葱、姜、蒜、洋葱和红油豆瓣配好后，采用胶体磨均质 1～2 次，细度为 4μm，使产品中的固形物微粒化，有利于产品稳定。

（3）炒制　将称量好的食用油倒入炒锅中，加入均质后的原料及其他原料进行升温炒制，炒制工艺条件：温度为 110℃，时间 60min，转速 20r/min。

（4）灌装　将出锅后的酱体进行热灌装，灌装温度不低于 70℃。

（四）成品质量指标

色泽：橘黄色，有光泽；气味：香气浓郁，香辣味明显，具有烤肉酱固有的香味，整体气味协调；滋味：整体风味好，香辣味适中，咸淡适中；口感均匀度：酱体味道均匀度好。

四十、松茸香辣酱

本产品是以松茸残次菇及边角料为主要原料，添加食盐、黄豆酱、豆瓣酱、植物油、生姜、大蒜、辣椒面、白砂糖、芝麻花生酱、五香粉、蚝油等辅料开发的一种松茸香辣酱。

（一）原料配方

酱制后松茸 100g、植物油 50g、姜末 3g、蒜末 2g、白砂糖 3g、辣椒面 3g、豆瓣酱 8g、芝麻花生酱 3g、蚝油 3g、五香粉 0.3g。

（二）生产工艺流程

松茸残次菇及边角料→清理整形→切碎→护色保脆→杀青→酱制→熟制→包装→灭菌→成品

（三）操作要点

（1）原料预处理　松茸残次菇及边角料清理后去泥脚，洗净待用。

（2）护色保脆　洗净的松茸残次菇及边角料用 0.5% $CaCl_2$ 水溶液浸泡 0.5h，以保持食用菌本身的颜色、增加脆嫩度，浸泡液用量以松茸不露出液面为准，浸泡好的松茸冲洗后切碎备用。

（3）杀青　将切好的食用菌在 0.5% 的食盐水中煮沸 3min，捞出后用流动水冲凉冷却，沥水后待用。

（4）酱制　取黄豆酱加入食盐水，食盐水与豆瓣酱配比为 4：5。经充分搅匀后用洁净的纱布袋过滤出澄清、透亮的酱汁。将沥去余水的松茸倒入带盖的玻璃罐后，加入滤好的酱汁，轻轻翻动使松茸完全浸没于酱汁中，于常温阴凉处放置 48h。

（5）熟制　锅中倒入油烧热，依次下入姜末、蒜末、豆瓣酱爆香后，放入酱制好的松茸，小火翻炒，使其水分蒸发，最后调入白砂糖、芝麻花生酱、五香粉和蚝油等调味料，拌匀即可出锅。

（6）包装　采用高温蒸煮袋抽真空封口包装。

（7）灭菌　将抽真空包装后的香辣酱置于沸水中水浴 15min 灭菌，冷却灭菌后的产品自然冷却至室温。

（四）成品质量指标

（1）感官指标　色泽：松茸固形物呈棕黄色，红油纯净透亮；组织状态：松茸质地紧密；口感：口感嫩滑；风味：具有松茸的自然香味以及浓郁的酱香味。

（2）理化指标　水分 52.1g/100g，食盐（以 NaCl 计）2.66g/100g，氨基酸态氮 0.27g/100g，总酸 0.265g/100g，过氧化值 0.089g/100g，总砷＜0.03mg/100g，铅 0.83mg/100g，黄曲霉毒素 B_1＜0.05μg/100g。

（3）微生物指标　大肠菌群未检出，致病菌未检出。

四十一、方便型香辣烤肉酱

（一）原料配方

糍粑辣椒和红油豆瓣的重量比为 1∶3。以糍粑辣椒和红油豆瓣的重量为 100％计：辣椒粉 5％，花椒粉 2.5％，十三香 4％，黄原胶 0.3％，单甘酯 0.25％，姜、葱、蒜和洋葱 27％，食用油 50％，味精 4％，白糖 8％，清水 20％。

（二）生产工艺流程

原料→预处理→炒制→均质→乳化→杀菌→成品

（三）操作要点

（1）原料预处理　将生姜清洗后切碎备用；葱去除根部不可食部分，洗后切碎备用；蒜去皮，洗后切碎备用；洋葱去老皮，洗后切碎备用。

（2）炒制　将称量好的食用油倒入炒锅中，待油温升至 115～125℃时，加入称量好的糍粑辣椒进行炒制 10～15min；待食用油色泽红亮后加入红油豆瓣进行炒制 8～10min，炒出红油豆瓣特有香味后，加入预处理后的生姜、大葱、大蒜和洋葱进行翻炒 3～5min，翻炒温度为 115～120℃；然后加入辣椒粉、花椒粉和自制十三香炒 1～2min 后加入清水煮沸 5～8min，最后加入白糖和味精拌匀即可出锅。

（3）均质　采用胶体磨均质 1～2 次，细度为 4μm，使产品中的固形微粒化，缩小两相质量分数差，有利于产品稳定。

（4）乳化　称取单甘酯和黄原胶，均匀加入均质后的酱体中，均质 1 次（酱体温度不低于 65℃）。

（5）灌装、灭菌　将乳化后的酱体进行灌装，包装材料采用玻璃瓶，50g/瓶。杀菌温度为 90℃，杀菌时间为 25min。

（四）成品质量指标

色泽：橘红，有光泽；气味：香气浓郁，香辣味醇厚，姜、葱、蒜、洋葱香味适度，整体气味协调；口感：口感较好，辣、咸、香、麻四味厚重，姜、葱、蒜、洋葱香味适度；涂抹性：涂抹性好，涂层均匀而光滑；热稳定性：上液层≤1mm。

四十二、微波青麻热拌鱼酱料

（一）原料配方

椒麻汁30％、蚝油18％、蒸鱼豉油7％、烧椒10％、大蒜3％、生姜3％、白胡椒3％、白砂糖2％、盐2％、鸡精1％、味精1％、清汤5％、色拉油10％、其他辅料5％。

（二）生产工艺流程

青花椒→清洗→沥干水分→刀工处理(椒麻糊)→加入调料→混合拌匀→烧油→泼油→搅拌→装袋→杀菌→金属检测→成品

（刀工处理上方：红花椒、小葱；混合拌匀上方：青二荆条辣椒）

（三）操作要点

（1）青花椒 挑选色泽为绿色，且外表光滑无裂口、果粒圆润的青花椒为主要原料，利用清水洗净并沥干水分。

（2）刀工处理 选用形态完整、颜色鲜红且光泽度较好的干红花椒和新鲜小葱，按青花椒：红花椒：小葱（2：3：5）的比例进行粉碎，制成椒麻糊（汁）备用。

（3）青二荆条辣椒（烧椒） 将青二荆条辣椒置于火上烧制，待表皮呈浅黄色起皱时即可，将烧制好的二荆条辣椒剁细备用。

（4）原辅料混合 将上述制备的椒麻糊（汁）、烧椒及各种原辅料按配方比例充分混合均匀。

（5）烧油 将色拉油加热至180℃时，淋在椒麻汁里并充分搅拌均匀备用。

（6）装袋 将搅拌均匀的酱料倒入食品袋中，排出空气并封口处理。

（7）杀菌 采用巴氏水浴杀菌。

（8）金属检测 将杀菌后的袋装酱逐个放在金属探测仪的传送带上，进行金属异物检测，剔除不合格品。

（四）成品质量指标

色泽：酱料色泽鲜亮，光泽度好；滋味与气味：酱料椒麻味浓郁，烧椒香味足；外观：酱体均匀，无分层和异物。

第二节 海 鲜 酱

一、风味海带酱

本产品是以干海带为主要原料，辅以其他多种调味料，制成不同风味的海带调味酱，其目的是丰富调味酱制品的种类，提高海带加工的附加值，满足市场对海带制品的需求。

（一）生产工艺流程

干海带→挑选→浸泡清洗→切丝→海带脱腥→护绿→漂洗→高压蒸煮→打浆→煮制→调味→装罐→排气→密封→杀菌→冷却→成品

（二）操作要点

（1）海带预处理　选择深褐色且肥厚的无霉烂干海带，用流水快速洗净泥沙，放入一定量水中浸泡 3h，至海带充分吸水膨胀，取出切丝待用。

（2）脱腥处理　将海带丝放入 1% 的柠檬酸溶液中浸泡 1min，再放入沸水中热烫 60s。

（3）护色　调柠檬酸 pH 值为 5.0，脱腥后的海带丝在 250mg/L 的 $ZnCl_2$ 溶液中煮沸 10min，进行护色处理。

（4）高压蒸煮　将漂洗后的海带丝在压力 0.08MPa、温度 115℃ 的夹层锅中隔水高压蒸煮 10min，以达到软化和部分脱腥。

（5）打浆　将软化好的海带丝和适量的水一起放入打浆机中打浆 2～3min，即得海带原浆。

（6）稳定剂的准备　将选择的海带酱稳定剂加入一定量水，待充分浸涨后，置于温度 65℃ 的水浴锅中搅拌，使其完全溶解，备用。

（7）炒制　在锅中加入少量花生油，待油温至 120～130℃ 时，倒入海带浆，并不断翻炒，之后加入浸胀溶解的稳定剂；待海带酱炒熟后，加入食盐、酱油、白糖、味精、花椒、辣椒、五香粉、咖喱粉等调味料，继续翻炒 1min 左右，最后加入适量抗氧化剂即可出锅。

风味海带酱的较佳配方为：海带原浆用量 250g（以此为基础），花生油 7.5%，食盐 1.5%，味精 0.5%，酱油 2.5%，米醋 0.05%，料酒 0.5%，绵白糖 0.5%，CMC-Na 0.6%，海藻酸钠 0.2%，维生素 C 0.01%。根据不同的风味可添加不同的风味料。

（8）装瓶、封口、杀菌　将制作好的海带酱装瓶，并置于温度 95℃ 水浴锅中，待瓶中心温度达 80℃ 时，排气 10～15min 即可封口，对封口后的海带酱进行 40min/115℃ 灭菌，冷却至室温即可。

（三）产品特点

风味海带酱的口感滑润，口味鲜香，色泽诱人，香味绵长，富含碘、钙、蛋白质和不饱和脂肪酸等各种营养素，营养均衡、保健效果好。

二、海带保健酱

（一）原料配方

海带浆用量为 55%、花生粒 15%、芝麻 2%、黄原胶 0.10%、花生油 10%、味精 0.5%、白糖 3%、食盐 4%、酱油 5%、花椒适量，再添加适量维生素 C 以及其他调味粉。

（二）生产工艺流程

花生→油炸→冷却→去红衣和胚芽→粉碎
↓
干海带→浸泡→清洗→高压蒸煮→切块→打浆→过胶体磨→煮制→调配→装瓶→排气→封口→灭菌→冷却→成品

（三）操作要点

（1）海带预处理　选择深褐色且肥厚的无霉烂海带，用流水快速洗净泥沙，放入一定量水中（210%）浸泡至海带充分吸水膨胀，然后入高压锅中 0.15MPa 高压 20～30min 使海带充分软化，将软化后的海带切成小块加入适量水后入高速组织捣碎机中进行打浆，再加入胶体磨进行研磨得到粒度均匀黏度较高的海带浆。

（2）花生粒的制备　挑选无霉变、无虫蛀、颗粒饱满的成熟花生，将其放入温度加热至 150℃ 的花生油中炸 3～5min，将炸好的花生外部红衣去除，油炸后红衣脆易碎影响酱体外观，用高速万能粉碎机粉成 0.2～0.5cm 的花生粒。

（3）芝麻的制备　选择颗粒饱满、无虫蛀、无霉变的芝麻，将其倒入锅内，用文火烘炒。炒时用木铲不断翻搅，防止芝麻炒焦。一直炒至芝麻散发出较浓郁的芝麻香味即可。

（4）稳定剂　将黄原胶加入一定量水充分吸涨后，置于 65℃ 水浴锅中 12h 使其完全溶解即可。

（5）煮制　在夹层锅中加入适量花生油，待油温达到 110～120℃ 时，放入花椒炸至花椒香味浓郁，将花椒捞出，倒入海带浆，并用木铲不断翻炒，以免粘锅、烧焦，并加入黄原胶。待海带浆将熟时，加入花生粒、熟芝麻翻炒均匀后加入食盐、酱油、白糖，翻炒 1min 左右，待出锅时加入适量味精混合均匀即可。

（6）调配　煮制后的酱体加入适量抗氧化剂，然后再加入辣椒粉、大蒜粉、麻辣粉等调味粉制成不同口味的酱体。

（7）装瓶、封口、灭菌　将所得混合酱体装瓶，将其置于 95℃ 水浴锅中，待瓶中心温度达 80℃ 时排气 10～15min 即可封口，封口后的海带酱，灭菌 15min—30min—20min/121℃，冷却至室温即可。

（四）成品质量指标

（1）感官指标　色泽：褐色；风味：正常海带气味及花生的香气，无异味，咸鲜味适宜，滑腻适口；组织状态：内容物分散均匀、半流体状，无肉眼可见外来杂质。

（2）理化指标　氯化钠 3%～6%，铅（以 Pb 计）≤1mg/kg，砷（以 As

计）≤0.05mg/kg，汞（以 Hg 计）≤0.05mg/kg。

（3）微生物指标　细菌总数≤100 个/g，大肠杆菌≤30MPN/100g，致病菌不得检出。

三、海带、鱿鱼复合海鲜营养酱

（一）原料配方

海带浆 1kg、鱿鱼 500g、肉丁 350g、酱油 40g、适量的豆瓣酱、大豆油、胡萝卜、食盐、绵白糖、牡蛎多肽、鸡精、辣椒、葱、姜、花椒和稳定剂。

（二）生产工艺流程

冰冻鱿鱼→原料处理→油炸 调味料

海带原料选择和预处理→高压蒸煮→切块→打浆———→炒制→装罐→排气→杀菌→冷却→成品

（三）操作要点

（1）海带原料选择和处理　选择品质好的、颜色深褐、无腐烂变质干海带，用流水洗净泥沙，放入一定量水中浸泡 3h，至海带充分吸水膨胀，去除边、梢、根等不可食部分待用。

（2）高压蒸煮　将漂洗过的海带在温度 115℃的高压锅中蒸煮 15～25min，使之达到软化和部分脱腥。

（3）切块、打浆　将软化后的海带切成小块加入 40%的水后在高速组织捣碎机中进行打浆，得到粒度均匀的海带浆。

（4）鱿鱼丁的油炸　选用大豆油进行油炸，至鱿鱼丁呈淡黄色为止备用。

（5）炒制　在锅中加入大豆油，待油温达到 100～110℃时，放入花椒炸至花椒香味浓郁，将花椒捞出，倒入肉丁，翻炒后，依次加入辣椒粉、豆瓣酱、胡萝卜和葱姜。翻炒至辣椒味道香浓时，加入海带浆和炸好的鱿鱼丁，并用木铲不断翻炒，以免粘锅，随后加入稳定剂和食盐、绵白糖、酱油等调味料慢慢熬制，待海带、鱿鱼复合海鲜营养酱混匀炒熟后加入鸡精混合均匀即可。

（6）装瓶、封口、杀菌　将已经制作好的海带、鱿鱼复合海鲜营养酱装瓶，并置于温度 95℃水浴锅中，待瓶中心温度达到 80℃，排气 10～20min 即可封口。对封口后的海带、鱿鱼复合海鲜营养酱进行 60min/121℃灭菌，冷却至室温即可。

（四）成品质量指标

（1）感官指标　具有海带、鱿鱼复合海鲜营养酱固有的气味，无异味、臭味，黏稠适中，质地均匀，无外来杂质。

（2）理化指标　蛋白质≥8%，水分≤60%，氯化钠≤8%，灰分≤8%。

四、紫菜酱

（一）生产工艺流程

鲜紫菜→挑拣→清洗→捣碎→温控浸提→粗滤→紫菜渣→胶体磨→调配→紫菜酱

（二）操作要点

（1）原料的处理　鲜紫菜经过挑拣，去除杂藻，利用清水漂洗干净后绞碎。

（2）温控浸提　对上述处理好的鲜紫菜加 10 倍重量的水进行浸泡，干的紫菜用 40 倍重量的水浸泡。浸提温度控制在 70～75℃，总浸提时间为 12～14h，在浸提过程中，每隔 2h 左右搅拌 1 次，以保证浸提的效果。

（3）粗滤　将经过上述温控浸提的紫菜进行粗滤，得到紫菜渣和紫菜浸提浊汁。紫菜浊汁用于紫菜饮料的生产。生产紫菜酱是利用得到的紫菜渣，其粗滤不必使用压滤机，使用一般的过滤机进行即可，紫菜汁过滤得率一般为浸提加水量的 70%。

（4）胶体磨处理　过滤后得到的紫菜渣，加适量的水用胶体磨（也可利用高速组织捣碎机或均质机）进行处理，得到匀浆。

（5）调配　按照下列配方进行调配：1kg 紫菜均浆，0.5kg 茶叶汁，0.6kg 白砂糖，15g 明胶，增稠剂、调味剂及品质改良剂各适量。将上述各种原辅料充分混合均匀后，装入容器中经过密封即为成品。

五、绿藻酱

（一）生产工艺流程

采集→分拣→清洗→消毒→碎化→熟化→调味→装瓶→排气→杀菌→冷却→贴标→塑封→成品

（二）操作要点

（1）原料采集　绿藻沿海各地均有，但不宜在建有海边核电站、海边油田及其他工业污染严重的海区采集。主要在无污染大潮后的滩涂和沙滩上拾取置于网箱中。网箱可用尼龙绳编织，可在海滩上轻便滑行。

（2）分拣、清洗　对采集的原料拣除叶边发白、褐色和腐烂的绿藻。在清洗前先用 0.5% 食用碱液浸泡 10min，而后洗去表层黏性异物，最后再用淡水进行清洗。

（3）消毒　将洗净的绿藻用臭氧水浸泡 5min，可杀灭大部分细菌，臭氧水可用臭氧水发生器生产。

（4）碎化　将消毒后的绿藻沥干水分，置于快速切碎机内，1min 内打成藻酱。酱粒细度用通电时间控制，一般切至 0.2cm 即可，太细后续操作不便，熟化时易粘锅底。

（5）熟化　将消毒碎化后的绿藻置于夹层锅内煮沸，稍冷后加入 5% 香菇粉、3%酱油、0.2%甜蜜素、0.2%味精、2%食用明胶（预先溶化）和1%的CMC-Na，将上述各种原料混合均匀后，趁热装瓶。

（6）排气　装瓶后移入排气箱中进行热排气，等瓶内中心温度达到80℃时取出旋盖，也可利用真空排气机，抽真空旋盖一次完成。

（7）杀菌、冷却　将旋盖后的酱瓶移入杀菌锅内进行杀菌，杀菌公式为：15min—30min—15min/110℃。杀菌结束后的酱瓶迅速置于80℃、60℃、40℃的水中进行分段冷却，然后贴商标，利用塑料薄膜套进行塑封，而后装箱即为成品。

六、风味鲟鱼酱

（一）原料配方

鲟鱼肉60g、调和油20g、豆豉40g、糖20g、盐7g、生姜10g、大蒜6g、大葱4g、白酒（52°）4g、水、味精、鸡精、黑胡椒等适量。

（二）生产工艺流程

调和油加热→加入葱、姜、蒜爆炒→加入鱼块→调配、煮酱→装瓶→排气→封盖→杀菌→冷却

（三）操作要点

（1）鲟鱼肉的准备　将人工养殖的鲟鱼经过宰杀后去头、尾、皮、内脏，取背部肌肉，速冻，在−18℃冻藏。加工时将鱼肉在流水中解冻1h，将解冻后的鱼肉切成长、宽、高约为0.5～0.8cm的鱼块。

（2）脱腥　将鱼肉用4%的食盐水浸泡15min，盐水与鱼之比为2∶1。盐渍后，用清水冲洗2min，沥干。

（3）调味料预处理

①葱预处理。除干叶、烂叶；剥去外皮，削掉根须，用水洗净后切成葱末。

②姜预处理。削除腐烂、病害部分，洗净后切成姜末。

③大蒜预处理。剥去外皮，用水洗净后切成蒜末。

（4）炒油、调配　调和油计量后倒入油锅加热，使油温快速升至100℃左右，加入姜末、葱末、蒜末，炸出微香。将鱼块加入锅中煮沸并不断搅拌约1min。

（5）煮酱　按比例加入豆豉、糖、盐、水、白酒和辣椒粉等配料进行煮制，煮制过程中不断搅拌，使各种原料充分混合均匀，防止烟锅底，沸腾后，用小火煮制10min。

（6）装瓶　将煮好的鱼酱趁热装入灭菌后的四旋玻璃瓶，不要让酱料粘在瓶口，防止污染，预留8～10cm间隙。

（7）排气、封盖、杀菌　装瓶后，经100℃水浴加热，保持中心温度95℃以上排气10min；旋紧瓶盖，然后121℃杀菌30min，采用常压快速冷却，经冷却后即为成品。

（四）成品质量指标

（1）感官指标　色泽及体态：肉色正常，酱体呈红褐色，有酱状，质地均匀、细腻；气味：具有鱼肉、葱、姜、蒜等综合鲜香味，无其他异味；肉质：鱼肉细腻、爽滑，有鱼肉特有的香味，余味浓郁；口感：咸甜适中。

（2）理化指标　水分 48.62%，氯化钠 6.01%，亨特白度（WH）13.94。

（3）微生物指标　细菌总数≤1000 个/g，大肠菌群≤20MPN/100g，致病菌不得检出。

七、鱼酱

鱼酱是一种烹饪汤菜及火锅、豆腐的高级佐料，放入 1～2 勺烹调，味颇鲜美。鱼香味浓郁，芳香四溢，帮助消化，增进食欲，烹饪肥肉油而不腻。

（一）原料配方

小鲜鱼 100kg、米酒 40kg、盐 25kg、红辣椒 500kg、生姜 5kg、花椒和茴香适量。

（二）生产工艺流程

小鱼→腌制
↓
鲜辣椒→晾干→剁碎→配料→密封陈化→成品

（三）操作要点

（1）小鱼腌制　先将小活鱼用清水喂养 1d，使其排泄干净，然后按鱼重的 25% 加入食盐，按鱼重的 40% 加入米酒，米酒的酒精含量应为 35%（体积分数），放入坛内浸渍 20d 以上。

（2）辣椒、生姜的处理　将去蒂洗净、晾干水分的鲜红辣椒、生姜分别剁为碎块。

（3）配料　将剁碎后的辣椒、生姜碎块放入盆中，加入适量盐、米酒及少量花椒、茴香，把坛内的鱼和汁倒入盆中，与辣椒碎块拌匀，再装入坛内盖好，用坛沿水密封 2 个月即可食用。

（四）成品质量指标

具有酸、辣、甜、咸、鲜、香的特有风味，存放 6 个月以上的，部分鱼在坛中融化为酱，入锅后 3～5min 即全部融化。

八、鱼子酱

"鱼子酱"一词常指以特种方式生产的鱼卵。黑黑的鱼子酱过去在国外是皇室里的佳肴，现在是时尚人士和酷爱美食又惦记减肥的朋友的美容健康美食。鱼子酱含有皮肤所需的微量元素、矿物质、蛋白质、氨基酸和重组基本氨基酸，不仅能够有效地滋养皮肤，更有使皮肤细腻和光洁的作用。因此，就其自身的营养价值而言，有着广阔的市场前景。

（一）生产工艺流程

原料→取卵→卵巢分级→取子→漂洗→挑选→腌制→沥干→晾晒→成品

（二）操作要点

（1）原料要求　最好使用新鲜鱼子。冷冻鱼子也可以用，但是需要解冻，过程比较烦琐，且出于对鱼子的保护，对冷冻过程有所要求。

（2）取卵　为注意卫生和尽量减少污染，取鱼卵必须要小心。新鲜的鱼子柔软而且形状不定，容易破碎，若放在浓盐水中漂洗则鱼子会因急速脱水而萎缩，成品的经济价值受到影响。因此，一般对新鲜的鱼卵都要经过定形处理。

定形处理一般有体内定形和体外定形两种方法。体内定形是指将捕获的新鲜鱼，用冰和 $10 \sim 12°Bé$ 的盐水或 10% 的盐水处理的方法，这样既能保鲜又能缩短定形时间，效果也好。体外定形是指鱼子从鱼体取出后再定形的方法，适用于从鲜鱼中取出的成熟鱼子，边取子边放入 $8°Bé$ 的盐水中，浸泡 $4h$，待形状基本固定后再漂洗。

解冻冷冻鱼子时，为保持原料鲜度，保证产品质量，一般采用淡盐水解冻法，这样可以缩短生产周期。

（3）卵巢分级　根据种类和质量对卵巢进行分级。在分级过程中，完整卵巢的状态（卵的大小、形状、不透明度或半透明性、连接的牢度等）和新鲜度（颜色、牢度、风味等）是主要的因素。质量好的卵巢用于生产鱼子酱，而较差卵巢或一部分或被整个盐渍。

（4）取子　从卵巢中分离获得鱼卵的过程称为筛选，这一过程通常是由人工操作的，人工筛选是挤压卵巢通过一个旋转的不锈钢铁丝网或其他网眼材料，使鱼卵通过网眼，而相连的组织则留在上面。自动化系统则是利用机械力或酶系统对鱼卵进行分离，并用食盐来保存鱼卵并获得理想的形状和弹性。

（5）腌制　盐渍过程非常重要而且反应迅速。盐渍的时间需要 $2 \sim 20min$，这主要依赖于鱼种、鱼卵的大小、质量和最后的盐浓度。

（6）沥干　盐渍以后放在凉席上进行晒干或者用离心机甩水，然后盛放在金属、塑料或其他容器中。

基本加工工序的变化依赖于鱼的种类和最终加工产品，如粒状鱼子酱、调味鱼子酱、烟熏鱼子酱等。如果添加防腐剂或其他添加剂如色素等，要在沥干以后加入。包装的产品也要经过杀菌处理。为了保持良好的质量，必须采用真空包装，而且成品必须冷冻或冷藏贮藏。

九、低水分鲟鱼子酱

（一）生产工艺流程

选鱼暂养→杀鱼沥血→取卵搓卵→漂洗沥干→腌制装盒→低温脱水→成品贮藏→检验

（二）操作要点

（1）选鱼暂养　选择无明显外伤、无疾病、无畸形、5龄以上、活的雌鲟鱼，且鲟鱼卵母细胞发育到Ⅳ期、卵直径2.6mm以上。将达到以上要求的雌鲟鱼转入有冷水循环系统的暂养池中暂养1~2个月，水温控制在12~15℃，暂养期间无需投喂饲料。

（2）杀鱼沥血　将暂养池中的雌鱼取出，再用取卵器取出少许鱼卵，切片检查鱼卵极化指数，若极化指数达到（1/15）~（1/5），卵直径达2.6mm以上则可用于鲟鱼子酱加工，检验合格的鲟鱼立即用大铁锤在鲟鱼头处猛击使鱼致死，然后抬高鲟鱼尾，使鱼头朝下，用刀割切腮动脉进行快速放血。

（3）取卵搓卵　将沥血完毕的鲟鱼迅速转移至解剖间，放在干净的平台上，用生理盐水冲净余血，再用消毒后的手术刀划开鱼腹，割透肌肉，取出两侧的卵巢，然后将卵巢分几次通过一个不锈钢铁丝网或其他网眼材料，轻轻揉搓，使鱼卵通过网眼，相连的组织则留在上面。

（4）漂洗沥干　卵全搓完后立即用生理盐水反复漂洗，期间用小镊子将漂浮在水中的细小脂肪或性腺拣出，直至搅动卵后水体清澈，然后倒在过滤筛上将水滤至无水珠滴下。

（5）腌制装盒　采用拌盐腌制，即将沥干水后的鱼卵平铺于盆中，添加卵重量5%~10%的食盐，将盐均匀撒在卵面上，然后用光滑的木勺逆时针均匀搅拌，待溶解后再均匀搅拌，直到用勺子轻压卵表面有气泡产生且很快消失为止，然后直接装盒称重。先将盒子消毒，然后用光滑的木铲装卵，每盒装净重1kg的鲟鱼子酱。

（6）低温脱水　鲟鱼子酱装入盒子后，盒盖刚开始无法盖紧盒子，中间会留一缝隙。将未盖紧的盒子放在大托盘内，三盒为一叠，最上层轻轻放上一块重约1kg的干净物体，然后将大托盘放入冰箱内，温度控制在−4~4℃之间。随着鲟鱼子酱的水分被挤出来，上下盒子间的距离逐渐缩短，最终盒子可以盖紧，这时脱水的工作就完成，期间及时吸走大托盘内的积水。

（7）成品贮藏、检验　脱水完成后，及时移去盒顶上的重物，将盖紧的盒子转移到冷冻室，温度控制在−18℃，保存时间为1个月。经检验合格者即为成品。

十、扇贝裙边酱

扇贝裙边是在扇贝加工过程中取出扇贝柱以后的下脚料，其蛋白质含量高，氨基酸种类齐全，达18种以上，是一种极好的食品加工原料，尤其适合于制作高档调味品、汤料等。通过生物酶降解法，将扇贝裙边的蛋白质酶解为氨基酸，然后配以各种辅料，可生产出一种海鲜风味独特浓郁、营养丰富的高档调味品。

（一）生产工艺流程

扇贝裙边预处理→酶解→离心→浓缩→调制→灌装→杀菌→冷却→成品

(二) 操作要点

(1) 扇贝裙边水解液的制备

① 原料的预处理。将新鲜的扇贝去壳，去贝柱留边，洗净，用捣碎机捣碎，备用。

② 酶解。以中性蛋白酶与木瓜蛋白酶（1:1）在加酶量为2000U/g、底物浓度为1:3、温度50℃、pH6.5条件下水解扇贝裙边5h；再添加250U/g酸性蛋白酶，在45℃、pH2.5条件下水解5.5h。

③ 离心。在100℃沸水中加热5min，终止水解反应，冷却至室温后4500r/min离心10min，所得上清液即为水解液。

(2) 海鲜酱的制作

① 浓缩。将扇贝裙边水解液放在80℃的烘箱中，浓缩至原液体积的1/2。

② 调制。将浓缩液煮沸，加入白糖、料酒等辅料，不断搅拌使其充分溶解，缓缓加入淀粉，文火煮至适当稠度即可。扇贝裙边水解液调味海鲜酱的最佳配料为水解液55%、白糖8%、料酒2%、食盐8%、味精0.5%、淀粉4%、老抽酱油4%、辣椒油4%、胡椒粉1.5%、麻油0.5%，其余为水。

③ 灌装、灭菌。用塑料袋进行真空包装，然后巴氏杀菌。

(三) 成品质量指标

(1) 感官指标　色泽：红亮的红褐色或棕褐色；风味：具有浓郁海鲜风味，鲜美适口，无苦涩及其他异味；组织形态：均一、稳定，无沉淀，不分层，呈半透明、半流体状。

(2) 理化指标　氨基酸态氮（以氮计）0.4%～0.5%，总酸（以乳酸计）1.3g/100g。

(3) 微生物指标　细菌总数≤100个/g，大肠菌群≤3MPN/100g，致病菌未检出。

十一、新型海鲜酱

本产品是以扇贝为主要原料，添加腌制的鱼、虾以及经预处理的蔬菜，经调配、炒制、灌装制得海鲜酱产品。

(一) 生产工艺流程

```
              鱼虾→预处理→入味后打浆
                              ↓
新鲜扇贝→预处理→贝柱丝→调配、炒制→灌装→排气→封口→杀菌→检验→包装→成品
```

(二) 操作要点

(1) 扇贝预处理

① 扇贝的选择　扇贝加工季节最好为春末夏初或秋末冬初，挑选贝肉肥满、肉质鲜美的个体为宜。

②　清洗、蒸煮　将鲜活贝洗净，剔除死贝、异贝及杂质等，入锅蒸煮，待贝壳张开立即出锅。

③　去壳取肉　取出贝柱肉，除掉外壳、内脏和外套膜。

④　脱水　取下的贝柱晾晒或烘干至水分含量在20%～25%左右，冷藏备用。

（2）贝柱丝的制备　将脱水后的贝柱急火蒸40～50min，取出趁热搓丝，制成贝柱丝，晾干备用。制备贝柱丝时应先将脱水后的扇贝柱放在蒸笼中蒸。经隔水蒸后，适量水分进入干贝中，既能使干贝的肌纤维分离，又能减少干贝鲜味成分的损失，并防止其变得过于黏软。搓丝要点：一是蒸好的干贝要趁热搓，否则待干贝冷却后，不易搓均匀；二是搓丝时不可来回揉搓，以防贝柱丝打结，有损于产品外观。

（3）香料水的配制　选用八角、丁香、桂皮、陈皮、花椒、白芷、酱油、盐、糖、味精等料，按比例称取适量后加入水中进行熬煮，过滤得香料水。

香料配方Ⅰ：八角15g、丁香7g、桂皮15g、陈皮15g、花椒30g、茴香5g、白芷5g、酱油150g、盐300g、糖80g、味精20g。

香料配方Ⅱ：八角10g、丁香2g、桂皮10g、陈皮10g、花椒20g、茴香5g、白芷5g、酱油150g、盐250g、糖100g、味精30g。

（4）鱼虾的预处理　选择低值海水鱼或淡水鱼，且鱼体不必过大，如小黄花鱼、偏口鱼等小杂鱼。虾亦选择低值的小海虾、河虾或小海米。

鱼虾分别洗净、控水、油炸，然后浸入配制好的上述香料水中腌制入味后打浆。根据产品咀嚼感的要求，应保证鱼虾在打碎过程中有一定的颗粒度。若打浆时间过长，鱼虾肉较细较黏，与蔬菜浆混合后不易看到原有的成分，降低了成品的咀嚼感，口感反而欠佳；而打浆时间过短颗粒较大较粗，降低成品的黏稠度，影响产品质量。经试验证明，打浆时间为7min效果好。

（5）蔬菜的预处理　蔬菜选用的洋葱要求鳞茎新鲜饱满，组织脆嫩，无抽芽、无腐烂。洋葱去外皮、切蒂头，切成1.5cm×1.5cm左右的片状或细丝状，经180℃油炸5～7min，能够产生良好的气味，有助于提升产品整体香气。油炸后的洋葱打浆备用。

（6）调配、炒制　按配方要求称取预处理后的贝柱丝、鱼虾、蔬菜，加入盐、糖、味精等调味拌匀。将食用油加热后，倒入姜蒜末炒至散发出应有的香气（也可根据产品口味的不同再加入辣椒或调味酱），然后倒入称量好的上述物料，进行炒制3～5min，临近结束时加入适量料酒。

调配比例：贝柱丝：鱼虾相对添加量为2:1，洋葱8%，调味料3%，植物油6%。

（7）灌装、排气、封口　包装采用玻璃瓶。在灌装前对瓶体、瓶盖进行清洗消毒。要求趁热装瓶，物料温度保持在85℃以上。灌装后迅速放入输送带，经真空封口机封口。

（8）杀菌、冷却　将产品装篮后送入高压杀菌锅。杀菌公式为 20min—45min—20min/121℃。

（9）擦罐、装箱　将杀菌后的实罐洗净油污，控水晾干，剔除破碎罐及低无空罐，装入纸箱中，常温贮存。

十二、湖鲜酱

湖鲜酱顾名思义就是用淡水湖中的鱼、虾、蟹等为主要原料，以蚕豆酱为基酱，配合辣椒、香辛料等，经混合熬制而成的系列调味酱。

（一）生产工艺流程

原辅料验收→原料处理（去杂、切块等）→腌制→油炸脱水→加入相应辅料→搅拌均匀→灌装→封口灭菌→贴标、喷码→装箱入库

（二）操作要点

（1）原料　新鲜的银鱼、白虾、鲫鱼等湖鲜、基酱、香辛料、植物油等。

（2）原辅材料的验收　湖鲜产品必须来自安全无污染的水域；辅料中使用到的油、辣椒、香辛料等使用证件齐全的厂家，到厂后厂方必须提供随批的有资质的第三方的检测报告。其中的主要项目还需自检合格后方可使用。

（3）原料处理　收购回来的原料需经去杂，去掉不可食用的部分，并清洗干净，规格大的还需切块均匀。

（4）腌制　清洗干净后的原料需用食用盐腌制 10h 以上。

（5）油炸脱水　将腌制好的原料油炸，使原料中的大部分水脱掉。油炸时间不能过长，防止湖鲜焦煳没有口感，也不能炸得太嫩，防止产品含水分大没到保质期就变质。

（6）加入相应辅料、搅拌　在炸好的湖鲜产品中放入处理好的基酱、辣椒、香辛料等。使用搅拌机将处理好的原辅材料搅拌至均匀。

（7）灌装、封口灭菌　搅拌好的产品经定量灌装机灌装至相应的规格。灌装好的半成品酱经封口后放入水浴槽中灭菌 30min。

（8）贴标、喷码、装箱入库　灭菌冷却后的半成品经贴标机贴标和喷码机喷上当天的生产日期。喷好生产日期的成品可以按既定的规格装箱，入库。此类产品可以常温保存。

（三）成品质量指标

（1）感官指标　色泽：酱褐色，有光泽；滋味：具有各品种特有滋味，口感纯正适口，无焦煳味；气味：具有各种特有酱香气，气味协调柔和；杂质：无肉眼可见杂质。

（2）理化指标　水分≤70%，酸价（以脂肪计）≤2.5mg/g，过氧化值（以脂肪计）≤0.25g/100g，食用盐≤20g/100g，总砷（以 As 计）≤0.5mg/kg，铅（以 Pb 计）≤1.0mg/kg。食品添加剂（苯甲酸、山梨酸）≤1g/kg。

（3）微生物指标　菌落总数≤3000 个/g，大肠菌群≤30MPN/100g，致病菌（沙门菌、金黄色葡萄球菌、志贺菌）不得检出。

十三、鮟鱇鱼肝酱

鮟鱇鱼又名蛤蟆鱼、丑婆，属于鮟鱇目、鮟鱇科鱼类。为近海底层鱼类，我国有黄鮟鱇和黑鮟鱇两种，其中黄鮟鱇分布于黄渤海及东海北部，而黑鮟鱇多见于东海和南海。本产品是以东海海域黑鮟鱇鱼肝作为主要材料，使用蔗糖脂肪酸酯和卵磷脂作为其乳化剂，开发出的一种既美味又有营养的调味酱。

（一）生产工艺流程

原料选取→切分→洗涤→腌制→预煮→配料→打浆→包装→高温杀菌→冷藏→成品

（二）操作要点

（1）原料选取　选取结构完整、颜色淡黄的鮟鱇鱼肝作为原料。

（2）切分、洗涤　鮟鱇鱼肝解冻后用水冲洗，检查有无污物并除去可能影响搅拌效果的物质，再将合格的鮟鱇鱼肝切分成两块。用清水把血及其他污物冲洗干净，以免影响鮟鱇鱼肝酱的色泽。

（3）腌制、预煮　冲洗干净后浸入冰箱中 0～1℃的 1％的盐水中，腌制 1h。腌制后取出，用 85～95℃的水烫 2～3min，以抑制微生物的生长并抑制酶的活性。

（4）配料　为提高鮟鱇鱼肝酱的风味并增强其稳定性，加入 2％蔗糖脂肪酸酯和卵磷脂（1:2），食用油 20％，以及适量的食盐、味素、香辛调料。

（5）打浆　用料理机把原料和辅助材料粉碎成均匀的浆液。

（6）真空包装　将搅拌并装袋好的鮟鱇鱼肝酱趁热包装起来。

（7）高温杀菌　杀菌公式为 30min—20min—30min/119℃。

（8）冷藏　灭菌冷却后的成品于 0～4℃条件下冷藏，每隔 5d 进行 1 次检测，经过检验合格者即为成品。

十四、香辣虾酱

本产品以秀丽白虾为主要原料，辅以自制的香味油、辣椒糍粑、腌辣椒，以及黄豆酱、豆豉等调香增味，经调配、炒制、灌装制得。

（一）原料配方

白米虾 21％、香味油 16.7％、辣椒糍粑 16.7％、腌辣椒 6.7％、豆豉 6.7％、酱油 10％、黄豆酱 8.4％、白砂糖 2.5％、味精 1.3％、白芝麻 1.6％、水 8.4％。

（二）生产工艺流程

原辅料预处理→虾料油炸→辅料添加与炒制→灌装、杀菌→检验→成品

（三）操作要点

（1）原辅料预处理

① 白米虾处理。将新鲜白米虾去须后洗净、沥干后按白米虾重量的 2％加入食盐进行腌制，在 1～4℃下冷藏 24h，得白米虾粗品，备用。

② 姜。切成姜丝，洋葱切成 2mm 大小，备用。

③ 香味油制备。准备菜籽油 100g、花椒 2g、姜丝 5g、洋葱 7g，将菜籽油加热至 180～200℃，然后降温至 150～160℃，加入润湿的花椒，慢火油炸至花椒呈黑褐色后捞起去除花椒；随后加入姜丝炸至酥而不糊，最后加入洋葱油炸至洋葱呈黄褐色，去渣后即得香味油，备用。

④ 腌辣椒的制备。按重量计，取新鲜红尖辣椒去蒂柄、洗净沥干，用 Φ7mm 的筛板粉碎后加入辣椒重量 23％的食盐，搅拌均匀后放置于陶缸中，上盖薄膜，另取食盐在薄膜四周进行封口，腌制时间不得少于 3 个月；取出时用 Φ1～2mm 的筛板粉碎，即得腌辣椒，备用。

⑤ 辣椒糍粑的制备。将干羊角椒和干朝天椒按重量 5：1 配比并分别置于 100℃沸水中淹没预煮 6min，至脆而不烂时捞起，沥水后轻微按压使其重量为辣椒干重量的 3 倍，再用 Φ6～8mm 的筛板粉碎，得辣椒糍粑，备用。

⑥ 白芝麻。用中火炒香，备用。

（2）虾料油炸　将香味油加热到 150～180℃后加入白米虾粗品炸至虾体呈淡黄色后捞起作为备用虾料。

（3）辅料添加与炒制　向香味油中加入豆豉，油炸 2min，加入腌辣椒炸 6～10s，加入黄豆酱炸 30～40s，再加入酱油至沸腾，然后加入辣椒糍粑并翻炒均匀，待混合物料温度达 90℃时加入所述备用虾料、白砂糖和味精，翻炒 3～5min，并不断加纯净水搅拌至酱状。在炒制过程中每加入一种料，都应不断翻搅，使各种原辅料充分混合均匀，防止煳底。

（4）灌装、杀菌　将炒制好的酱趁热装入预先准备好的瓶中，盖上瓶盖，加热排气 5min 后旋紧瓶盖，置杀菌锅沸水杀菌 15min，杀菌完毕用流动自来水迅速冷却至 40℃以下。

（5）检验　冷却后，检查瓶身有无裂纹，瓶盖是否封严，不得有油渗出。

（四）成品质量指标

（1）感官指标　色泽：酱体红褐色，有油脂光泽；香气：具有虾、豆豉、黄豆酱、辣椒等特有的香味和辣味等，无其他不良气味；滋味：鲜、香、咸、甜，辣味柔和适中，咸中微甜，味道鲜美醇厚；组织状态：料质均匀，黏稠适中，白米虾及豆豉颗粒可见，辣椒、黄豆酱等细腻而丰满；口感：可吃到完整白米虾和豆豉颗粒，有较强的耐咀嚼感并有浓郁而自然的鲜香。

（2）理化指标　氯化钠含量为 2％～2.55％。

（3）微生物指标　菌落总数≤3000 个/g，大肠菌群≤30MPN/100g，致病菌（沙门菌、金黄色葡萄球菌、志贺菌）不得检出。

十五、香辣即食虾酱

（一）原料配方

海虾 33％、玉米油 25％、发酵虾酱 15％、香菇 7％、辣椒粉 6％、大蒜 2％、白砂糖 2％、味精 0.5％、鸡精 0.6％、芝麻 0.5％、八角粉 0.3％、黑胡椒 粉 0.3％、姜粉 0.2％、桂皮粉 0.1％、I＋G（呈味核苷酸二钠）0.05％、 水 7.45％。

（二）生产工艺流程

原料验收→预处理→配料→炒制调味→装罐→杀菌→冷却→装箱→入库→发货

（三）操作要点

（1）原料验收　海虾要求新鲜，无污染，无杂质。发酵虾酱要求紫红色或灰紫色，具有发酵虾酱的香气和滋味，无异味，黏稠适中，质地均匀，无异物。香菇要求干燥，无发霉软烂，无虫蛀，无变质，气味清香浓郁的整香菇或香菇丝。

（2）香菇预处理　清洗干净后放入水中浸泡 1～2h，去除沙粒和灰尘，沥干水分。称量后再切成 0.5cm 左右见方的香菇丁。

（3）风味调配　锅中放入计量好的玉米油加热至 140℃左右，放入计量好的大蒜炸约 2min、大约一半蒜变成微黄即可；再加入计量好的辣椒粉、香菇炒香。加入称量好的姜粉、黑胡椒粉、八角粉、芝麻约 0.5min 炸出香味；再放入发酵虾酱拌匀，炒制约 4min；再放入发毛虾拌匀，炒制约 1min；加入计量好的白砂糖、味精、I＋G 搅拌均匀后出锅。装罐前温度要保持在 70℃以上。

（4）装罐

① 空瓶挑选　装罐人员要对瓶子进行挑选，剔除瓶口破损、瓶身有裂纹、0.5mm 以上气泡、碎玻璃、严重杂质等次品瓶，并将瓶子倒扣在专用周转筐内轻轻晃动以倒空残余的玻璃残渣。

② 清洗消毒　所有空罐经 82℃以上热水，清洗消毒 12s 以上。罐清洗消毒后倒扣备用。

趁热装罐，装罐后立即封口。装罐量 180～185g。装罐时用专用漏斗和配套的工具装罐，注意不能将酱粘在瓶口周围及瓶外。过磅一定要准确，及时校磅，装罐要轻，防止碰破瓶口。

（5）杀菌冷却　杀菌公式：15～35min/118℃，用温水缓慢冷却。

（6）打检包装　经常温保存 10d 后，逐罐打检，剔除胖听、真空度低、无真空和碰伤、变形、划伤、生锈罐后包装，包装材料验收合格后使用，按要求进行装箱，产品入库保存。

（7）成品发货　成品按照客户要求装入集装箱柜发货，装箱前应检查卫生情况，是否有异味，有无破损等，装箱后加封后方可发货。

（四）成品质量指标

（1）感官指标　产品油润红亮，虾鲜香浓郁，香辣微甜，酱体浓稠适中。

（2）理化指标　蛋白质 7.83g/100g，脂肪 25.86g/100g，盐分 4.15％。

（3）微生物指标　细菌总数≤1000 个/g，大肠杆菌≤20MPN/100g，致病菌未检出。

十六、木耳洋葱虾酱

（一）原料配方

木耳 7％、洋葱 7.9％、虾酱 30.7％、花生油 52.6％、干辣椒 0.87％、葱 0.52％、味精 0.17％、姜粉 0.08％、白糖 0.17％。

（二）生产工艺流程

葱花、切碎的干辣椒→爆炒→混合炒制→加盐二次炒制→调味→香油封口→杀菌→成品

（三）操作要点

（1）原辅材料的选择

① 木耳的选择。选择深黑色、耳瓣略展、耳面乌黑有光泽、耳背呈暗灰色、无结块、含水量低、无酸味和臭味等异味的黑木耳。

② 洋葱的选择。选择形态完整、个头较大、表面干燥、包卷度紧密、无虫蛀、无霉变、含水量少、营养价值高的紫皮洋葱。

③ 虾酱的选择。选择颜色紫红、酱体黏稠、气味鲜香无腥臭味、酱质细、无杂物、盐度适中的蚵子虾酱。

④ 花生油的选择。选择符合 GB 1534—2003《花生油》卫生标准要求的花生油。

⑤ 干辣椒和葱的选择。选择形态完整、颜色亮红、无霉变、无虫蛀的干辣椒；选择形态完整、葱白较多、无腐烂、无虫蛀的新鲜大葱。

（2）原辅材料的处理　把木耳放置温水中泡发 3～4h，待其完全泡发，用清水清洗 4～5 次，切丁，沥干水分待用；把洋葱剥皮，切丁，待用；把干辣椒清洗干净，沥干水分，切碎待用；把大葱剥皮，清洗干净，沥干水分，切成葱花待用。

（3）加工过程的处理　加入花生油，等油温升至 160℃ 左右时，放入葱花、切碎的干辣椒爆炒、煸香，然后放入木耳、洋葱炒制八分熟时，加入虾酱继续炒制。在炒制的过程中要频繁翻动，以免糊锅，影响产品的感官质量。

（4）封口、杀菌　将上述制得的酱用香油封口，然后按常规工艺进行杀菌、冷却即得成品。

（四）成品质量指标

（1）感官指标　产品呈灰紫色，有虾酱的鲜香味、洋葱和辣椒的香辣味、木

耳的爽脆，酱体均匀、黏稠度适中，无异物和异味。

（2）理化指标　氨基酸态氮 1.6g/100g，水分 38g/100g，食盐（以 NaCl 计）22g/100g，甲基汞未检出，无机砷未检出，铅 0.02mg/kg，镉未检出。

（3）微生物指标　菌落总数 120 个/g，大肠菌群 8MPN/100g，致病菌未检出。

十七、假蒌风味海鲜酱

假蒌，作为一种野生的香料蔬菜，除具有独特的风味外，还含有丰富的营养物质如维生素、蛋白质、氨基酸和矿质元素等，具有良好的保健功效。将假蒌叶添加到海鲜酱中，增加了假蒌叶特殊的植物清香，减弱了海鲜酱的腥臭味，还增添了新的风味特征。本产品是以基围虾为主要原料，添加海豆芽、假蒌叶、郫县豆瓣酱、色拉油等辅助原料制成。

（一）原料配方

海豆芽 250g、基围虾 350g、假蒌叶 125g、郫县豆瓣酱 300g、色拉油 600g。

（二）生产工艺流程

虾、海豆芽、假蒌叶初步处理
↓
郫县豆瓣酱初步处理→制作基础酱料→熬制海鲜酱→成品

（三）操作要点

（1）基围虾处理　将去头后的基围虾放入绞肉机绞成肉糜，备用。

（2）海豆芽处理　将海豆芽放入沸水中加热 2min 后捞出，去壳取肉后放入绞肉机绞成肉糜。

（3）假蒌叶处理　摘取假蒌叶用清水洗净后沥干水分，切成细丝备用。

（4）郫县豆瓣酱处理　将郫县豆瓣酱放入绞肉机绞成泥状，备用。

（5）制作基础酱料　将色拉油放入净锅中加热至 130℃，然后将郫县豆瓣酱放入 130℃的油锅中，持续搅拌熬制 2min。

（6）熬制过程　按照配方的用量，将绞成肉糜的基围虾、海豆芽加入熬制好的基础酱料中，用 70℃的火力，持续搅拌熬制 20min；最后将假蒌叶加入熬制中的海鲜酱中，用 70℃的火力持续搅拌熬制 10min 后，火力升至 130℃，搅拌熬制 8min，将酱料盛出，冷却待用。

（7）包装　将冷却的酱料用真空包装机按 200g/袋分装即得成品。

（四）成品质量指标

外观：整体色棕红偏褐色，颗粒物松散且明显可见，光泽诱人；气味：具有海鲜特有的鲜味，假蒌的清香浓郁；口感：颗粒物明显，软韧有嚼劲；味道：味道鲜美，咸辣适中，鲜香回味浓郁。

十八、即食海鲜调味酱

本产品是以牡蛎酶解液和虾头虾壳为主要材料，研制的一款即食海鲜调味酱。

（一）原料配方

虾油 15％、酱油 5％、大蒜粉 2％、白砂糖 1％、鸡精 0.5％、黑胡椒粉 1.5％、姜粉 1.5％、料酒 5％、新鲜辣椒 2.5％、虾头虾壳 15％、黄原胶 0.2％、牡蛎酶解液 6％，其余为纯净水。

（二）生产工艺流程

牡蛎→酶解→牡蛎酶解液
↓
对虾→虾头虾壳→油炸→粉碎→炒制调香→装罐→杀菌→成品

（三）操作要点

（1）原料验收　选取新鲜，无病害，无污染的牡蛎和对虾。新鲜牡蛎开壳，取肉，清洗，搅碎均匀后分装于封口袋中，于－18℃冻藏备用；新鲜对虾清洗干净，取虾头和虾壳，于－18℃冻藏备用。

（2）酶解　选用料液比为 1∶1（g/g），对牡蛎进行酶解的工艺条件为：胰蛋白酶与风味蛋白酶重量比 2∶1，蛋白酶添加量 0.1％，酶解 pH 值 7.5、酶解温度 60℃、酶解时间 24h，通过上述酶解可得到水解度 55％的牡蛎酶解液。

（3）油炸　虾头虾壳与大豆油的重量比为 1∶5，置于电磁炉上低温油炸至酥脆，过滤取出虾头虾壳。油呈现亮红色，具有良好的风味，称之为虾油。

（4）粉碎　油炸过后的虾头虾壳经多功能料理机粉碎至细粉状，过 40 目筛网后放置备用。

（5）炒制调香　锅中放入虾油加热至 160℃左右，放入称量好的虾头虾壳搅拌均匀，之后加入酱油和料酒炒香。再放入辣椒、大蒜粉、白砂糖、鸡精、黑胡椒粉、姜粉拌匀炒制。再放入牡蛎酶解液和适量水拌匀，待煮沸后，缓慢加入黄原胶，混匀，熬制 5min 出锅。

（6）装罐　将调味酱装入经过清洗的玻璃罐头瓶中，封盖。

（7）灭菌　灌装的调味酱置于高压灭菌锅中，在 120℃的温度下灭菌 10min，冷却取出即为成品。

（四）成品质量指标

（1）感官指标　色泽：色泽均匀一致，呈现亮的红褐色；滋味：咸淡适宜，鲜辣可口，口感细腻，鲜味突出；香味：香味协调，浓郁的虾味或者牡蛎香味，没有腥味；组织形态：组织均匀，稠度合适，质地均一。

（2）理化指标　总氨基酸含量 6.220g/100g，八种必需氨基酸含量 1.890g/100g。

十九、华贵栉孔扇贝香辣海鲜酱

本产品是以华贵栉孔扇贝、小米椒、黄酱为主要原料研制的一种香辣型的海鲜酱调味品。

（一）原料配方

扇贝肉 20g、黄酱 34g、小米椒 8g、五香粉 0.2g、葱姜蒜粉 0.2g、鸡粉 1g、白砂糖 8g。

（二）生产工艺流程

原料验收→水洗→开壳剥肉→去除消化腺→清洗→沥干→半烘干→切碎→添加辅料炒制→灌装→脱气→封盖→高温高压灭菌→冷却→检验→成品

（三）操作要点

（1）原料验收　选用市售鲜活华贵栉孔扇贝为原料。

（2）水洗　用清洁海水将扇贝冲洗干净，除去其泥污等杂质及破壳的扇贝。为避免污染，在开壳剥肉前进行二次冲洗。

（3）开壳剥肉、去除消化腺　刀由足丝孔进入，沿右壳把闭壳肌切断翻转，去除右壳；扎到外套膜和内脏，用刀挑起，并用手捏住撕下，然后将附着在左壳上的闭壳肌切下。刀口要平滑，不能影响闭壳肌形态的完整性。用水冲洗干净，剔除扇贝肉团中的消化腺等非可食部分，将扇贝柱和扇贝裙边等部位分开。

（4）半烘干　采用烘箱干燥对扇贝肉进行半烘干，扇贝柱热风 60℃ 干燥，干制至水分含量降低至 50%～60% 为宜，时间为 1.5h。

（5）切碎　将半烘干扇贝柱切成细丁，新鲜扇贝裙边洗净后用刀切碎。

（6）炒制　先准备好切碎的小米椒，定量的黄豆酱等辅料。热锅中倒入占原辅料 20% 的植物油，先加入贝柱肉细丁、切碎的扇贝裙边及小米椒碎末炒香，再先后加入黄酱、五香粉、鸡粉、糖、葱姜蒜粉，控制炒制温度在 130℃ 左右，炒制 5～6min 出锅。

（7）灌装、排气、封罐　采用玻璃罐装罐，150g/瓶，装罐后瓶内留 1～2cm 的顶隙。100℃ 水浴加热，搅拌并排气 15min，真空封罐。

（8）高温高压灭菌　将封口后的罐头放入立式压力蒸汽灭菌锅中，在 10min—50min—15min/121℃ 条件下杀菌后冷却至 40℃ 以下。

（9）检验　将杀菌后的实罐洗净晾干后，剔除低顶隙罐和破碎罐，入库常温贮存。

（四）成品质量指标

（1）感官指标　稳定性：均一稳定，油酱均匀；形态：呈半流体状，黏稠适中，有扇贝肉粒感；风味：具有香辣海鲜风味；色泽：呈暗褐色。

（2）理化指标　氨基酸态氮（以氮计）7g/100g，总酸（以乳酸计）1.6g/100g。

（3）微生物指标 细菌总数≤100个/g。

二十、干贝香菇海鲜酱

干贝是由扇贝的闭壳肌风干制成，香菇是我国著名的食用菌，海米为海产虾加盐水焯后晒干又去皮去杂而成的产品。本产品食在"鲜"，干贝、香菇两者在一起，口味鲜美，加上营养丰富、味道鲜美的海米，可谓是鲜上加鲜。

（一）原料配方

海米20％、植物油40％、香菇5％、干贝2％、食盐0.5％、白砂糖1％、辣椒粉0.2％、酵母抽提物2％、大葱泥3％、蒜泥2％、香辛料0.5％，其余为纯净水。

（二）生产工艺流程

原料验收→前处理→熬制→成品

（三）操作要点

（1）原料验收 原料均采购于正规生产厂家，检验合格。

（2）前处理 将干原料放入温水中浸泡涨发数小时，然后将浸泡后的原料放入蒸锅内蒸煮适量时间后，取出晾凉。海米、香菇、葱、蒜绞碎；干贝处理成丝。

（3）熬制 将植物油烧热后加入海米、香菇、干贝炸制，炸至焦黄后捞出控油；再加入葱姜碎炒制，炒至焦黄后加入海米、香菇、干贝稍炒；再依次加入辣椒粉和其他辅料进行炒制，最后添加适量水进行熬煮，熬制成酱即可。

（4）成品 晾凉后即为成品。

（四）成品质量指标

呈浅褐色，兼有海鲜和香菇的典型性香气，滋味鲜美，口感立体，回味浓郁，产品稠度适宜，品质稳定。

二十一、复合贻贝调味酱

贻贝也称海红、壳菜、淡菜，是我国重要的养殖贝类之一。贻贝具有"海中鸡蛋"的美称，本产品以贻贝蒸煮液及碎肉为原料，经一系列加工获得新型贝类调味品的理想原料，这对有效回收利用贻贝蒸煮液、开发海鲜调味酱具有重要意义。

（一）原料配方

以贻贝蒸煮液为基料，贻贝肉：蒸煮液为1∶1，辅料：去腥料液4.0％、香辛料液6％、增稠剂1.0％、白糖1.3％、陈醋0.5％、香油4.0％、食盐1.0％。

（二）生产工艺流程

贻贝蒸煮液→除杂→调pH值→酶解→灭活→过滤→浓缩→调味→复配→装罐→排气、

灭菌→成品

（三）操作要点

（1）原料选择与处理　应保证贻贝新鲜且去除死贝、泥贝，贝类开壳前用清水清洗数次，去除其表面的污垢，减少可能的污染源。蒸煮前用沸水浇洒以去除海水，将适量贻贝装筐并置于沸水中煮制 2～3min 至开壳，迅速捞出取肉，去足丝，保留乳白色蒸煮液及部分碎肉。控制煮制时间，避免因煮制时间过长造成肉质的损坏、汁液流失而影响产品鲜味，同时也应避免因煮制时间不足而难以开壳取肉。

（2）复合酶解　调节蒸煮液 pH 为 6.5，添加木瓜蛋白酶和动物蛋白酶复合酶。最佳水解参数：木瓜蛋白酶 0.5%、动物蛋白酶 0.5%、反应温度 55℃、水解时间 5h。

（3）过滤、浓缩　放入离心机中（8000r，15min）进行离心过滤。将所得滤液移入旋转蒸发器，调节旋转速度（20r/min）、真空度（0.2MPa）、加热温度（60℃）进行浓缩，时间为 3h，至浓度达 20°Be（波美计）。

（4）调味、复配、装罐　①去腥处理，要求去腥料新鲜无病虫害，无腐烂、干瘪，无不良气味等，对酶解蒸煮液添加去腥料进行去腥处理；②对贻贝肉进行处理，用料酒将泡制（3～5 次）过的贻贝肉腌制 20min 后放入锅中，并添加葱、姜、蒜进行烹炒，煮熟入味后盛出，备用；③将烹制好的贻贝肉加入蒸煮液中，搅拌均匀，装罐。

（5）排气、灭菌　灌装完成进蒸屉排气，排气时迅速旋紧，置灭菌锅内高温高压灭菌（121℃，20min）。在此过程中需避免排气后冷却时间过长，从而影响排气效果。

二十二、大黄鱼鱼籽酱

（一）生产工艺流程

冷冻大黄鱼鱼卵→解冻→清洗→脱腥→清洗→沥干→蒸煮→冷却→调味→灌装→杀菌→冷却→外箱包装→成品

（二）操作要点

（1）鱼卵解冻、清洗　将冷冻大黄鱼鱼卵在车间 10～15℃ 的环境中自然解冻。然后将解冻后的鱼卵放于漏勺中轻轻置于水中清洗干净。

（2）脱腥　将清洗好的鱼卵放入脱腥溶液中浸泡进行脱腥。鱼卵脱腥的最佳条件为：固定脱腥溶液与大黄鱼鱼卵（籽）的重量比为 1∶1，将处理好的大黄鱼鱼卵放在 5～10℃脱腥溶液处理 180min。

① 紫苏液的配制：干紫苏与水按一定的比例于 60～80℃下熬成浓缩液，经冷却之后，再在其中加入一定量的醋、料酒、乙基麦芽酚，充分搅拌均匀。

② 脱腥溶液：3.0%紫苏液、2.0%姜汁、2.0%白酒、1.0%食盐。

（3）清洗、沥干　将脱腥好的鱼卵在 10～15℃的清水中漂洗，之后置于有网孔的筐中沥干。

（4）蒸煮、冷却　将沥干的鱼卵在 100℃下蒸煮 15～20min，蒸煮程度以鱼卵熟透为准，蒸熟后平摊于盘子上进行冷却。

（5）调味　将蒸煮好的鱼籽倒入料理机，捣碎并过 10 目筛进一步除去杂质（主要是皮膜），定量好的水按配方要求加入食用油、鱼籽和调味料下锅，搅拌均匀后升温，升至 80℃时，淀粉先用冷水溶解好，溶解均匀再缓缓倒入锅中，搅拌均匀，等产品煮开待产品黏稠出锅，备用。

各种原辅料的用量（占鱼籽的百分比）：淀粉 4%、精盐 3%、白砂糖1.0%、浓缩鸡汁 3%，同时添加适量的干香菇丁、蚝油、花生油以制得色香味俱佳的鱼籽酱，同时具备较优的口感、色泽、质地和营养品质。

（6）罐装　空罐用 82℃以上的流动热水（蒸汽）清洗消毒 12s 以上，大黄鱼鱼籽酱按一定质量规格装入已清洗、消毒的马口铁罐后上盖。应留顶隙（7±5）mm，产品温度≥60℃。

（7）封罐　真空度控制在 0.04～0.05MPa，每隔 2h 从每台封口机的每个机头各抽取 1 罐，检测项目为埋头度、卷边宽度、卷边厚度、罐身高度、身钩、盖钩、迭接率、紧密度、接缝盖钩完整率、罐身压痕，各罐型的"三率"要求均应达 50%以上。

（8）杀菌　把密封的罐头装进钢制的杀菌筐内，产品分层放置并用垫板隔开。罐头封口后（指每锅第 1 罐封口后），杀菌时间控制在 30min，最长时间不要超过 1h。在 121℃下分别杀菌 20min—20min—10min，从而达到商业无菌状态。

（9）冷却　将罐头产品迅速冷却至 40℃以下，杀菌冷却水有效氯含量为0.5～1mg/L，杀菌锅冷却排放水余氯含量为≥0.5mg/L。必须每锅测定，做好记录。用干毛巾擦干罐头表面的水渍。

（10）装箱　产品经打检合格后由人工将产品装到纸箱中并封箱，每个纸箱外标记生产日期、产品代号和批号等信息。每个纸箱包装后进行堆垛，堆垛完成后被送入仓库。

（三）成品质量指标

色泽：酱料鲜亮有光泽，酱体呈浅黄或黄褐色；香味：无腥味，香气浓郁纯正；滋味：咸、鲜、甜各味道协调适当；流动性：流动性好，酱体均匀细致，无析出液。

二十三、茶香生腌海鲜调味酱

（一）原料配方

龙井 50g、鲜辣露 150g、冰糖 250g、陈醋 250g、生抽 500g、水 600g、芥

末 12g。

（二）生产工艺流程

原料初步处理→调和原料→杀菌→包装→成品

（三）操作要点

（1）原料初步处理　将龙井放入纯净水中煮沸 5min，冷却至室温过滤待用，其他调味原料过滤备用。

（2）调和原料　按照配方规定量将辣鲜露、冰糖、陈醋、生抽和绿芥末依次加入冷却后的龙井茶水，然后放入多功能料理机慢速搅打 10min，溶质均匀。

（3）杀菌、包装　将调制好的调味酱经高温蒸汽灭菌、冷却后进行真空包装，冷藏保存，使用前于 1℃环境中冷藏 1h。

二十四、鲍鱼内脏鲜味酱

鲍鱼内脏在民间又被称为"鲍鱼肝"，因其肥而不腻、浓郁鲜美的口感，享有"堪比鹅肝"的美誉。本产品是以鲍鱼内脏为主要原料加工生产的一种鲜味酱。

（一）原料配方

以鲍鱼内脏浆重计，马铃薯变性淀粉 6.5%、蔗糖脂肪酸酯 0.34%、山梨酸钾 0.1%、酵母鲜回味粉 0.1%、I+G 0.2%、食盐 7%、糖 2.5%、香油 0.4%、胡椒粉 0.4%、料酒 3%。

（二）生产工艺流程

原料解冻→捣碎匀浆→脱腥→辅料调配→加热糊化→装罐→排气、封罐→杀菌、冷却→擦罐→保温检验→成品

（三）操作要点

（1）原料选用　取鲍鱼内脏中肠腺部位（相当于脊椎动物的肝胰脏），形状饱满、色泽为黄褐色或黄绿色为佳，洗净沥水备用。添加剂、调味料、香辛料等辅料的选用严格按照国家标准执行。

（2）脱腥　鲍鱼内脏置于高速组织捣碎机打制 10min 成浆状，加入活性干酵母，在水浴温度 35℃下发酵 30min，并在加入酵母的同时向鲍鱼内脏浆中加入氯化钠和碳酸氢钠。

（3）熬制　称取调辅料和脱腥后的鲍鱼内脏浆，置于 100℃水浴锅中不断搅拌 30min 使其糊化。

（4）装罐、排气、封罐　装罐前对瓶体、瓶盖进行清洗消毒，干燥后进行灌装，灌装完后使用装罐机趁热进行排气封口。

（5）灭菌、冷却、保温检验　将上述封罐的产品，在温度 121℃下灭菌 20min，冷却后，经检验合格者，置于常温下保藏。

（四）成品质量指标

形态：黏稠度适中，组织细腻无颗粒，酱体无分层；气味：有鲍鱼内脏特有的浓郁香气，整体气味协调；色泽：色泽鲜亮透明，呈黄绿色；口感：口感细腻，咸淡适中，有浓郁的鲍鱼内脏特有风味。

二十五、鲅鱼食用菌复合保健风味酱

（一）原料配方

鲅鱼肉（熟）35％、金针菇香菇用量比3∶1（总量为31.5％）、郫县豆瓣酱6％、黄酱12％、蒜1％、姜0.5％、辣椒片6％、白糖1.5％、味精0.5％、洋葱3％、麻油2％、耗油1％。

（二）生产工艺流程

（1）鲅鱼预处理工艺

鲜鲅鱼→去头、内脏→清洗→去腥→蒸煮→搓丝→炸制→鲅鱼肉

（2）香菇预处理工艺

香菇→去根→清洗→护色→预煮→冷却→切丁→香菇丁

（3）金针菇预处理工艺

金针菇→清洗→预煮→冷却→切段→金针菇段

（4）酱体制备工艺

色拉油加热→爆香→炒酱→鱼肉、香菇、金针菇→煮沸→调味→装瓶→密封→高压蒸汽杀菌→分段冷却→成品

（三）操作要点

（1）鲅鱼的预处理　选择本地新鲜鲅鱼，去头、内脏，清洗干净，分割成8cm左右的块状，加入适量黄酒、姜片，搅拌均匀，浸渍30min以去除鲅鱼的腥味。上大火蒸约30min，将鱼蒸熟，鱼中水分约为25％即可。冷却后剔除鱼骨、鱼刺，将鱼肉搓丝，备用。

（2）金针菇、香菇的预处理　选择颜色稍黄、柔而不亮、菇帽呈半球形、无黄斑的金针菇作为原料，清洗干净，切去菌柄末端，放入沸水中预煮1min，捞出放入冰水中浸泡，以保持金针菇最佳的口感和颜色。注意预煮时间不宜过长，否则金针菇容易变色，同时金针菇韧性增强，口感硬，不易咀嚼。沥干水分后，切成1cm的小段，备用。

香菇选择色泽黄褐、菇形圆整、菌肉肥厚、菌伞下面褶裥紧密细白、菌柄短而粗壮的作为原料，用刀削去香菇根，用清水洗净，放入0.01％的抗坏血酸溶液中护色，放入沸水中预煮2min，捞出清水冷却，切成棱长2mm的小丁，备用。

（3）玻璃瓶的准备　将容量为240g的玻璃瓶及瓶盖清洗干净，沸水杀菌，控干水分，备用。

（4）辅料的准备　洋葱：清洗，去皮，切成 2mm 的小丁，备用；干红辣椒：将干红辣椒表面灰尘擦去，去除辣椒籽，用粉碎机加工成 3mm 左右的片状，备用；生姜、大蒜：生姜、大蒜去皮，清洗，切成姜末、蒜末，备用。

（5）酱体炒制、调味　炒锅加热，倒入色拉油，待油温升至 150℃时，加入熟鲅鱼丝，炸至金黄色，捞出备用。色拉油加热至 140℃，加入花椒粒，爆出香味，将花椒捞出，再次将油温升至 140℃，加入干辣椒片爆香，加入洋葱、姜末、蒜末，快速翻炒，加入黄酱、郫县豆瓣酱，炒出酱香味道。注意炒制过程中控制油温，油温过低，酱体香味不足；油温过高，酱体受热不均，容易焦煳，色泽发黑，影响制品的品质。然后加入金针菇、香菇丁，鲅鱼肉，同时加入白糖、麻油调味，沸腾 10min，起锅前加入味精。

（6）装瓶、密封、杀菌　保持酱体微沸状态，趁热将调味好的复合酱加入玻璃瓶中，留 2～3cm 顶隙，用红油封口，密封，115℃杀菌 60min，杀菌后分段冷却即为成品。

（四）成品质量指标

色泽：红褐色，颜色鲜亮，油润有光泽；香味：鲅鱼的鲜味浓厚，金针菇、香菇的香味浓郁，腥味较轻，气味协调，无其他异味；滋味：产品有韧性，不软，不硬，咀嚼感良好，口感细腻，鲜、辣、咸适口，味道鲜美；组织状态：酱体均匀，浓稠适度，体态良好，组织细腻均匀，不分层。

二十六、风味蟹肉酱

本产品是将蟹肉与传统中式黄豆酱进行搭配，同时进行工艺优化，研制出的一款味道鲜美、酱香醇厚、营养丰富的即食风味蟹肉酱。

（一）生产工艺流程

黄豆酱→油中熬制沸腾→加蟹肉、小米椒→加白糖、白芝麻、白酒→罐装→密封→灭菌→成品

（二）操作要点

（1）蟹肉的预处理　选择冷冻蟹肉，流水解冻后除去混在其中的碎蟹壳。在锅中倒入少许植物油，将解冻后的蟹肉放入锅中，在 220℃条件下炒制 5min 使蟹肉脱水，然后盛出备用。

（2）其他原料的处理　将新鲜小米椒去蒂并用清水洗净后，切成 0.5cm 左右厚的辣椒圈，备用；将生姜用清水洗净后，切成 0.5cm 左右厚的姜片，备用；将蒜瓣剥皮并用清水洗净后，切成 0.5cm 左右厚的蒜片，备用；将新鲜大葱用清水洗净后，切成 0.5cm 左右长的葱段，备用。

（3）炒制　将葱、姜、蒜片置于八成熟的油锅中炸出香味，待葱、姜、蒜炸至金黄色后捞出，再放入黄豆酱，文火熬至沸腾。随后放入预处理好的蟹肉，熬制 5min 左右后依次加入小米椒、白砂糖和白芝麻，继续熬制 3～5min，在酱出

锅前加入少量白酒并搅拌均匀。制酱的关键在于严格控制油温以及酱的熬制时间。并且加入辅料后需及时搅拌以防酱体变焦而影响成品的风味与色泽。

具体各种原辅料的用量为：蟹肉：黄豆酱为1∶4.83，白砂糖用量6.31%、小米椒用量6.86%、植物油用量41.41%，葱、姜、蒜等适量。

（4）罐装与灭菌　将经过上述步骤制得的风味蟹肉酱搅拌均匀，趁热装入经灭菌处理后的六棱玻璃瓶中，装填完毕后盖上瓶盖（无需盖得太紧），并将玻璃瓶置于水浴锅中加热，待瓶内酱体温度超过80℃后盖紧瓶盖，继续放置在90℃水浴锅中进行巴氏杀菌30min，灭菌结束后快速分段冷却至室温，经过上述所有步骤处理后即可得到成品风味蟹肉酱。

（三）成品质量指标

（1）感官指标　色泽：酱体呈赤褐色，油呈橙红色；香气：酱香浓郁，鲜味醇厚；滋味：蟹鲜味，无异味；形态：酱体均匀不流散，无异物。

（2）理化指标　酸价≤3.00mg/g，过氧化值≤0.25g/100g，无机砷≤0.50mg/kg，铅≤1.00mg/kg，铬≤0.10mg/kg。

（3）微生物指标　菌落总数≤5000个/g，大肠菌群≤30MPN/100g，致病菌不得检出。

二十七、川味酸菜鱼肉酱

本产品是以经典川菜酸菜鱼为原型，开发出的具有四川特色和风味的酸菜鱼肉酱。

（一）生产工艺流程

泡酸菜→剁碎→清洗除盐→沥干

新鲜草鱼→宰杀→去脏→采肉去刺→炒制→调制→灌装→杀菌→产品

（二）操作要点

（1）鱼肉处理　选用新鲜草鱼，宰杀后去除内脏、鱼鳃，清洗后于鱼肉采肉机中采肉去刺。

（2）泡酸菜的处理　将市售泡酸菜剁碎，然后于清水中清洗1～2遍去盐，清洗次数不宜过多，以免影响产品风味。清洗后挤干水分备用。

（3）调味料的处理　生姜、大蒜、二荆条红辣椒切成0.2～0.4cm碎末备用。花生炒熟，剁成约0.2～0.4cm碎粒备用。

（4）炒制　将菜籽油加热至120～160℃，放入干辣椒、八角、山奈、香叶和花椒煸香后用漏勺捞出，放入蒜末、姜末和红辣椒，小火煸炒30s后，放入泡酸菜，大火炒制2～3min。然后放入鱼肉，大火炒制8～10min，再小火炒至水分挥干。放入五香粉、芝麻、花生和食盐再炒制3～5min后，酸菜鱼肉酱制备完成。

具体各种原辅料的用量为，主料比（鱼肉∶酸菜）控制在1.5∶1，食用油用量 30%，花椒用量 0.4%，其他辅料适量。

（5）灌装灭菌 将炒制好的酸菜鱼肉酱趁热装瓶，封口后于灭菌锅中 110℃灭菌 20min，冷却即得成品。

（三）成品质量指标

（1）感官指标 色泽：色泽明亮，肉粒饱满，呈白色；风味：肉香浓郁，酸菜风味适宜；口感：味道酸咸度适口，肉粒韧爽；组织状态：肉粒与酸菜分布均匀，稠度好。

（2）理化指标 铅（以 Pb 计）≤0.5mg/kg，铝（以 Al 计）≤35.0mg/kg，无机砷（以 As 计）≤0.05mg/kg，甲基汞（以 Hg 计）≤1.0mg/kg。

（3）微生物指标 菌落总数≤10^4个/g，大肠菌群≤10MPN/100g，致病菌不得检出。

二十八、湖鲜焖酱

本产品是以秀丽白虾为主要原料，辅以黄豆酱、腌辣椒、生姜、芝麻等，以及自制的香味油、糍粑辣椒、腌蒜泥调香增味，经调配、炒制、灌装制得的具有巢湖特色的湖鲜焖酱。

（一）原料配方

干虾米 90g、黄豆酱 900g、腌辣椒 1300g、香味油 800g、腌蒜泥 350 个、白砂糖 120g、食盐 60g、糍粑辣椒 400g、生姜 120g、鸡精 90g、白酒 20g、香醋 45g、白芝麻 20g。

（二）生产工艺流程

原辅料预处理→干虾米油炸→辅料添加与炒制→灌装→杀菌→检验→贴标、打码、装箱→成品

（三）操作要点

（1）原辅料预处理

① 糍粑辣椒的制备。将干羊角椒和干朝天椒的按重量 5∶1 配比并分别置于 100℃沸水中淹没预煮 6min，至脆而不烂时捞起，沥水后轻微按压使其重量为辣椒干重量的 3 倍，再用孔径 6~8mm 的筛板粉碎，得糍粑辣椒，备用。

② 腌蒜泥的制备。将蒜去皮后放入容器内，按 10∶1 的重量加入食盐搅拌均匀后静置，每天搅拌 1 次，腌制 7d 后，用孔径 1~2mm 筛板粉碎，即得腌蒜泥，备用。

③ 香味油制备。将菜籽油、花椒、洋葱按 80∶1∶5 的重量比称重；将菜籽油加热至 180~200℃，然后降温至 150~160℃，加入润湿的花椒，慢火油炸至花椒呈黑褐色后捞起去除花椒；随后加入切碎的洋葱油炸至洋葱呈黄褐色，去渣后即得香味油，备用。

④ 腌辣椒制备。将新鲜红辣椒摘去蒂把，洗净、沥干，切成 10mm×10mm

小片后用其重量的 2.5% 的食盐进行腌制，腌制过程是在 1～4℃ 下冷藏 48h，之后沥水榨干，备用。

⑤ 其他原料处理。将干虾米用冷水泡 30～60min，捞起沥干，备用；生姜切成 2mm 大小，备用；白芝麻用小火炒香，备用。

（2）干虾米油炸　将香味油加热到 150～180℃ 后加入经过处理后的干虾米，炸至虾体呈金黄色、酥脆但不能炸煳，捞起备用。

（3）辅料添加与炒制　继续向香味油中加入黄豆酱油炸 1～2min，再加入腌蒜泥、生姜末、糍粑辣椒并翻炒均匀至沸，加入油炸后的虾米、白酒、香醋、白砂糖、鸡精、食盐、腌辣椒、熟白芝麻，充分翻炒拌匀，在炒制过程中每加入一种料，都应不断翻搅，使各种原辅料充分混合均匀，防止煳底。

（4）灌装、杀菌　将炒制好的酱趁热装入预先清洗消毒后的瓶中，盖上瓶盖，加热排气 5min 后旋紧瓶盖，置杀菌锅沸水杀菌 15min，杀菌完毕用流动自来水迅速冷却至 40℃ 以下。

（5）检验　冷却后，检查瓶身有无裂纹，瓶盖是否封严，不得有油渗出。

（6）贴标、打码、装箱　检验合格后，进行贴标、打码，并装入相应的包装容器中，即得湖鲜焖酱成品。

（四）成品质量指标

（1）感官指标　色泽：酱体红褐色，有油脂光泽；香气：具有干虾米、黄豆酱、大蒜、辣椒等特有的香味和辣味等，无其他不良气味；滋味：鲜、香、咸、甜、辣味柔和适中，咸中微甜，味道鲜美醇厚；组织状态：料质均匀，黏稠适中，干虾米完整可见，辣椒、黄豆酱等细腻而丰满；口感：可吃到完整虾米，并且有较强的耐咀嚼感和浓郁而自然的鲜香。

（2）理化指标　氯化钠含量 2%～2.5%。

（3）微生物指标　菌落总数≤3000 个/g，大肠菌群≤30MPN/100g，致病菌（沙门菌、金黄色葡萄球菌、志贺菌）不得检出。

第三节　肉　　酱

一、多味复合牛肉酱

本产品是以牛肉、花生酱、豆豉、辣椒酱为主要原料，辅以胡椒、咖喱、食盐、糖、醋等基本调味料制备的一种适合中式快餐的方便复合调味酱。

（一）生产工艺流程

基础原料→胶体磨细化

牛肉→腌制→绞肉→混合→加热炒制→搅拌→包装→杀菌→成品

（二）操作要点

（1）原料选择与处理　牛肉选用经卫生检验合格的新鲜肉或冻牛肉，无腐败或异味，不得混有牛骨等杂质，用水洗净备用。

葱、姜、蒜去皮清洗后用刀切碎，并用组织捣碎机将其打碎备用；将按配方比例称量好的花生酱、豆豉、辣椒酱混合均匀，然后过一次胶体磨细化。

（2）腌制、绞肉　将牛肉、食用亚硝酸钠（60mg/kg）以及一定量的食盐、料酒、香料拌和均匀，室温下腌渍1h后用绞肉机绞成肉糜备用。

（3）增稠剂的溶解　在适宜温度和比例的水中边搅拌边缓慢加入黄原胶，待其完全溶解后备用。

（4）调味液的制备　将锅中的植物油加热，将葱、姜、蒜加入热油中炒拌，待有香气溢出时，按照一定的比例加入胡椒粉、咖喱粉，迅速翻炒后加水，然后加热使其沸腾，最后加入食盐、糖、醋，保持2min后冷却待用。

调味液的最佳配方为食盐4%、糖7%、醋7%、胡椒2.5%、咖喱1%、葱0.5%、姜0.5%、蒜0.5%、植物油少许。

（5）调配、熬制　待上述原料准备好后，将植物油倒入锅中，待温度上升到130℃左右时加入牛肉糜，迅速翻炒后加入适量料酒去腥。待牛肉炒熟后，立即加入辣椒酱、豆豉和花生酱，使其混合均匀，然后加入一定量的调味液，最后添加溶解了的增稠剂，保持微沸，边加热边搅拌，调节好酱的黏稠度和色度即可停止加热。

多味复合牛肉酱的最佳配方为牛肉5%、黄原胶0.3%、调味液30%、花生酱9%、豆豉15%、辣椒酱8%、亚硝酸钠60mg/kg、山梨酸钾0.25g/kg，其余为植物油等原辅料。

（6）封装、杀菌、冷却　将熬制好的牛肉酱与0.25g/kg的山梨酸钾混合均匀后灌装进软包装袋中。灌装后应尽快趁热封口，将酱料袋放入真空包装机里进行抽气包装，热封3~5s。用杀菌锅在110℃下杀菌15~20min，迅速冷却至室温即可。

（三）成品质量指标

（1）感官指标　色泽：油润、鲜艳，有光泽，褐红色；风味：酱香浓郁，诸味兼备，口味协调；组织状态：黏稠适中，酱体均匀，无分层现象；后味：咸淡适中，无异味。

（2）微生物指标　微生物总数≤100个/g，大肠杆菌≤10MPN/100g，致病菌不得检出。

二、保健型南瓜牛肉酱

本产品运用现代工艺对传统的酱料做了一些适当的改良，将牛肉、南瓜泥、辣椒粉、炒面粉、花生仁、核桃仁等原料进行有机地调配，解决了调味酱风味不佳等问题。此调味酱方便食用性强，在人们食用面包、馒头、方便食品等食物时不仅能增加其美味还能够补充足够的营养。

（一）原料配方

牛肉 2500g、南瓜泥 600g、辣椒粉 600g、盐 400g、淀粉 150g、炒面粉 150g、花生仁 250g、核桃仁 250g、瓜子仁 250g、芝麻仁 250g、调和油 3kg、味精 50g、苯甲酸钠 7g、酱油少许。

（二）生产工艺流程

南瓜→选择→清洗→切分去籽→破碎→蒸制打泥→加入调和油→微热加入辣椒粉（油红亮）→加入牛肉煸炒至熟变色→混合→煮酱→翻搅→包装→杀菌→检验→成品

（三）操作要点

（1）肉的选择与处理　牛肉选用经卫生检验合格的牛前肩或后臀肉，将选好的牛肉去除脂肪、筋腱、淋巴、瘀血等，用温水洗净，将其切成 $1cm^3$ 的小丁。

（2）南瓜的选择与处理

① 南瓜的选择　选取色泽金黄、无病虫害、未受污染的成熟老瓜。

② 清洗切分　将南瓜放入盛器内，用符合饮用水标准的自来水清洗表面的泥土，然后用不锈钢刀将南瓜切成 4 瓣，掏净籽，再清洗干净。

③ 蒸制　将南瓜切分成小块状，去皮，去内部粗纤维，上笼蒸制 15min 成熟。

④ 打泥　将蒸熟的南瓜用力搅打成泥糊状备用。

（3）辅料的选择与处理

① 芝麻。选用成熟、饱满、白色、干燥清爽、皮薄多油的当年新芝麻，将芝麻微火炒至香气充足，注意不要炒焦，以防失去特有的香味。

② 花生。选用成熟、饱满的优质花生米，炒熟去皮，或市售五香花生米，用刀斩碎或用料理机轻微粉碎，不宜太碎，否则尝不到花生香味，且无咀嚼感，但也不宜过大，以免影响美观。

③ 瓜子。五香瓜子去壳留仁。

④ 核桃仁。要求干净，无虫，干燥无变质，用烘箱或文火炒出香味，去皮。炒的时候要掌握方法，防止核桃仁皮焦化，影响产品外观，然后用刀切碎。

⑤ 干辣椒。选用干红椒，去除辣椒柄和不合格部分，放入粉碎机中粉碎或用成品辣椒粉。

⑥ 炒面粉。将精制面粉放入锅中炒至有面香味并使其颜色微黄。

（4）调配　将上述原料准备好后，将调和油倒入锅内，微热时放入辣椒粉让其充分吸油，产生辣椒特有的香气，颜色红亮时，加入牛肉丁煸炒，待牛肉变色炒熟后，将剩余原辅料按一定顺序加入锅内。首先加入南瓜泥，使其混合均匀，并有南瓜香味，随后加入炒面粉、花生仁、瓜子仁、核桃仁、芝麻仁、淀粉水及盐混合均匀，边加热边搅拌，保持微沸，味精最后加入。

（5）煮酱　在煮酱过程中每加入一种料，都应不断翻拌，使其各种原料充分混合均匀，防止煳锅底，料加完后，用小火在不断搅拌中再熬制 10～15min。

（6）真空灌装封袋　将熬制好的南瓜牛肉酱趁热装入锡箔袋中。注意灌装温度不能低于 85℃，此时注意搅拌，防止灌装前油脂浮出，影响灌装的均匀性，每罐装量准确，不低于 250g，灌装后应尽快趁热封口。采用 16cm×19cm 普通塑料包装袋进行包装。将酱料袋放入真空包装机里在条件为 0.06～0.08MPa 情况下进行抽气，热封 3～5s。

（7）杀菌、冷却　用杀菌锅在 121℃ 下杀菌 30min，冷却到 38℃ 以下。此时要注意包装袋的洁净，用电风扇将包装袋表面的水迹吹干，保持其外表的洁净卫生。

（8）保温检验　将冷却后的调味酱放在 37℃ 恒温培养箱中，保温检验 7d，每天观察是否有胀袋、败坏产生，7d 后取出，观察胀袋、败坏情况现象，并开袋，进行感官检验，检验其色、香、味有无异常变化。如需要可进一步进行理化检验和微生物学检验，对杀菌效果进行评价。

（四）成品质量指标

（1）感官指标　色泽：酱体呈红褐色，有光泽，表面有一层红油析出；香气：有浓郁的花生、芝麻、瓜子、核桃仁、南瓜和牛肉的复合香味；味道：具有香辣味，味咸辣适中，增加食欲；体态：分上下两层，上层为红油，下层为红褐色肉酱，可见果仁、芝麻均匀分布。

（2）理化指标　每袋 250g，氯化钠 6%～7%，苯甲酸钠≤0.5g/kg，铜（以 Cu 计）≤0.5mg/kg，铅（以 Pb 计）≤1mg/kg，砷（以 As 计）≤0.5mg/kg，食品添加剂按 GB 2760—2014 规定执行，黄曲霉毒素 B_1≤5.0μg/kg。

（3）微生物指标　大肠菌群≤30MPN/100g，致病菌不得检出。

三、海带牛肉辣椒酱

（一）原料配方

黄酱和辣椒酱 31%（两者之比为 1∶2.5）、牛肉丁用量为 25%、海带酱量为 25%、熟芝麻 8%、白砂糖 3%、白酒 1%、味精 2%、香辛料 2%、鲜姜末 1%、蒜泥 1%、葱末 1%。

（二）生产工艺流程

（1）海带酱制备

干海带→挑选→干蒸→醋酸水处理→切分→除沙→水洗→破碎→海带酱

（2）辣椒酱制备

鲜辣椒→挑选→清洗→去蒂→盐腌→破碎→辣椒酱

（3）牛肉的处理

新鲜牛肉→洗净→切丁→煮制→冷却备用

（4）海带牛肉辣椒酱制作

生油→加热至八成热→黄酱、辣椒酱、牛肉→煮制→白酒、白醋、香辛料→搅拌→海带酱→芝麻、味精→煮沸→装瓶→封顶→杀菌→冷却→成品

（三）操作要点

（1）海带酱的制备

① 原料预处理。选用含水量20％以下的淡干一级、二级海带作为原料，去除附着于海带表面的草棍、泥沙等。

② 干蒸。0.1MPa干蒸40min，以达到软化和部分脱腥的目的。在隔水高温状态下，甘露醇与褐藻酸及钙盐发生部分酯化反应和脱羧反应导致海带软化，且在高温下，低分子呈藻腥味的含氮化合物部分逸出而减少了藻腥味。

③ 醋酸水处理。将海带浸于2％浓度的醋酸溶液中20min，然后放置5～6h，让醋酸溶液慢慢渗入海带体内，使海带软化，同时可以除掉海带固有的腥味。

④ 切分。将长海带切成3～8mm宽，8～10mm长的丝。一般采用横刀法。

⑤ 除砂、水洗。海带丝用除沙机除去附着的泥沙等杂物。将除完沙的海带用3％～4％的盐水漂洗1min，以除去海带表面残留的酸及黏附的污泥。最后用清水漂洗，水洗后，海带重量为洗前的2.5倍，含水量约在70％，用0.05％的多聚磷酸钠溶液浸泡4h。

⑥ 破碎。用组织捣碎机破碎成酱，允许有颗粒存在，但不可过粗。

（2）辣椒酱的制备

① 原料选择、清洗、去蒂。选取新鲜、红亮肉厚、无虫害、不发霉的红辣椒，以流动水洗去表面泥沙，剪去蒂把。

② 盐腌。去蒂鲜辣椒与加盐的比例为5∶1，以一层盐一层椒加入，同时压实，2～3d后倒缸，并加5％的封面盐，并经常检查。因在腌制期间水分容易蒸发，须及时补充淡盐水，腌制3个月后，即可成熟，磨细成辣椒酱。

（3）牛肉的处理

① 牛肉清洗、切丁。选新鲜牛肉，以流动水洗去肉表面的血污、木屑及其他杂质，剔除筋膜、淋巴，用切肉机切成6mm左右小丁。

② 煮制。牛肉丁入锅，加冷水，加入精盐、酱油、白糖，最后放入调料包，其投放比例为：牛肉1000g，精盐100g，酱油60g，白糖60g，大茴香、桂皮各10g，五香粉、姜片适量。先以大火烧开，5min后改用小火维持微沸2h，以使牛肉丁酥烂，最后取出调料包。

（4）海带牛肉辣椒酱的制作

① 煮制。生油加热至油烟上升，将原料倒入夹层锅内加热，先用196kPa压力的蒸汽加热20min，加入调料，并不断搅拌均匀，切勿使原料粘在锅底。继续

加热 60min，加入海带酱，蒸煮 10min 后，最后加入芝麻、味精煮沸几分钟，至酱体摊开不流动为止，出锅。

② 装瓶和灭菌。将浓缩好的酱趁热装瓶，以红油封顶，采用真空密封。灭菌采用高温短时杀菌，121℃杀菌 15min，自然冷却后即成为成品。

四、复合型香辣牦牛肉酱

（一）原料配方

精牦牛肉 30%、黄豆酱 20%、植物油 10%、辣椒 8%、大豆粉 5%、姜 4%、食盐 2.5%、冰糖 5%、花生仁、芝麻、核桃仁、瓜子仁各 2%、味精 2%、花椒粉 2%、五香粉 1.5%、白酒 2%。

（二）生产工艺流程

① 牦牛肉→清洗→预煮→剔除筋腱、肥脂→切碎

② 花生、芝麻、核桃、瓜子仁→烤熟或炒熟→粉碎→加入姜碎、辣椒粉、食盐、五香粉、花椒粉、味精、大豆粉、白酒、黄豆酱、冰糖→中火混合均匀

③ 植物油→中火加热→六成热→放入①②→翻炒搅拌→转小火翻煮→灌装→封口→杀菌→检验→成品

（三）操作要点

（1）牦牛肉处理　牦牛肉不宜使用绞肉机绞碎，因为经过绞肉机挤出的肉粒太小，经过预煮和熬酱过程后基本看不出酱中有肉，会影响外观，所以应采用双滚刀式切肉机，经过 2~3 次滚切将牛肉制成 0.8~1.0cm 见方的牦牛肉粒。

（2）配料处理　花生等辅料炒/烤制过程中需注意避免炒焦而产生不良焦味，在配料混合过程中每加入一种辅料都应不断翻搅，使各种辅料充分混合均匀，冰糖可用水稍溶解，中火不断搅动防止糊锅底。

（3）炒酱　植物油中火加热后先放入备好的牦牛肉进行翻炒，待牦牛肉变色炒熟后再放入配好的酱料翻炒混匀，然后改用小火不断翻搅炒制 20min，注意要不停滑炒，严防酱出现糊锅现象。酱以炒出香气又无焦糊味为佳，过嫩酱口感薄且有酸感，过老有焦糊味，酱风味不爽。

（4）灌装　将煮好的肉酱趁热装入灭菌后的四旋玻璃瓶（玻璃瓶用 98kPa 的高压蒸汽杀菌 15min，盖用 75%的酒精浸泡消毒 3~5min），不要让酱料粘在瓶口，以防止污染，注意灌装温度不应低于 85℃。

（5）排气封口　装瓶后用 95℃水浴加热，保持酱体中心温度 90℃以上，排气 10min，然后旋紧瓶盖，密封。

（6）杀菌检验　110℃杀菌 10min，为避免肉酱长时间受热影响酱香及色泽，一般采用常压快速冷却，并检查瓶子是否存在裂纹，瓶盖是否封严，不得有油渗出，合格后贴标签保藏。

五、新型鹅肝酱

目前,生产鹅肝酱的工艺技术都需经过熟化处理。熟化温度控制不好,势必会影响产品的风味,损失其营养成分。传统鹅肝酱在加工过程通常采用较高温度和较长时间对鹅肝进行处理,而且没有合适的营养素保护措施,结果不可避免地导致产品的营养素损失严重。本产品较好地解决了上述问题,与原鹅肝相比,其保水性好,脂肪和蛋白质的含量没有太大损失,因此能很好地保持原鹅肝中的营养成分。

(一)生产工艺流程

冷冻鹅肥肝→验收→解冻→清洗→切块→真空斩拌(加入冰水混合物)→配料、腌制→乳化(乳化剂)→增稠(增稠剂)→低温研磨→加热熟化→真空脱气→高压灭菌→定量充装→真空封装→快速降温→贴标→日期打印→包装入库

(二)操作要点

(1)解冻 4℃以下使鹅肝解冻完全,否则会造成脂肪、水分等营养成分的流失。

(2)清洗 除去肝组织中的血块、结缔组织及其他黏附物,以免影响鹅肥肝酱的最终色泽和品质。

(3)真空斩拌 斩拌可使鹅肝被搅拌均匀,增加其保水性,使其变得细腻。利用真空斩拌,可以抽去制品中的空气,保持制品原有的色泽。

(4)腌制剂 选择食盐、味精、白砂糖、胡椒水(胡椒粉与水配制成汁)、白酒(酒精度需较高为好)、全蛋液(将鸡蛋搅匀备用)、鲜柠檬汁等。

(5)乳化剂 单甘酯。

(6)增稠剂 CMC和β-环状糊精。

(7)低温研磨 目的是在尽量减少鹅肥肝营养成分损失的条件下,使乳化剂和增稠剂混合均匀。

(8)加热熟化 将研磨好的鹅肝酱体放入已配好料的汤料中,在80℃下进行熟化10min。熟化过程中维生素E添加量为1.0%。

(9)真空封装 121℃高压灭菌10min后,使用真空包装机趁热装罐、封口后快速降温。空罐应严格消毒。包装后的产品在室温放置1周,剔除变质的胀罐和漏罐即可包装入库。

六、胡萝卜鹅肝酱

(一)生产工艺流程

胡萝卜→清洗→去皮→切分→烫漂→搅碎
↓
鹅肝→解冻→切分→腌制→煮制→搅碎→一次混合→胶体磨均质→灌装→脱气→封盖→杀菌→成品

（二）操作要点

（1）解冻　冻结的鹅肝需缓慢解冻，以减少营养损失，清洗时剔除不符合要求的原料。

（2）切分　将合格的鹅肝切半或三份开，加入1％ 0～5℃食盐水，水面刚好超过鹅肝，浸渍2～3h。

（3）腌制　将浸渍后的原料沥干水分，按原料的3％～4％添加腌制剂，在0～5℃下腌制8～12h。复合腌制剂组成为：食盐90％、白砂糖2.25％、异抗坏血酸钠0.75％。

（4）煮制　把腌制好的鹅肝放入夹层锅中，加入30％水，预煮10～15min（预煮水配料：丁香粉0.5％，肉桂粉0.1％，生姜0.5％，黄酒2％，五香粉0.2％），不断翻动。

（5）胡萝卜处理　将胡萝卜洗净，去皮，切成3～4cm小块，放入锅中预煮5～10min，捞出，放入食品搅拌机搅拌成糊状。

（6）一次混合　按配方要求，将鹅肝、胡萝卜混合，按先后顺序将植物油、大豆蛋白粉、食盐、味精、乳化稳定剂、香辛料等加入，并加入适量冰水，充分搅拌，使混合物成糜状。

胡萝卜鹅肝酱的最佳配方为：鹅肝泥∶胡萝卜泥∶混合增稠剂∶植物油∶水为100∶60∶5∶12∶100。

（7）胶体磨二次混合　把一次混合后的物料投入胶体磨，进行二次混合均质。

（8）脱气、封盖、杀菌　将二次混合后的混合物加热至80～85℃，趁热装入玻璃罐中，用脱气机脱气15min，真空度为90kPa，脱气后立即封盖，在115～118℃，30～40min高压杀菌。

（三）成品质量指标

色泽呈橙红或橙黄色，有光泽，均匀一致；具有鹅肝和胡萝卜加工后应有的滋味和气味，无异味；质地为泥糊状，稀稠适中，组织细腻，开罐后有极少水析出。

七、中式鸭肝调味酱

本产品是以鸭肝和黄豆酱为主要原料开发出的一种新型中式鸭肝调味酱。

（一）生产工艺流程

鲜鸭肝→去筋→清洗→切块→斩拌→炒酱料→装瓶→排气、旋盖→贴标、检验→成品

（二）操作要点

（1）去筋、清洗　去筋、清洗是为了去除鸭肝中的结缔组织、瘀血块和黏附在肝上的其他杂质。

（2）斩拌　将鸭肝移入斩拌机中，加入复合乳化剂、姜粉、葱粉、曲酒、维生素 E 等辅料斩拌，冰屑添加量为 6kg/100kg，冰屑分数次加入，控制斩拌时鸭肝糜的温度在 10℃以下。复合乳化剂量 12g/kg。

（3）炒酱料　大豆油计量后倒入炒锅加热，使油温快速升至 120℃左右，加入斩拌好的鸭肝糜炒制，按一定比例加入黄豆酱（鲜鸭肝与黄豆酱的比例为 40∶60）、黑芝麻、精盐、白糖、辣椒粉，在锅中煮沸并不断搅拌以防焦煳。炒酱过程中不断搅拌，使各种原辅料充分混合均匀，防止煳锅底。在炒酱的后期出锅前再加入芝麻油，并搅拌均匀。炒酱时要控制好火候，火候过大酱体会带有焦煳味；火候过小酱香味炒不出来，沸腾后用小火炒制保持微沸状态后继续炒酱 5～8min。

（4）装瓶　将炒好的调味酱料趁热用灌装机装入清洗、灭菌后的四旋玻璃瓶，放上瓶盖，勿旋紧。

（5）排气、封盖　装瓶后经 100℃水浴加热，保持中心温度 95℃以上排气 3min，然后旋紧瓶盖。

（三）成品质量指标

（1）感官指标　鸭肝调味酱色泽呈红褐色或棕红色，鲜艳，有光泽。口感咸鲜细腻，滑润，适口，无酸、苦、涩、焦煳及其他异味；有本品应有的酱香等香气，无不良气味；黏稠度适中；无肉眼可见杂质。

（2）理化指标　食盐≤3.5%～5%，总酸（以醋酸计）≤1%，黄曲霉毒素 B_1≤5μg/kg。

（3）微生物指标　菌落总数≤1000 个/g，大肠菌群≤30MPN/100g，致病菌不得检出。

八、风味鸭肝酱

（一）原料配方

鸭肝 1kg、鸡肉 500g、猪肉 500g、冰水 1600mL，食盐、生姜、料酒、醋、柠檬酸、β-环状糊精、白砂糖、五香粉、胡椒粉等香料及大豆油适量。

（二）生产工艺流程

原料解冻→预处理→煮制→混合→匀浆→胶体磨→细化→调配→灌装→杀菌→冷却

（三）操作要点

（1）原料解冻　将超市提供的瘦猪肉和鸡肉自然解冻，至肉表层发软，中间稍有硬心，即肉中心温度 0℃，表层温度 3～5℃视为解冻良好。

（2）预处理　将位于鸭肝中央的主要血管摘除，流动水冲洗 30min；将分别为鸭肝重量 1/2 的瘦猪肉和鸡肉混合，在流动水中冲洗两遍。盛鸭肝烧杯中添加鸭肝两倍体积水，加入占总重 3% 白砂糖、1% 生姜、0.1% 胡椒粉、0.1% 五香粉、2% 料酒、2% 醋，50℃ 恒温 45min 后，用 40～60℃ 温水冲洗 3 遍，开水焯 3 遍，水没过固体原料为宜；瘦猪肉和鸡肉混合后操作同鸭肝。

（3）煮制 锅中水的添加以没过原料为宜，用纱布包裹占水和原料总重量 0.1% 陈皮、0.1% 砂仁、0.1% 沙姜、0.3% 八角、0.3% 花椒、0.1% 小茴香、0.1% 白芷、0.3% 胡椒、0.1% 肉蔻、0.1% 草果、0.1% 桂皮、0.1% 香叶。鸭肝单独煮制，煮制时，大火 10min，小火 20min，鸡肉、瘦猪肉煮制时，大火 10min，小火 30min，保持锅内一直沸腾。

（4）匀浆 将煮熟的鸭肝、瘦猪肉、鸡肉混合后，加适量去皮生姜，匀浆 15min，同时加冰水至肉糜组织状态良好。

（5）胶体磨细化 打浆后的肉糜用胶体磨处理。

（6）调配 添加柠檬酸 0.1%，β-环状糊精 0.05%，食盐 4%，白砂糖 4%，五香粉 0.5%，胡椒粉 0.5%，大豆油 5%，搅拌均匀。

（7）杀菌 在 115～120℃ 的条件下高压杀菌 20min，杀菌结束后，经过冷却即为成品。

九、鸡肝酱

（一）原料配方（占鸡肝百分比）

鸡肉 75%、生姜粉 0.5%、鸡油 50%、胡椒粉 0.5%、味精 1%、草果 0.2%，五香粉冰水 160mL/kg、花椒油 20mL/kg。

（二）生产工艺流程

鸡肝、鸡肉→称重配料→清洗整理→切块→腌制→绞碎→展开冷冻→斩拌（添加配料）→装罐→高温灭菌→质检→成品

（三）操作要点

（1）原料整理 选择经卫生检验合格的冻鸡肝、冻鸡肉，自然解冻，清洗、摘去血管、剔除骨头、筋腱和结缔组织。将鸡肉切成 50g 左右条块状，以便于充分腌制，入味均匀。将鸡肝清洗干净，在水中常温浸泡 2h，去除血水。

（2）称重配料 以鸡肝、鸡肉重计，准确称量调味配料。

（3）腌制 以鸡肝、鸡肉重计，按比例拌入腌制料，混合均匀，在 0～4℃ 条件下腌制 12h。鸡肝腌制配料：食盐 2.50%，白糖 2.50%，料酒 1.50%，十三香 0.5%，亚硝酸盐 50mg/kg；鸡肉腌制配料：食盐 1.50%，白糖 1.00%，料酒 1.50%，十三香 0.5%，亚硝酸盐 50mg/kg。

（4）绞碎 将腌制好的鸡肉和鸡肝放入绞肉机中绞碎呈 5mm 左右的颗粒状。

（5）冻结 将绞碎的肉糜和鸡肝分别展开于平底盘中，肉糜厚约 1cm，在 −18℃ 条件下冻结。

（6）斩拌　将冻结肉糜切成小块，放入冷凉的盘式斩拌机中，加入配料，其投料顺序为：鸡肉糜→鸡肝糜→冰水（部分）→配料→鸡油。中速斩拌约 8min，控制其斩拌温度在 10℃以下（可添加剩余冰块来调整），要求肉糜细腻、光滑、具有弹性。

（7）装罐、高压灭菌　将斩拌好的肝酱原料装入清洗干净的玻璃罐，装罐松紧适中，用旋盖机封盖。将装罐好的鸡肝酱放入高压灭菌锅中，灭菌公式为 15min—30min—20min/121℃。

（四）成品质量指标

（1）感官指标　色泽：表面呈酱红色，与切面色泽略显不一，油呈亮黄色；风味：咸淡适中，口感鲜美，香味浓郁，有鸡肝特有的香味；组织状态：表面光滑，无大气孔，组织略有松散，切片不完整；杂质：无外来杂质；外观：无溢出物，色泽略有不均。

（2）理化指标　水分 58.9%，食盐 1.4%，亚硝酸盐（以 $NaNO_2$ 计）5.9mg/kg，过氧化值（以脂肪计）0.05g/100g，酸价 0.82mg/g。

十、方便羊肉酱

羊肉制品以其低脂肪、低胆固醇、低热量和高蛋白的"三低一高"的特点受到越来越多的消费者的偏爱。目前我国羊肉加工产品品种单一，产量低，数量少，远远不能满足市场发展的需要。开发羊肉酱产品，可满足广大羊肉爱好者的需求，为羊肉的深加工探讨新的途径。

（一）原料配方

羊肉 600g、番茄酱 100g、植物油 30g、食盐 16g、食糖 20g、酱油 20g、味精 7.5g、花椒 2g、胡椒 3g、辣椒 6g、孜然 7.5g、大料 4.5g、茴香 3g、姜粉 2.5g、豆瓣酱 25g、水 153g。

（二）生产工艺流程

羊肉→剔骨→精选→切分、绞碎→烹调、熟化→灌装→杀菌→冷却→检验→贴标→装箱→入库→成品

（三）操作要点

（1）精选羊肉　购买的羊肉为本地卫生检疫部门商检合格允许上市的羊肉。所用的原料保证无病、新鲜、肉质细嫩、膻味小。羊肉在切分绞碎之前，剔净羊骨，切除淋巴组织和皮筋，刮净肉皮表面污物。

（2）切分、绞碎（斩肉）　将精选的羊肉切成细条，用绞肉机或斩拌机将羊肉绞成 3~5mm 的碎肉。

（3）烹调、熟化　将锅内倒入少量植物油，加热油至开始起烟（200℃）时，再把羊肉倒入锅内，不停翻炒，炒至锅内羊肉中的大部分水分蒸发掉时，将各种调味料按不同风味类型产品的配比顺序投入锅内。翻炒至锅内羊肉水分完全蒸发

时，加入所配的蔬菜（番茄酱、胡萝卜或洋葱），再加入适量的水，先用旺火将肉酱烧开 5min，然后用文火熬煮到羊肉完全软熟后出锅。在起锅前加入炒花生、炒芝麻和味精。

（4）灌装　羊肉酱出锅后趁热立即灌装，以尽可能减轻微生物污染。瓶装酱在灌装时不宜灌得太满，距离瓶口应留 0.5cm 的顶隙，以防二次杀菌时热胀顶开瓶盖。灌装完毕，旋紧瓶盖，倒瓶放置 1～2min。袋装羊肉酱的包装材料应选用安全无毒耐高温真空度高的蒸煮袋，灌装酱不宜太满，以便于封口。灌装之后用真空封口机将袋口封严封实。

（5）杀菌　根据试验所用的包装材料，采用湿热杀菌法（沸水灭菌）对羊肉酱进行后杀菌。当瓶装或袋装羊肉酱灌装后，趁热未凉之前进行杀菌。先将杀菌锅中的水升温到 50～60℃，把刚灌装后的产品放入杀菌锅内，加热至锅内水沸（100℃）时计算杀菌时间，根据不同包装材料的规格和内容物容量来确定杀菌时间。120mL 瓶装酱杀菌 25min，260mL 瓶装酱杀菌 40min；17cm×11.8cm、21cm×15.8cm、32cm×17.8cm 蒸煮袋杀菌时间分别为 20min、30min、40min。

（6）冷却　羊肉酱经杀菌后，从杀菌锅中捞出。瓶装酱在室温条件下进行自然冷却到 37℃，袋装酱可用凉水进行快速冷却到室温。

（7）检验　经冷却后的羊肉酱在常温（20～30℃）下保存 3d，进行感官检验，检验的主要目的是挑出胀盖、胀袋或有异味的产品。

（8）贴标、装箱、入库　经检验合格的产品，将瓶、袋擦干净后，贴上产品标签，装箱入库。产品库的温度应稳定在 20～25℃。

（四）成品质量指标

（1）感官指标　符合 GB 13100—2005 标准中感官指标要求。外观：酱体黏稠适中，久存不泌汁、不分层。包装容器内外表面无锈蚀、无泄漏、无胖听现象，无杂质。色泽、口味：呈暗红色，具羊肉的鲜香味，口嚼柔软细嫩，无异味。

（2）理化指标　水分 63.8%，蛋白质 11.6%，脂肪 16.0%；无机砷未检出；铅（以 Pb 计）0.03mg/kg，汞（以 Hg 计）0.009mg/kg，镉（以 Cd 计）0.009mg/kg，亚硝酸盐未检出，苯甲酸 22.1mg/kg，山梨酸 6.42mg/kg。

（3）微生物指标　符合 GB 13100—2005 中的要求，达到商业无菌的指标。

十一、风味狗肉酱

（一）原料配方

狗油 3%、色拉油 20%、精盐 4%、葱末 5%、姜末 2%、蒜末 5%、味精 3%、五香粉 4%、香菜 8%、狗肉 6%、野苏子叶粉 12%、粗辣椒粉 20%、豆瓣酱 8%。

（二）生产工艺流程

新鲜狗肉→去腥→煮制→切成小丁→狗肉丁
↓
色拉油加热→狗油→粗辣椒粉→豆瓣酱炒香→葱末、姜末、蒜末→炒制→加入食盐、五香粉→煮沸→香菜、味精→搅拌→趁热装瓶→封顶→杀菌→冷却→成品
↑
狗肉原汤＋野苏子叶粉

（三）操作要点

（1）狗肉丁、狗油、狗肉原汤的制备　狗肉腥味浓厚，煮制中除腥是制备狗肉丁、狗油、狗肉汤的关键步骤。首先，将白条狗去毛（带皮）、洗净、分割成小块，用流动的清水浸泡 2h。锅内放清水，将狗肉块放入锅内，大火将水烧开 3～5min，捞出狗肉用清水洗净，将锅内水倒掉。狗肉下锅，加入冷水，加入适量葱段、姜片、蒜瓣，加入调味包，比例为狗肉 1kg、八角 5g、陈皮 3g、丁香 3g、花椒 5g。大火将水烧开后，改为中小火，熬煮 2～3h，达到狗肉酥烂即可。调味包取出，肉捞出。将肉中肥肉取下，剁成末，即为狗油，备用。狗肉用切肉机切成 6mm 左右见方的小丁，备用。汤过滤后，备用。

（2）野苏子叶粉的制备　采摘 7～8 月份野苏子，去除根、茎，挑选鲜嫩、颜色碧绿、无病害的叶子，清洗干净后放入烘箱中，40℃条件下烘干粉碎过 20～100 目筛，得到苏子叶粉。

（3）其他原料的制备　干辣椒去籽，用粉碎机加工成 2mm 左右的粗辣椒粉；姜清洗去皮，切成姜末；大葱选用葱白部分，清洗切成葱末；蒜去皮，清洗切成蒜末；香菜洗净，切成末。

（4）炒制、熬煮　将色拉油倒入锅中，加热，将狗油倒入锅内炸香，再加入粗辣椒粉炸出香味，注意不可炸制时间过长，以免产生焦煳味道，继而放入豆瓣酱、葱末、姜末、蒜末，炒出酱香味道，加入狗肉丁、野苏子叶粉、食盐、五香粉调味，炒制 2min 左右，加入狗肉原汤，沸腾后小火熬煮 5min，入味，加入味精、香菜末，大火收汤。

（5）装瓶、杀菌　将上述调味好的酱体趁热加入已经消毒好的四旋玻璃瓶中，装入九分满，每罐净重 150g，用红油封口，趁热将瓶盖拧紧。注意酱体装瓶时温度不得低于 85℃。115℃杀菌 15min，杀菌后分段冷却即为成品。

十二、牛蒡香菇保健肉酱

（一）原料配方

牛蒡香菇用量比 4∶1（总量为 40%）、猪肉 10%、豆瓣酱 20%、干辣椒 4%、姜 2%、白糖 5%、味精 1%、芝麻 1%、花生 1%、黄酒 2%、洋葱 2%、香辛料 2%、色拉油 10%。

（二）生产工艺流程

猪肉丁　　牛蒡丁、香菇丁
↓　　　　↓

色拉油加热→芝麻、花生、辣椒段→洋葱丁、姜末→豆瓣酱爆出香味→炒制→糖、香辛料→煮沸→黄酒、味精→搅拌→装瓶→封顶→杀菌→冷却→成品

（三）操作要点

（1）牛蒡丁的制备　选择无病斑、机械伤、糠心且粗细均匀新鲜的牛蒡作为原料，清洗表面的泥沙，去皮，注意不留毛眼，修去斑疤，切成15cm的段，立刻投入护色液中，护色30min。护色液为0.5％柠檬酸、0.5％抗坏血酸、0.5％CaCl$_2$，CaCl$_2$的加入既能增强护色效果，也能增加牛蒡的脆性。配制18％的食盐水，同时加入0.5％的异抗坏血酸钠，将牛蒡段腌制5d，清水脱盐，去除多余的水分，切成5mm小丁。锅内加色拉油，油温升至160℃，将牛蒡丁下入锅内，炸制5min，捞出，备用。

（2）香菇丁的制备　选择菇形圆整、菌盖下卷、菌柄短粗鲜嫩、菌肉肥厚、菌褶白色整齐、大小均匀的香菇作为原料，用小刀将菌柄末端的泥除去，削掉香菇根，放入1％的食盐水中浸泡10min，然后用清水洗净，切成5mm的小丁，放入3％的大料水中，浸泡2h，捞出，沥干水。锅内加色拉油，油温升至160℃时，将香菇丁下入锅内，炸至金黄色，捞出，备用。

（3）其他原料的制备　选新鲜猪里脊肉，洗去肉表面的血污及其他杂质，切成5mm左右见方的小丁；干辣椒去籽，加工成5mm左右的小段；花生炒熟，切碎；姜清洗去皮，切成姜末；洋葱去皮清洗，切成1mm的小丁。

（4）炒制　将色拉油倒入锅中，加热，待油温升至140℃时，加入熟芝麻、熟花生快速翻炒，当油温再次升至140℃时，加入辣椒段炸出香味，继而加入洋葱丁、姜末爆出香味，加入豆瓣酱，炒出酱香味道，加入猪肉丁，炒制5min左右后加入炸好的牛蒡丁、香菇丁，加入白糖、花椒粉、小茴香粉，煮沸10min，起锅前加入黄酒、味精。

注意干辣椒炒制时间不要过长，以免产生焦煳等不良的气味；炒酱的过程中掌握炒制程度，油温低炒制时间短，酱体香味不够丰满；油温高炒制时间过长，会使酱变焦，味苦，影响成品的颜色和滋味。

（5）装瓶、杀菌　将上述调味好的酱体趁热加入已经消毒好的四旋玻璃瓶中，装入九分满，每罐净重150g，用红油封口，预封，移入蒸汽排气箱常压排气15～20min，中心温度达到85℃即可，立即密封瓶盖，于115℃杀菌20min，杀菌结束后，分段冷却至30～35℃即为成品。

十三、平菇鸡肉营养酱

（一）原料配方

平菇360g、鸡脯肉360g、鸡肝100g、豆瓣酱120g，各类调料适量。

（二）生产工艺流程

原料→预处理（切块）→加热熬熟、调料入味→绞碎、炒制→装灌机充填软包装→密封→杀菌→冷却→检测→成品包装

（三）操作要点

（1）原料预处理　挑选优质的平菇、鸡脯肉、鸡肝和其他原辅料，将原料清洗干净，切块、预煮去腥。

（2）加热熬制　汤锅中加入适量水，将精选的平菇、鸡脯肉倒入锅中，同时加入鲜葱、姜、大蒜和其他香料入味，加入适量精选老抽调色，温火煮制30min。

（3）处理材料和汤汁　待鸡肉煮熟且汤汁熬出浓郁香味后，将平菇、鸡脯肉捞出锅，其中平菇、鸡脯肉在破碎机中破碎成茸状。汤料趁热过滤杂质，蒸发浓缩后备用。

（4）淀粉调糊　用淀粉将浓缩后的汤汁调成糊状，备用。

（5）混合炒制　将粉碎成茸的香菇、鸡脯肉和制成的鸡肝泥一起炒制，三者混合制成酱，然后再加入豆瓣酱、糖等调味品来调味，用汤汁调制的淀粉勾芡，使产品体现出咸、香味并有一定的黏度。

（6）袋装　将酱体在无菌条件下灌装。采用软包装真空封口机进行热封，封口时真空度在−0.05MPa条件下，封口要封牢、封密、不漏气。

（7）杀菌　使用加热杀菌法，杀死致病菌、产毒菌和腐败菌，并破坏食品中的酶，使食品耐藏不变质。同时还具有一定的烹调作用，能够增进风味和软化组织。

（8）冷却　杀菌后应迅速冷却，使罐内温度降低到适当值，以防止食品品质下降。冷却后贴包装纸，装盒即可。

十四、茶树菇瘦肉酱

（一）原料配方

茶树菇20％、瘦肉15％、黄豆原酱30％、大豆油12％、白砂糖6％、辣椒粉4％、食盐2.5％、味精1.5％、黄酒2％、姜1％、蒜1％、食用香精2％、水3％。

（二）生产工艺流程

茶树菇→预处理

肉、大豆油→炒香→混匀→调味→灌装→封口→灭菌→冷却→成品

（三）操作要点

（1）茶树菇处理　选择优质干茶树菇，清洗干净后放入100℃水中浸泡30min，沥干水分。去除老菇柄和菌盖，将剩下的菌柄称量后再切成0.5cm长的

菇丁。

（2）肉的处理　选用卫生合格的猪臀部肉，去除肥肉、皮骨等，清洗干净后用绞肉机制成 1.0cm³ 大小的瘦肉粒。

（3）炒香　将大豆油倒入炒锅加热到发烟时，放入姜、蒜、辣椒粉炒香。再加入瘦肉粒旺火煸炒 2min 左右，最后把粉碎过的黄豆原酱倒入炒锅中。

（4）混匀调味　待炒锅中的混合料沸腾后，将茶树菇及其他辅料一起加入，边搅拌边调味。

（5）灌装、灭菌　将炒好的茶树菇瘦肉酱趁热装瓶，封口后放入灭菌锅，在 110℃ 灭菌 20min。灭菌结束后，自然冷却即为成品。

（四）成品质量指标

（1）感官指标　产品油润红亮，酱香浓郁，鲜辣微甜，酱体浓稠适中，肉丁、菇丁有咀嚼感。

（2）理化指标　脂肪 15.6％，蛋白质 19.72％，NaCl 6.75％。

（3）微生物指标　细菌总数≤2000 个/g，大肠菌群≤30MPN/100g，致病菌不得检出。

十五、香菇黑木耳保健牛肉酱

（一）原料配方

香菇、黑木耳用量比为 2：1（总量为 32.5％）、牛肉 15％、黄酱 15％、麻油 2％、姜 2.5％、辣椒片 4％、白糖 1.5％、味精 1％、芝麻 1％、黄酒 3％、洋葱 2.5％、色拉油 20％。

（二）生产工艺流程

香菇丁、木耳丁、牛肉丁
↓

色拉油加热→芝麻、辣椒片→洋葱丁、姜末→黄酱爆出香味→炒制→糖、麻油→煮沸→黄酒、味精→搅拌→装瓶→封顶→杀菌→冷却→成品

（三）操作要点

（1）香菇丁的制备　选择菇形圆整、菌盖下卷、菌柄短粗鲜嫩、菌肉肥厚、菌褶白色整齐、大小均匀的香菇作为原料，用小刀将菌柄末端的泥除去，削掉香菇根，将香菇放入 1％ 的食盐水中浸泡 10min，然后用清水洗净，沥干水，切成 5mm 见方的小丁，备用。

（2）黑木耳丁的制备　选择优质的秋木耳为原料，秋木耳肉质较厚，能增加产品的口感。将黑木耳浸泡于清水中，木耳充分吸水涨发，清水洗净，去根，去杂物。将洗净的木耳在 60℃ 烘箱中烘制 1～2h，使木耳水分减少，增加木耳的韧性，从而使制品有良好的咀嚼口感，然后将木耳切成 5mm 的小丁，备用。

（3）其他原料的制备　选新鲜牛肉，以流动水洗去肉表面的血污及其他杂

质。剔除筋膜、淋巴，切成 5mm 左右见方的小丁；干辣椒去籽，加工成 5mm 左右的小片；姜清洗去皮，切成姜末；洋葱去皮清洗，切成 1mm 的小丁。

（4）炒制　将色拉油倒入锅中，加热，待油温升至 140℃ 时，加入熟芝麻，快速翻炒，当油温再次升至 140℃ 时，加入辣椒片炸出香味，注意不可炸制时间过长，以免产生焦煳味道。继而加入洋葱丁、姜末爆出香味，加入黄酱，炒出酱香味道，加入牛肉丁，炒制 5min 左右后加入香菇丁、黑木耳丁，加入白糖、麻油调味，沸腾 5～8min，起锅前加入黄酒、味精。炒制过程中要注意控制油温，掌握炒制程度，油温低炒制时间短，酱体香味不够丰满；油温高炒制时间过长，会使酱变焦、味苦，影响成品的颜色和滋味。

（5）装瓶、杀菌　将上述调好味的酱体趁热加入已经消毒好的四旋玻璃瓶中，装九分满，每罐净重 200g，用红油封口，趁热将瓶盖拧紧。注意酱体装瓶时温度不得低于 85℃，否则杀菌过程中容易出现胀罐的现象。115℃ 杀菌 15min，杀菌后分段冷却即为成品。

十六、孜然牛肉辣酱

（一）原料配方

豆酱、甜面酱各 30kg，牛肉、白糖、干辣椒各 6kg，芝麻、味精、花生各 1kg，植物油 10kg，苯甲酸钠 50g，孜然、花椒、小茴香和生姜适量。

（二）生产工艺流程

原辅料选择→处理→混合→炒制→冷却→包装→成品

（三）操作要点

（1）原料选择及处理

① 牛肉炒制。将精选优质牛肉清洗干净，用绞肉机绞碎，用 1kg 植物油将绞碎的牛肉丁快速翻炒成熟后起锅备用。

② 油炸辣椒制备。干辣椒分拣去杂去梗，清洗干净，稍晾干，用粉碎机粉碎成辣椒粉。按干辣椒：植物油＝2：1 的比例，将植物油入锅熬至无泡沫，离火，倒入计量好的干辣椒粉，快速翻拌油炸煎制，待辣椒粉稍变色（中间可间断加热）时，迅速起锅，避免焦煳。

③ 花生处理。精选颗粒饱满无霉变的花生仁，淘洗干净去泥沙，用锅烘炒成熟后冷却，去红皮后碾碎成细小颗粒状备用。

④ 芝麻处理。将优质白芝麻淘洗干净，用锅烘炒至芝麻稍变黄，迅速起锅，避免焦煳，冷却备用。

⑤ 孜然粉处理。选择果实为黄绿色、籽粒饱满、色泽鲜艳的孜然，拣去杂质，用粉碎机粉碎成孜然粉。

⑥ 香辛汁制备。将适量花椒、小茴香等香辛料装入布袋，放到黄豆油中用文火熬制成香辛汁。

⑦ 封面油制备。将 2kg 植物油加热至无泡沫，投入适量生姜、小茴香等香料，用文火熬制，直到香料变色时过滤备用。

（2）孜然牛肉辣酱炒制　把剩下的植物油全部加到锅中加热至无泡沫，加入磨细的豆酱、甜面酱，根据酱的稀稠，加入适量的凉开水，翻炒均匀，煮沸后依次加入炒制牛肉、油炸辣椒、香辛汁、芝麻、花生，翻拌炒制直到沸腾后加入 0.05% 苯甲酸钠煮沸片刻，加入味精和适量孜然调整风味即可出锅。

（3）冷却、包装　出锅后的成品酱冷却至常温，灌装每瓶 250g，另加封面油少许，盖紧瓶盖后贴上商标即可上市销售。

十七、猪肝调味酱

（一）生产工艺流程
原料→预处理（去除筋膜）→一次成型→清洗、浸泡（除血污、排毒）→腌制→预煮→二次成型→炒制→热灌装→排气封口→灭菌→冷却→保温检验→成品

（二）操作要点
（1）预处理　将冷冻猪肝在 0～4℃ 条件下解冻 0.5h，去除筋膜，分割成重量在 40～50g、长 10～15cm、宽 4.0cm、厚 1cm 的条状。切条后的猪肝条浸泡于 30℃ 左右、浓度为 3.0% 的白醋溶液中漂洗 2～3min。

（2）腌制　将漂洗后的猪肝加入料酒、葱末、姜末、蒜末等香料，在 0～4℃ 条件下滚揉腌制 30min。腌制配比：猪肝 100g，料酒 2.5g，姜 3.6g，蒜 3.6g，白砂糖 1.7g。

（3）预煮　将腌制后的猪肝连同腌制辅料一起，冷水下锅，加热至沸腾后煮制 4min 后将猪肝捞出沥水，冷却备用。预煮汤料的配比为：清水 100mL，料酒 1.2g，生抽 1.2g。

（4）二次成形　将预煮后冷却的猪肝，沥干多余水分，使用绞肉机绞制成 3mm 左右的颗粒。

（5）炒制　将植物油（用量为 25%）入锅加热至 120℃，按照配料比例，加入蒜末、姜末，出味后依次加入五香粉、盐、味精、淀粉、糊精（用量为 7%）进行炒制，炒制时间为 3min。猪肝酱基本配方：猪肝 40g，蒜末 1.5g，姜末 1.5g，淀粉 1.4g，盐 1.5g，味精 0.2g，五香粉 0.4g，亚硝酸钠 0.5%，复合磷酸盐 0.4%。

（6）装罐、灭菌　将炒制好的猪肝酱趁热装罐密封，121℃ 高温灭菌 15min，冷却后经保温检验，合格者即为成品。

（三）成品质量指标
色泽：鲜亮有光泽，酱体呈乳白色或乳白、焦黄相间；滋味：具有猪肝的质感，且口感适合大众口味；气味：无腥味、异味，具有炒制后猪肝特有的气味且香料味不重、不油腻；组织状态（涂抹性）：酱体细腻润滑，易于涂抹有黏性且

涂抹均匀，无结块，酱体混合均匀，无分层。

十八、指天椒风味牛肉酱

本产品是以黄牛肉和指天椒为主要原料，开发的集营养、风味、功能于一体，方便食用，且具有"香""辣""醇"特点的指天椒牛肉酱，不仅富有营养和功能价值，并且迎合了人们崇尚美味、健康、特色的消费观念。

（一）原料配方

以重量份计，牛肉 45～55、指天椒 10～15、黄豆酱 12～16、调和油 10～15、花生 2、芝麻 1、食盐 1、酱油 2～4、料酒 2、白糖 2～4、姜和蒜适量。

（二）生产工艺流程

<pre>
          加入黄豆酱、调味料   熟制白芝麻、花生碎
                  ↓   ↓
牛肉丁 ───────→ 炒制 ───────→ 炒酱→装罐→热力杀菌→冷却→成品
</pre>

（三）操作要点

（1）原辅料及预处理

① 黄牛肉及处理。选用新鲜牛肉，要求呈鲜红色，肌肉具有光泽，具有鲜牛肉特有的正常风味。将选好的牛肉用清水冲洗干净，再剔除筋腱、脂肪、淤血和淋巴，并将其切成 $1cm^3$ 左右的肉粒备用。

② 指天椒。选用外观为红色或深红色、个体完好、色泽均匀光亮、长度在 4～7cm 的指天椒作为主要原料。预先将指天椒的辣椒柄去除，用清水逐个洗净，并沥干表面水分后进行剁碎成末备用，不需要搅碎成浆状。

③ 黄豆酱。选用色泽呈棕褐色或者红褐色的黄豆酱，要求有一定光泽和酱香气味，无其他不良气味和滋味，咸甜适口，无苦、涩、焦煳及其他异味；稀稠适度，允许有豆瓣的颗粒，不允许有其他异物。

④ 花生。选用大花生果，要求花生仁色泽淡红或深红色，形状呈椭圆或长椭圆。具有产品应有的滋味、气味，无其他异味。将调和油先用大火烧热，再转用中火对花生仁进行油炸，油炸时注意不断搅动，避免受热不均。捞出冷却后用手可以轻轻捻开，去除红衣，用刀斩碎备用。

⑤ 芝麻。选用白芝麻，要求具有其特有的均匀一致的色泽和应有的滋味和气味，无其他异味。将选好的芝麻采用小火炒制，待到香气溢开，为保持其特有的香味，不宜过熟，不要炒焦。

⑥ 生姜。采用姜体块形完整的生姜，大小尽量均匀；表面光滑、没有泥巴与其他杂质，无霉烂、冻伤现象。将选好的生姜除去杂质、切除老化部分洗净泥沙，剁成姜末，现切现用。

⑦ 大蒜。大蒜选用要求为外形完整，蒜瓣坚实饱满，无腐烂与腐败现象，无发芽，无见外来杂质，无异味。将新鲜大蒜先除去蒜衣，将其捣碎，在高油温

下快速加热成蒜泥。

（2）牛肉丁制备 将预处理后的牛肉粒放入锅中加水、料酒、食盐等调味品进行预煮，煮沸后保持 8～10min，使其充分去除肉腥味，去除血浮，捞出备用。油锅烧热，将预煮过的牛肉粒倒入 6 成热的油中，快速翻炒，在炒制的过程中，牛肉会出很多水，要将其慢慢炒干，捞出牛肉丁，备用。

（3）调味料制备 油锅下油待热，倒入姜末、蒜末、指天椒末爆炒，不断翻炒直至辣椒、蒜和姜的香味飘出，即可取出备用。

（4）炒酱 油锅下油加热，烧至七成热，倒入牛肉丁炒制，并加入黄豆酱和调味料一起翻炒 5min 后，再加入熟制白芝麻和花生碎，进一步翻炒，直到酱体黏稠，酱香浓郁即可。炒酱时要控制好火候，避免出现焦味和粘锅现象影响牛肉酱的口味。

（5）装罐 熬制好的指天椒牛肉酱趁热进行装罐，装罐时不能装得过满要留有顶隙，且注意不要让酱液碰到瓶口，防止污染。装罐前要先将瓶子和盖子清洗干净，再将其放入 90～100℃的沸水中消毒 3～5min，然后将罐子倒置，沥干水分备用。

（6）排气 罐装完成后立即旋好盖子，但是不能完全旋紧需留有缝隙，并将罐子放入自动封装机进行抽真空排气即可。

（7）热力杀菌 将装罐排气后的产品放入立式压力蒸汽灭菌器中进行高压杀菌。杀菌温度为 121℃，时间 20～30min。杀菌后产品要进行反压冷却，且冷却速度不宜过快，防止胀罐。

（四）成品质量指标

（1）感官指标 色泽：酱红色，鲜艳，油润有光泽；香气：酱香浓郁，无苦、涩和焦煳等其他异味；口感：味鲜醇厚，咸淡适中，无不良滋味；外观形态：呈半流体状，黏稠适中，无发霉和杂质。

（2）理化指标 水分≤30％，食盐（以 NaCl 计）≤15％，酸价（KOH，以脂肪计）≤5.0mg/g，过氧化值（以脂肪计）≤0.25g/100g，铅（以 Pb 计）≤1.0mg/kg，总砷（以 As 计）≤0.5mg/kg，黄曲霉毒素 B_1≤10μg/kg，亚硝酸盐残留量（以 $NaNO_2$ 计）≤10mg/g。

（3）微生物指标 细菌总数≤2000 个/g，大肠菌群≤30MPN/100g，致病菌不得检出。

十九、柚子皮肉酱

（一）原料配方

猪肉 28.9g，柚子皮 4.05g，食盐 0.51g，料酒 5mL，花椒、辣椒、酱油、生姜、葱、蒜、花生、芝麻等适量，其中辣椒与花椒配比 1∶1。

（二）生产工艺流程

肉精选→预处理

↓

柚子→选果→取皮→水洗→粉碎→脱苦→熬煮→混合腌制→调配→罐装→杀菌→成品

（三）操作要点

（1）选料　要求选择丰满、光亮、香味浓郁、未受污染的柚子皮作为基本原料。

（2）整形　将选好的柚子皮清洗干净后用粉碎机粉碎。

（3）脱苦　脱苦分两步进行：第一步是用重量为柚子皮的 6～8 倍，浓度为 1％～1.5％的食盐水溶液或食用碱水溶液，在文火煮沸的条件下浸泡 30min；第二步是将经浸泡后的柚子皮捞出甩干后，用清水清洗 4 次，最后再甩干水分。

（4）熬煮　将脱苦后的柚子皮与水混合，水的用量为能盖住柚子皮为好，边搅拌边加热熬煮 30min。

（5）肉品选择　购买的肉为经卫生检疫部门商检合格允许上市的肉，要求无腐败或异味，肉质细嫩。

（6）混合腌制　将肉进行清洗并用绞肉机搅碎，与熬煮后的柚子皮搅拌均匀并加入一定量的花椒、料酒、酱油、食盐、生姜、辣椒、香精搅拌均匀，在低温条件下腌制 12h 备用。

（7）油制熟化　净锅上火，将油烧热放入腌制好的肉，迅速翻炒至肉色微黄待有香味溢出时关火出锅。

（8）配料制备　锅内倒入适量油，加热时放入适量的花椒粒，待有花椒香味溢出时捞出花椒粒。锅内依次加入辣椒、葱、姜、蒜进行翻炒后加水，等其沸腾后保持 3～5min 冷却备用。

（9）熬制　将熟化的肉丁倒入锅中与配料同翻炒，待颜色均匀后加入一定量的花生、芝麻、鸡精等，同时加入适量的品质改良剂边加热边搅拌，保持沸腾状态熬制 10min 即可出锅。

（10）罐装杀菌　将熬制好的肉酱装入玻璃罐中，用杀菌锅在 121℃、30min 的条件下进行杀菌，迅速冷却至室温即可。

（四）成品质量指标

（1）感官指标　色泽：颜色鲜亮，油润，有光泽；气味：香气浓郁，具有明显的柚子皮和肉特有风味，气味协调，无异味；滋味：肉质细腻，咀嚼感良好，咸辣适中，味道鲜美，无焦煳、苦涩及其他异味；形态：流动性佳，组织细腻均匀，无分层，无杂质。

（2）微生物指标　细菌总数≤100 个/g，大肠杆菌≤3MPN/100g，致病菌未检出。

二十、芽菜鹅肉酱

芽菜主产于四川的南溪、泸州和重庆的永川等地，是我国四川和重庆地区别具特色的地方名菜。芽菜有着悠久的历史，据资料记载：在清光绪年间，叙州（今宜宾）近郊的农户将青菜去叶剖丝，晾晒适度，拌入食盐、红糖，再加入香料装坛腌制。本产品是以芽菜与鹅肉为主要原料生产的一种肉酱。

（一）原料配方

鹅肉与芽菜比例为1.2∶1，食用油50％、辣椒3.8％、花椒0.5％、蒜、姜八角等适量。

（二）生产工艺流程

卤料香辛调味料　　　　　　　沥干←清洗除盐←剁碎←芽菜

鹅肉→清洗→卤制→去骨→剁碎→炒制→计重、装罐→杀菌→冷却→产品

（三）操作要点

（1）鹅肉预处理　将市场上购买的鹅宰杀后，浸烫于开水中5min后拔毛，拔净后开膛破腹取出内脏、肠子。将宰杀好的鹅洗净，于沸水中焯5～6min后捞出，沥干水分。再用干净不锈钢锅烧沸水，放入适量卤料熬制30min，将鹅肉倒入卤水中卤制15～20min左右，至鹅肉变金黄色即可捞出，沥干，冷却。将卤鹅的肉剔下，切成0.3～0.6cm见方的碎粒，称重备用。

（2）芽菜处理　先用清水清洗芽菜，去除残留物，然后将芽菜剁碎，再清洗1遍，目的是降低芽菜的盐分含量，最后沥干，备用。

（3）炒制　炒制是在不锈钢锅中进行的，先向不锈钢锅里加入植物油，加热至120～160℃，放入干辣椒、八角等香料煸炒2min，将其捞出。接下来将蒜末、姜末放入热油中煸炒30s，将鹅肉放入锅中用中火煸炒4min左右，随后加入沥干的芽菜，翻炒均匀后用小火炒制12～15min即可。

（4）计重、装罐、冷却　将炒制好的芽菜鹅肉酱装入220g的罐中，放入灭菌锅中于110℃，灭菌20min。经冷却后即为成品。

（四）成品质量指标

（1）感官指标　色泽：红亮，肉粒呈褐色；风味：香味浓郁，芽菜风味适宜；口感：口感细腻，咸辣适中；组织状态：流动性好，芽菜与鹅肉分布均匀。

（2）理化指标　砷≤0.5mg/kg，铅≤1.0mg/kg，亚硝酸盐≤20.0mg/kg。

（3）微生物指标　菌落总数≤10000个/g，大肠菌群≤90MPN/100g，致病菌不得检出。

二十一、新型鸭肝酱

（一）原料配方

鸭肝 40％、凤尾菇 25％、黄油 20％、大豆卵磷脂 4％、其他辅料和纯净水 11％。

（二）生产工艺流程

冷冻鸭肝→解冻→清洗→去筋膜→腌制→煮制→凤尾菇预处理→打浆→混合→均质→装罐→灭菌→成品

（三）操作要点

（1）解冻、清洗　先将冷冻鸭肝进行解冻，然后用清水对鸭肝进行清洗，去除鸭肝表面的白色筋膜和组织中残留的血液。

（2）腌制　将鸭肝对半切开，加入食盐、糖、味精、维生素 E、料酒后放置在 4℃下腌制 8h。

（3）煮制　将姜、红葱头、蒜、香辛料用纱布包好，加入锅中煮制 30min 后，加入腌好的鸭肝再煮制 10min 以除去鸭肝的腥味。

（4）凤尾菇处理　分拣，去除根部杂质，清水冲洗，热水烫漂，凉水冷却后捞出，切块。

（5）打浆　将煮好的鸭肝放入料理机中打浆，然后依次放入黄油、凤尾菇、乳化剂（大豆卵磷脂），搅打均匀，搅打时放入定量的冰水。

（6）均质　将搅打后的糜状混合物投入胶体磨中进行均质。

（7）装罐　均质后的混合物加热至 85℃左右，趁热装罐，装罐后真空封口。

（8）杀菌　采用 121℃杀菌 20min。杀菌结束后，经冷却即为成品。

（四）成品质量指标

色泽：有光泽，偏粉；风味：有鸭肝特有香味，无腥味；口感：口感良好，鸭肝香味浓郁，无异味，入口即化；组织状态：质地均匀细腻，无气孔，呈酱体状态。

二十二、新型蕨麻佐餐藏羊肉酱

本产品是以藏羊肉和蕨麻为主要原料生产的一种新型复合型羊肉酱。

（一）原料配方

植物油 20.7％、羊肉 17.2％、蕨麻 3.4％、辣椒酱 13.8％、甜面酱 5.2％、花生酱 5.2％、牛肉精膏 0.3％、葱末 8.6％、蒜末 8.6％、盐 1.0％、鸡精 2.0％、味精 1.7％、白糖 3.1％、生姜粉 0.3％、海天酱油 3.1％、白芝麻 1％、瓜子仁 1％、辣椒粉 3.4％、其他辅料 0.4％。

（二）生产工艺流程

食用香精、香辛料

↓

牛羊肉丁、蕨麻、酱→风味调和→灌装→杀菌→冷却→成品

（三）操作要点

（1）制酱　在锅中倒入植物油，烧至六成热，加入葱、蒜煸炒出香味，倒入复合酱料，翻炒均匀后，加入香辛料，搅拌混匀后，加入酱油和适量的水，熬制5min，盛好备用。

（2）羊肉处理　一是整理，鲜肉直接剔除筋腱、筋膜、脂肪，冻鲜肉在室温下预先用水淋法解冻；称取处理好的精肉，放入锅内预煮，去除血水、浮沫，以肉块切开时内部无明显红色为宜。二是煮制，首先是熬制高汤，即加入八角2.2%、花椒3.7%、桂皮2.2%、小茴香1.5%、白芷2.2%、草果1.5%，熬制至汤液颜色呈红褐色（需注意，若白芷用量过多会造成风味中带有较重的中药味）；将预煮好的羊肉加入高汤，一起下锅煮至肉九成熟，捞出晾干，冷却后切成0.3~0.5cm见方肉粒待用。

（3）辅料处理　蕨麻洗净，入锅煮至熟透，切成均匀颗粒，待用。芝麻、瓜子仁煸炒，避免焦煳。

（4）红油制备　油与香料重量比1∶9；各香料比例为白芷∶桂皮∶花椒粒∶八角＝1.0∶3.3∶1.6∶1.6；以红辣椒粉∶植物油＝1∶6熬制，在锅内倒入植物油，加热至八成热时，加入香料翻炒，待花椒变色并且有明显香味逸出时，滤去香料渣，将油重新入锅，待油温升至100℃左右时加入红辣椒粉，熬制3min，起锅待用。

（5）熬制　锅内倒入红油，将所制酱料倒入锅内，再加入辅料蕨麻，炒至均匀后加入辅料，熬制5min左右，加入芝麻，煮片刻出锅。

（6）灌装、高压蒸汽灭菌　一是将成品肉酱用280mL玻璃瓶灌装，放入高压灭菌锅内，在120℃条件下高压蒸汽灭菌10~15min。二是杀菌检验，120℃杀菌10min，为避免肉酱长时间受热影响酱香及色泽，采用常压快速冷却，检查瓶子是否存在裂纹、瓶盖是否封严，不得有油渗出，合格后贴标签保藏。

（四）成品质量指标

（1）感官指标　色泽亮丽，香味浓郁，营养丰富，有明显羊肉及蕨麻颗粒，有一定的咀嚼感，且料质均匀，黏稠适中，酱体易于涂抹，滋味鲜美，风味独特。

（2）理化指标　净含量为245.00g，固形物含量81.13%，氯化钠含

量 2.36%。

二十三、羊肚菌肉酱

（一）原料配方

羊肚菌 6.60%、精瘦肉 17.90%、菜籽油 47.20%、辣椒面 9.43%、花生碎 2.83%、芝麻 2.83%、盐 2.83%、姜 2.83%、蒜 3.80%、花椒粉 1.42%、糖 0.94%、胡椒粉 0.94%、味精 0.45%。

（二）生产工艺流程

鲜羊肚菌渣　　　　清洗、沥干←去筋、去膜←精瘦肉

鲜羊肚菌→筛选→清洗→沥干水分→切丁→煸干→炒制→装罐→灭菌→检验→成品

干羊肚菌→复水　　　　花生、芝麻

（三）操作要点

（1）原料预处理

① 羊肚菌。挑选新鲜优质羊肚菌、鲜羊肚菌渣（或选择无损伤、无霉变、无腐烂、无虫害的优质干羊肚菌），先用清水将其表面的灰尘等杂质冲洗干净，然后将其放入温水中复水泡发 2～3h，沥干水分，切成 0.5cm 左右小方丁，放入锅中煸干煸香，备用。

② 花生。挑选无破损、无霉变花生，去除花生红衣，将挑选好花生放入锅中煸干、炒香，自然冷却，压制成花生碎，备用。

③ 芝麻。为了增加香辣酱的香味和延长保质期，需将芝麻做熟制处理，即将芝麻放入炒锅中煸干、炒香，备用。

④ 辣椒、蒜及姜。将清洗干净的干辣椒沥干水分，用粉碎机粉碎成辣椒粉备用；选择个头大而饱满，瓣少而大，整齐坚实，用手掂量有一定的分量，蒜瓣不发芽，无臭味、无霉变、无虫蛀、干燥的大蒜及新鲜生姜洗净沥干水分，切成末备用。

（2）炒制　准确称取一定量菜籽油，倒入锅中加热，待油七八分热时，依次下入姜末、蒜末、精瘦肉，后大火爆香 2～3min，再放入羊肚菌，放入辣椒粉、盐等调味料文火翻炒 8～10min，使其水分蒸发，加入花生碎、芝麻搅拌均匀，即可出锅装罐。

（3）装罐、杀菌　将炒制后的香辣酱趁热迅速装入已经灭菌的玻璃瓶内，排气后，进行封口；将封口后的玻璃罐放入高压杀菌锅中，在 121℃ 的温度下杀菌 20min。

（4）检验　杀菌冷却后立即检查瓶子是否有裂纹，瓶盖是否严实紧密；若检查瓶子无裂纹、瓶盖无凹陷，即为合格羊肚菌肉酱成品。

（四）成品质量指标

（1）感官指标　外观：均匀酱状，无霉变，无异物，羊肚菌丁与精瘦肉丁大小统一，辣椒油与内容物充分混匀，浓稠适宜；色泽与滋味：色泽呈亮红色，油色清亮有光泽，羊肚菌丁与精瘦肉丁表面呈辣椒红，香辣可口，滋味醇厚，有精瘦肉和羊肚菌的鲜香味，气味协调，无苦涩味，无焦煳味。

（2）理化指标　水分 51.9g/100g，酸价（KOH，以脂肪计）1.3mg/g，过氧化值（以脂肪计）0.072g/100g。

（3）微生物指标　细菌总数＜100 个/g，大肠菌群和致病菌未检出。

二十四、低盐花生银耳牛肉酱

（一）原料配方

黄豆酱 34.99％、复合糖 6.18％、牛肉 13.91％、银耳花生（1.82∶1）16.18％、食用油、黄酒及各种辅料 28.74％。

（二）生产工艺流程

黄豆酱→炒制→花生丁、牛肉丁、银耳丁→香辛料、糖→煮开→味精、黄酒→搅拌→装瓶→封口→杀菌→冷却→成品

（三）操作要点

（1）银耳丁制备　选择优质的银耳原料，冲淋干净后，放进清水中浸泡 1h，待银耳充分柔软即可，切成 0.3～0.5cm 的可见碎丁，备用。

（2）花生丁制备　选择优质的花生原料，放入烘箱中烘熟烘干（注意烘干时间及烘箱温度，避免不熟或烘煳），然后冷却使其变脆，并揉搓以去除表皮。将表皮去除后的花生切碎成 0.5cm 左右的可见碎丁，备用。

（3）牛肉丁制备　选择新鲜牛肉，清洗后剔除筋膜，放入浓度为 3％ 的木瓜蛋白酶溶液中置于 55℃ 的恒温水浴锅中保温 40min 使牛肉软化，然后进行煮制，切成 0.3～0.5cm 见方的可见碎丁后，备用。

（4）其他原料制备　干辣椒去籽，用不锈钢刀切成 0.3cm 左右的辣椒片，备用。姜用清水洗净，除去表皮后用刀切成姜末，备用。将大蒜头洗净后剥皮，拍碎，切成蒜末，备用。将新鲜洋葱剥皮后用水清洗干净，切成 0.3cm 的葱丁后，备用。

（5）炒制　将适量食用油入锅后，加热，待油温八成热时向锅中加入备用的辣椒，炸出香味，接着放入葱丁、姜末、蒜末爆炒出香味，再放入黄豆酱，炒出酱香味，随后放入处理好的牛肉丁，炒制 5min 左右后依次放入银耳丁、花生丁，加入复合糖和各种香辛料调味，煮沸 5～8min，在酱出锅前加入味精和黄酒并搅拌均匀。制酱过程的关键在于酱的炒制，炒制过程中应该注意控制油的温度以及酱的炒制程度。同时，加入辅料后注意搅拌以防酱体变焦以致产品味道变苦，影响成品的风味与色泽。

（6）装罐、杀菌　将经上述步骤制得的酱体充分搅拌后趁热装入经消毒处理后的四旋玻璃瓶中，装填完毕后封口，不用封得太紧。将经前述步骤处理好后的玻璃瓶置于水浴锅中加热，待瓶内酱体中心温度达到85℃左右时封紧瓶盖。处理好后，继续放置在90℃水浴锅中加热杀菌10min，经杀菌处理后快速分段冷却至40℃以下，经过上述一系列步骤处理后就可以得到成品。

（四）成品质量指标

色泽：油亮，鲜亮，有光泽，呈红褐色；风味：味浓郁，口味协调，有花生、银耳、牛肉特有风味，没有异味；组织状态：黏稠度适中，酱体分散均匀，没有分层现象；口感：酱香味浓郁，有丰富口感，有花生香脆感，无异味。

二十五、香辣鸡枞菌牛肉酱

（一）原料配方

鸡枞菌20%、牛肉15%、辣椒粉12%、淀粉6%、色拉油20%、黄豆酱6%、豆豉5%、熟花生仁4%、食盐2%、生姜2%、洋葱2%、鸡精1%、料酒1%、大蒜1%、白糖1%、胡椒粉0.5%、花椒粉0.5%、白芝麻0.5%、十三香粉0.5%。

（二）生产工艺流程

```
            黄豆酱、姜、蒜    预煮←切丁←牛肉
              ↓              ↓
植物油→加热→炒制→调配→装瓶→封盖→灭菌→成品
              ↑
           鸡枞菌、辣椒粉
```

（三）操作要点

（1）鸡枞菌处理　挑选新鲜优质的鸡枞菌，以伞盖呈均匀蛋黄色，直径3cm以上，菌柄内实、光滑、长3.5cm以上者为挑选对象。将鸡枞菌放入1%的食盐水中浸泡10min，然后用清水洗净，沥干水，切成5mm的小丁备用。

（2）牛肉处理　将牛肉浸泡于流动的清水池中，待漂去血水、洗净表面杂质后捞起控干水分，切成4mm左右见方的小丁备用。将牛肉丁投入到沸水中进行初步预熟处理，预熟煮制时间为25min。

（3）其他辅料处理　将花生仁和芝麻置于烤盘里放进烤箱进行制熟处理，待花生仁冷却至室温经脱皮工艺后绞成小碎粒备用；姜、蒜、洋葱去皮切成2mm左右的丁备用。

（4）炒制、调配　锅里倒入色拉油后，待油温升至100℃时，分别放入洋葱、姜、蒜、豆豉等原料并进行翻炒5min，待温度上升到150℃时，加入辣椒粉炸出香味，继而加入淀粉、黄豆酱爆出香味，炒出酱香味道，加入鸡枞菌，炒制2min左右后加入牛肉丁，加入白糖、胡椒粉、花椒粉、鸡精进行调味，继续加热5min，起锅前加入料酒、熟芝麻、十三香粉即成。

（5）装瓶、杀菌　将加工好的酱体按每罐 280g 的标准，经油封处理后进入装瓶工序，装瓶后封盖。再利用杀菌锅在 118℃温度下杀菌 17min，杀菌后进行分段冷却至室温即为成品。

（四）成品质量指标

色泽：酱体呈红褐色，颜色鲜亮，油润有光泽；滋味：酱香浓郁，咀嚼感良好，口感细腻，香辣味适中，无焦煳和异味；风味：香气浓郁，具有鸡枞菌特有的风味，有牛肉的香味，气味协调，无异味。

二十六、香菇猪肉酱

（一）原料配方

植物油 40％、复水香菇 6％、油炸肉粒 10％、豆豉 10％、葱泥 2％、姜泥 1.5％、花椒粉 0.5％、辣椒粉 5％、辣豆瓣酱 5％、食盐 2％、白砂糖 4％、味精 2％、山梨酸钾 0.08％，其余为水。

（二）生产工艺流程

猪肉→绞制→腌制→油炸→油炸肉料

干香菇→复水→绞碎→香菇丁→调和杀菌→高温灌装→冷却→包装→成品

（三）操作要点

（1）猪肉预处理　修去分割猪肉上多余脂肪放入绞肉机，绞碎机孔板直径为 8mm。用绞肉机绞碎后，加入原料肉 2％的食盐进行腌制，8～10h 后进行油炸，油温 150℃，时间 1min，猪肉经油炸后出品率达到 75％～80％。

（2）干香菇处理　干香菇：水比例为 1:3，浸泡 60min 左右，香菇被水浸透为止，沥干多余水分，绞碎机孔板直径为 6mm 或 8mm，绞碎备用。

（3）其他辅料处理　鲜葱、鲜姜等洗净沥干打成泥状备用。

（4）调和杀菌　将植物油加入夹层锅加热，油温 115℃时加入鲜蒜泥和鲜姜泥，5min 后加入花椒粉、辣椒粉；当油温再升至 115℃时加入豆豉、复水香菇、辣豆瓣酱，恒温 5min，加入油炸肉粒、食盐、味精、白砂糖和适量蒸发水；当温度升到 93℃时保持 35min，恒温结束前 10min 加入山梨酸钾。

（5）高温灌装　恒温结束，开始回流降温，当温度降到 85～90℃时，利用灭菌好的容器进行灌装。

（6）冷却、包装　灌装结束后，当产品中心温度降到 37℃以下后即可进入包装。

（四）成品质量指标

（1）感官指标　色泽：红褐色或棕红色，鲜艳，有光泽；口感：具有香菇特有鲜味，咸甜辣味适中，回味足，无苦焦味；风味：具有香菇特有的风味和丰富油脂、香料风味，无其他不良气味；组织状态：原料颗粒均匀、明显，能见到小的肉粒，含油量适宜，上层有 1cm 左右的红油。

（2）微生物指标　菌落总数≤4000 个/g，大肠菌群＜30MPN/100g，致病菌不得检出。

二十七、香菇牛肉酱

（一）原料配方

牛肉 28.0％、白糖 9.3％、香菇 18.7％、调和油 11.3％、豆豉 32.7％。

（二）生产工艺流程

原料验收→预处理→配料→炒制→熬酱→装罐→杀菌→冷却→金属检测→装箱→入库

（三）操作要点

（1）原料验收　选用新鲜或冷冻的牛肉进行加工，每批原料进厂前须相关证件齐全，感官检验项目有色泽、弹性、黏度、气味等，经检验合格才能接收，具体执行参照《牛肉采购及验收标准》。香菇要求干燥，无发霉软烂，无虫蛀，无变质，气味清香浓郁的整香菇或香菇丝。豆豉要求以大豆为原料，经充分发酵制成具有浓郁酱香及脂香气，气味鲜美醇厚，咸甜适口，色泽浅红褐色，含盐量 18％～22％，氨基态氮在 0.7g/100mL 以上的豆豉原料。

（2）预处理

① 香菇预处理　用清水浸泡浸透，捞出后再清洗 2 遍，洗净泥沙杂质，用间距为 2.5mm 的切片机切成丝条。

② 牛肉预处理　牛肉采用新鲜或冷冻的牛碎肉，冻肉解冻后用清水清洗一遍，滤水后倒入夹层锅中，沸水预煮 10～15min，去掉浮油血沫后用 8mm 孔板的绞肉机绞一遍。

③ 豆豉预处理　豆豉用直径 6mm 孔板的绞肉机绞碎成豆酱。

（3）炒制　炒制在夹层锅进行。先打开蒸汽对夹层锅进行加热，蒸汽压力控制在 0.05～0.08MPa，保持小火加热。在夹层锅中加入适量调和油，然后加入绞好的香菇不断翻炒，5min 后加入绞好的牛肉继续炒制，此时应转大火，蒸汽压力调整至 0.1～0.15MPa 之间，保持此温度继续翻炒约 10min 后即可出锅。继续在锅中加入调和油，然后加入绞好的豆豉，在此蒸汽压力下加热翻炒，炒干水分，直到有豆豉变得松散有香味炒出，此过程约 15min 左右。

（4）熬酱　将炒制好的香菇、牛肉和豆豉进行混合，然后加入剩余的糖及盐、味精、水等辅料，开启蒸汽阀门继续炒制，蒸汽压力为 0.08～0.1MPa。在此期间要不断翻炒，防止粘锅，直到酱体变得浓稠、颜色为深褐色，有浓郁的香气飘出为止，熬制时间约为 2.5h。

（5）装罐　肉酱熬制结束后，用自动定量灌装机进行灌装，用玻璃瓶装，每瓶 250g，装瓶中心温度不低于 60℃，趁热旋紧瓶盖。

（6）杀菌　采用高温水浴杀菌，杀菌公式为 15min—25min—15min/116℃，反压控制在 0.2～0.25MPa。

（7）冷却　杀菌冷却时锅内应含有（3～5)mg/L 有效氯水进行冷却，在出水口应测到（0.5～1)mg/L 的余氯含量，冷却到水温在 40℃ 以下即可出锅。冷却后应将罐体表面的水分擦干。

（8）金属检测　将杀菌后的肉酱逐个放在金属探测仪的传送带上，进行金属异物检测，剔除不合格品。

（9）装箱入库　按规定的要求将产品进行包装并装箱，箱体标注品名、数量及生产日期。装好的产品存放在常温的仓库中，库存过程中应注意防潮、防鼠、防虫。

（四）成品质量指标

色泽：产品呈棕褐色，有光泽，油呈棕红色；气味与滋味：具有香菇肉酱罐头应有的滋味及气味，无异味；组织状态：豆酱细腻，肉块呈小块或粒状，大小均匀，香菇呈条状，酱体不流散；杂质：不得出现肉眼可见杂质。

二十八、香菇葛根牛肉酱

（一）原料配方

豆瓣酱 35%、牛肉 20%、香菇 8%、葛根 1.5%，其余为植物油、白砂糖、花生、辣椒、花椒、葱、姜、芝麻等。

（二）生产工艺流程

冷冻牛肉解冻→清洗→修正切丁→干香菇泡发→修正切丁→葛根打粉→辅料切末→炒制→熬制→灌装→杀菌→冷却→成品

（三）操作要点

（1）原料肉预处理　选取新鲜的牛肉，去除边角部分，清洗干净。要注意不能用热水清洗，以免影响口感。处理后的牛肉，切成 0.3cm³ 的肉丁。用清水洗净，放入干净的餐盘中待用。

（2）香菇预处理　选择干净、无破碎、无污物的干香菇，用温水浸泡一段时间，涨大后用手按压看是否泡透。待泡透后去除菌柄，只留伞状部分，用清水冲 2 遍，洗去泥沙杂质，用不锈钢刀切成 0.3cm³ 的丁，用清水洗净后，放入不锈钢盘中待用。

（3）葛根粉预处理　选择市售葛根块，用打粉机将其打成葛根粉，精筛过筛后去除粗纤维成分和杂质，只选取筛下精细葛根粉，放入准备好的干净干燥玻璃容器中待用。

（4）葱姜蒜预处理　将新鲜葱姜蒜洗净去皮后，切成末，放入干净的餐盘中，待用。注意蒜和姜不要选择发芽的，以免影响口感。

（5）炒制　先将锅烧热，倒入 300g 食用油，放入 30g 花椒将其爆香，然后将花椒捞出废弃，加入 20g 辣椒翻炒，防止辣椒焦煳，随后加入 30g 葱姜蒜焵锅，有香味后立即放入切好的香菇丁和牛肉丁炒制，不断翻炒，防止粘锅。

（6）熬制　将植物油加入锅中，待油温上升到120℃时，将称好的花椒加入锅中，待出香味之后立即将花椒取出，以免影响口感。此时向锅中加入切好的干红辣椒，同样是炸出香味，切记不可炸制时间过长，以免出现焦煳味道。然后向锅中加入备好的生姜末，爆炒出香，待油温上升到140℃时，向其中加入备好的牛肉丁。等到牛肉丁的颜色出现变化之后，加入香菇丁，不停翻炒出香味之后，向其中加入备好的花生和芝麻。然后向其中加入豆瓣酱和葛根粉，用中火不停地翻炒40～50min。最后加入白砂糖，大火快速翻炒5min即可。在整个炒制过程，关键在于控制好温度和时间，适宜的温度和时间，炒制出来的酱才会具有较好的香味和色泽。

（7）灌装、灭菌　炒制好的酱应及时灌装入预先清洗干净的玻璃罐，不宜停留时间过长，否则易受微生物污染，影响杀菌效果。把酱装入罐中，每罐的净含量为185g，用红油进行封顶，罐内应保留3～5mm的顶隙。装罐时酱的温度应保持在85℃以上，有利于灭菌。

（8）杀菌　将灌装好的酱放入杀菌锅中，杀菌锅中的水要没过罐10cm以上，且初始时杀菌锅中的水温要略高于已装好的牛肉酱的初温。持续加热，待温度达到100℃时开始计算杀菌时间。当杀菌时间达到15min时，将灌装好的牛肉酱从杀菌锅中取出，然后采用分段冷却的方法，冷却到38～43℃时即为成品。

（四）成品质量指标

色泽：棕红色与黑色相间，颜色鲜艳，有光泽；风味：香气浓郁，具有香菇、花生、芝麻的特殊香味，牛肉香味明显，且香味协调，无异味；滋味：酱香浓郁，有良好的咀嚼感，口感细腻，咸、甜、麻、辣味适中，无焦煳味；体态：体态均匀细腻，浓稠适中，无分层，无杂质。

二十九、蚕蛹肉酱

本产品是以蚕蛹和牛肉为基础原料，辅以各种调味原料生产出的具有高营养价值的有独特风味的调味酱。

（一）原料配方

蚕蛹35％、牛肉末35％、花生酱和豆瓣酱（2∶8）20％、调味液5％，花生油、精制食盐、白砂糖、胡椒粉、鸡精、葱、姜、蒜、花椒等5％。

（二）生产工艺流程

基础原料→筛选搅碎
↓
蚕蛹＋牛肉→机器绞成肉末→腌制→混合→加热慢火熬制→搅拌冷却→包装→杀菌→成品

（三）操作要点

（1）原料与辅料的筛选以及处理　对新鲜的蚕蛹进行剥茧取肉，牛肉市场购买即可。蚕蛹与牛肉要求肉质新鲜，没有腐败或者异味，不得混有蚕茧丝以及其他杂质，用蒸馏水洗净备用。葱、姜、蒜等辅料去皮清洗用刀切碎，并用组织捣碎机将其完全打碎备用；按照一定的比例与精确称量好的花生酱、豆瓣酱混合均匀，处理好备用。

（2）碎肉与腌制　将取出来的蚕蛹与洗干净的牛肉，按照一定量与料酒、香料调和均匀，在室温下腌制 0.5～1h，之后用绞肉机将蚕蛹打碎，将牛肉切成丁备用。

（3）调味液制备　将花生油倒入锅中加热至适当温度，将葱、姜、蒜等辅料倒入热油中进行炒制，等到葱、姜、蒜等辅料有香气溢出时，按照一定的比例加入胡椒粉，迅速翻炒然后加水，然后大火将水烧至沸腾，最后加入糖、盐、醋等基本辅料，出锅进行 3～4min 冷却处理后待用。

（4）熬制与调配　待将上述基本原料准备好后，将花生油慢慢倒入锅中，等到温度上升至 130℃ 左右时，加入事先处理好的牛肉末，迅速翻炒并且加入适当的料酒提鲜增色。待牛肉炒熟之后，立刻加入花生酱、豆瓣酱和蚕蛹酱，慢慢将其混合均匀，然后加入适量的辅料调味料，最后将剩下的辅料一次性加到肉酱中。保持锅内微微沸腾，一边加热一边搅拌，调节好肉酱的黏稠度和色泽方可停止加热。

（5）包装、杀菌　将熬制好的蚕蛹肉酱与 0.30g/kg 的山梨酸钾混合均匀，慢慢灌装到玻璃瓶中，灌装好的蚕蛹肉酱应该第一时间尽快趁热封口，用事先准备好的杀菌锅在 110℃ 的高温下进行 15～25min 的杀菌，然后迅速冷却至室温保存即为成品。

（四）成品质量指标

（1）感官指标　色泽：光亮、鲜艳、有红褐色；组织状态：黏稠度适中，肉酱均匀，没有分层现象。

（2）理化指标　水分 45%，脂肪 15%，氨基态氮 0.65%。蛋白质 16.7%，总酸 1.3%，酸价（KOH）6.4mg/g。

（3）微生物指标　细菌总数 1400 个/g，大肠菌群 16MPN/g，致病菌未检出。

三十、低盐花生平菇风味牛肉酱

（一）原料配方

牛肉 42.22%、花生与平菇（配比 3.46∶1）18.56%、豆酱 25.70%、复合糖 5.81%、马铃薯淀粉 7.71%。

（二）生产工艺流程

原料验收→预处理→配料→炒制→熬酱→装罐→杀菌→冷却→成品

（三）操作要点

（1）平菇预处理　用清水浸泡浸透，捞出后再清洗 2 遍，洗净泥沙杂质，用菜刀切成 3mm 左右的丝条，晒干碾成粉。

（2）牛肉预处理　牛肉选用新鲜或者冷冻的牛碎肉，等待解冻后用清水将其清洗 1 遍，过滤后倒入电炒锅中，用沸水预煮 12～15min，然后去掉浮油、血沫，用 8mm 孔板的绞肉机进行绞肉。

（3）花生预处理　准备烘干的花生米，装进保鲜袋，用擀面杖将其擀碎成粉。

（4）配料　按照原辅材料配比的要求，准确称量所需的材料。

（5）炒制　在电炒锅中进行炒制。对电炒锅进行加热，将蒸汽压力调控在 0.05～0.08MPa 之间，然后保持小火加热。在电炒锅中慢慢加入适量调和油，然后将绞好的平菇加入并不断翻炒，绞好的牛肉于 5min 后加入且继续炒制，此时将火力转为大火，并将蒸汽压力调整至 0.1～0.15MPa，控制温度不变继续翻炒，在约 10min 后即出锅。将锅清洗干净，在锅中加入适量调和油，然后加入擀好备用的花生，在此蒸汽压力下翻炒，直到水分炒干，有香味炒出，过程约在 15min 左右。

（6）熬酱　将炒制好的平菇、花生和牛肉进行混合，然后将剩余的盐、味精、水等辅料加入，小火炒制，蒸汽压力控制为 0.08～0.10MPa。不断进行翻炒，防止粘锅，直到牛肉酱酱体变得浓稠，颜色变为深褐色，飘出浓郁的香气为止，熬制时间大约为 2.5h。

（7）装罐　肉酱熬制结束后，用玻璃瓶进行灌装，每瓶 300g，控制装瓶中心温度不低于 60℃，并趁热旋紧瓶盖。

（8）杀菌、冷却　采用高温水浴杀菌，反压控制在 0.2～0.25MPa，杀菌公式为 15min—25min—15min/116℃。用 $(3～5)×10^{-6}$ 有效氯水进行杀菌冷却，在出水口处测 $(0.5～1)×10^{-6}$ 的余氯含量，直到水温低于 40℃ 即可出锅。取出将罐体表面的水分擦干。

（四）成品质量指标

色泽：颜色油润鲜红，有光泽；组织状态：质地均匀，流动性佳，稀稠适中，有酱状；气味：香气浓郁，脂香扑鼻，酱味适中，整体气味协调；滋味：肉质细嫩有嚼劲，丝滑可口，咸淡适宜。

三十一、番茄肉酱

（一）原料配方

五花肉 250g、番茄 300g、调和油 200g、豆瓣酱 80g、纯净水 1500mL、大葱 50g、生姜 60g、大蒜 60g、白砂糖 20g、食用盐 10g、味精 10g、辣椒粉 1g、

花椒粉 1g、料酒 10g。

（二）生产工艺流程

五花肉、番茄、葱、姜、蒜预处理→原料称量→烹调、熬制→出锅→成品

（三）操作要点

（1）五花肉预处理　将在正规市场购置已搅碎为细小颗粒的优质五花肉，用纯净水洗净，备用。

（2）番茄预处理　选用表面光滑无病变、颜色鲜红的优质番茄，首先用清水冲洗干净，然后将番茄放入烧开的沸水中煮 3min，捞出冷却后去除表皮；再将去皮的番茄切成小块放入搅拌机中，反复搅拌 3 次后得到番茄汁，放入容器中用保鲜膜封口，备用。

（3）葱、姜、蒜预处理　将生姜、大蒜、大葱去除不可食部分后清洗干净，晾干，切碎，放入容器中用保鲜膜封口，备用。

（4）原料称量　按照配方的比例准确称取各种原料。

（5）烹调、熬制　炒锅预热，倒入食用油，在电磁炉温度为 180℃条件下将食用油加热 1min，倒入葱、姜、蒜，炒出香味后捞出；再放入五花肉和料酒，不停翻炒 1min；加入豆瓣酱与肉搅拌均匀，炒出酱香味后加入番茄汁以及少量纯净水，将电磁炉温度调至 150℃，熬制酱体至摊开不流动；最后加入白砂糖以及其他各种调味料调味，出锅，即得番茄肉酱。

（四）成品质量指标

色泽：酱体油亮，有光泽；气味：酱香味浓郁，无其他异味；口感：味道鲜美，咸淡适中，肉咀嚼性好，有番茄和肉的双重味道，无异味；组织状态：酱体均匀，流动性好。

三十二、枸杞黄豆牛肉酱

（一）原料配方

黄牛肉 30％、白砂糖 6％、纯净水 4％、枸杞 12％、黄豆 22％、橄榄油 8％、甜面酱 18％。

（二）生产工艺流程

枸杞、黄豆预处理
↓
新鲜黄牛肉→去除筋皮→清洗→二次清洗→均匀分割→炒制→灌装→密封→杀菌、冷却→金属探测→贴标→装箱→入库

（三）操作要点

（1）枸杞预处理　将干瘪、发黑的枸杞挑选剔除，用清水将混杂的灰尘、脏东西等清洗掉，然后加入清水泡发 25min 左右，枸杞涨发柔软捞出即可，备用。

（2）黄豆预处理　挑选、剔除劣质黄豆及其他混入的杂质，然后加入清水泡

发 24h 左右，将泡发好的黄豆进行清洗后，备用。

（3）牛肉预处理　购买符合食品卫生安全标准的新鲜黄牛肉，剔除黄牛肉中的筋皮、黏膜后加入水进行清洗，去除淤血后，进行第 2 次清洗，均匀切成0.5～1.0cm 的小肉丁放入碗中备用。

（4）炒制　在夹层锅内加入橄榄油，预热 2min 左右后，加入处理好的黄牛肉进行爆炒。此时转为大火，倒入料酒、食盐继续炒制，保持此火候进行约8min 的翻炒后，将备用的黄豆和枸杞加入锅中，加一些纯净水，再加入五香粉、甜面酱、白砂糖等炒干水分，直到黄豆变得松散，有香味溢出，枸杞色泽鲜艳，即完成，此过程约 16min。

（5）灌装　将炒制好的枸杞黄豆牛肉酱冷却 1h，用玻璃瓶进行定量灌装，每瓶 320g，灌装后旋紧瓶盖。

（6）杀菌　采用高温水浴锅进行杀菌，温度控制在 100℃，时间为 30min。于空气中自然冷却，冷却后将玻璃瓶表面的水分擦干。

（7）金属探测　将产品逐个放入传送带上，进行金属检测，不得有金属检出，金属量块为 1.5mmFe、2.0mmNo-Fe、2.5mmSS，剔除不合格品。

（8）贴标、装箱　产品标签贴靠于中心位置的 1/2，标签完整，不得歪斜脱落，将贴好标签的产品装箱后入 8～10℃成品库，暂存待发货。

（四）成品质量指标

色泽：色泽饱满，呈深褐色；风味：肉和豆香完好地融合，较香；口感：肉质细腻，唇齿留香；组织状态：质地均匀，较浓稠。

三十三、牛蒡牛肉酱

（一）原料配方

牛肉 35%、牛蒡 20%、调味料 10%、豆瓣酱 35%，其他辅料若干。

（二）生产工艺流程

原材料选择→预处理→混合熬制→灌装→冷却→成品

（三）操作要点

（1）原材料选择　选用新鲜的牛肉进行加工。牛肉感官检验要求色泽红润、有弹性、气味正常。牛蒡根要求干燥，无霉变或虫蛀现象，无杂草或泥沙等杂质，气味为正常干燥的牛蒡清香，无异味。干红辣椒、花椒要求无杂质，无异常表象。豆瓣酱、白糖、食盐要求无变质现象。

（2）原料预处理　新鲜牛肉选好后，洗去表面污血，剔除大块脂肪，倒入锅中，沸水煮 10min，捞出后放入绞肉机绞制。牛蒡根、干辣椒和花椒分别放入粉碎机粉碎，牛蒡根粉碎后过 60 目筛，干辣椒和花椒粉碎后过 80 目筛，选择过筛后粉末待用。

（3）调味料制备　调味料由花椒粉、五香粉、白糖和食盐组成，制备方法为按比例混合，混合后加水待用。调味料组成：食盐 2g、白糖 8g、花椒 1.5g、五香粉 0.5g、水 20g。

（4）混合熬制　将调味料、原料肉和牛蒡粉按优化比例进行配制，以豆瓣酱为填充料，补至 100g 后混合均匀。将电磁炉温度调至 120℃，加 2.5 倍的水熬制，直至酱体黏稠、肉香飘出时为止。在熬制期间，不断搅拌，避免粘锅。

（5）灌装、冷却　酱体熬制成熟后，趁热进行灌装，然后经冷却即为成品。

三十四、秋葵牛肉辣酱

（一）原料配方

牛肉 60g、秋葵 20g、辣椒 40g、甜面酱 20g、花生碎 8g，芝麻、八角粉、花椒粉、白糖、盐等适量。

（二）生产工艺流程

调味酱
↓
原料选择→预处理→混合炒制→装瓶加盖→杀菌→冷却→成品

（三）操作要点

（1）原料选择及预处理

① 辣椒。选用市面上常见的干的二荆条红辣椒，挑选无虫害、无霉烂、完整、颜色鲜红有光泽、形状较长、辣度适中的辣椒，除梗后清洗，洗掉杂质。浸泡在温水中直至完全湿润，取出沥干，并切碎使用。

② 秋葵干。去除无虫害、无霉烂的秋葵干，除梗，切碎待用。

③ 牛肉。选用新鲜的牛肉，清洗后沥干，切成（1cm×1cm×1cm）小丁备用。

④ 花生。挑选无虫害、无霉烂、形状规整的生花生，剥掉外壳，将花生米炒熟，晾凉后去掉内皮，切碎备用。

⑤ 芝麻。炒熟后放凉研碎。

⑥ 八角、花椒。打粉备用。

（2）调味酱制备　锅内倒入花生油，大火至油温 130℃转小火，加入花生碎、芝麻、八角粉、花椒粉，小火炒出香气后加入甜面酱、白糖、盐进行调味，小火炒 10min 后盛出晾凉备用。

（3）混合炒制　锅内加入花生油，油温大约 150℃时加入葱末、蒜末及牛肉丁进行翻炒，将秋葵碎、花生碎、辣椒、制备的调味酱（30g）放入，加入适量白糖、盐调味，小火炒 10min 后盛出晾凉备用。

（4）装瓶、灭菌　玻璃瓶清洗干净，煮沸灭菌 15min，辣椒酱出锅，趁热迅速装罐。装瓶不得满至瓶口，需留出 1cm 空隙。装瓶后迅速将瓶盖拧紧并倒置。采用水浴杀菌，玻璃瓶倒置热烫后放正，擦干瓶外水珠，自然冷却后即为成品。

（四）成品质量指标

（1）感官指标　色泽：红色与褐色相间，油润鲜亮，有光泽；滋味与气味：酱香足，辣椒香气浓郁，咸味适当，辣味突出，气味协调，无焦煳、苦、酸等不良异味。

（2）理化指标　水分 4.28g/100g，总酸 1.55g/100g，亚硝酸盐 1.86mg/kg。

（3）微生物指标　细菌总数＜1000 个/g，大肠菌群和致病菌未检出。

三十五、鼠尾藻牛肉酱

鼠尾藻是沿海潮间带礁石上较为常见的野生藻类，从我国辽东半岛至雷州半岛均有分布。鼠尾藻蛋白质含量高，脂肪含量低，此外还含有丰富的褐藻多酚、多糖类等活性物质，是一种可作为食品或营养保健品的优质海洋蔬菜。本产品是以鼠尾藻、牛肉为主料，搭配以辣椒、花生、糖等其他辅料，调配出的一种营养丰富、口感独特的牛肉酱。

（一）原料配方

鼠尾藻 25％、牛肉 25％、调料液 15％、辣椒 3.5％，其余为花生油、盐、糖、各种香辛料等。

（二）生产工艺流程

（1）鼠尾藻处理

干鼠尾藻→水洗→搅拌→去杂→浸泡→漂洗→烘干→粉碎

（2）鼠尾藻牛肉酱制作

生油→加热至七分热→放入辣椒炒至变色→放入牛肉煸炒→调料液、鼠尾藻炒制→芝麻、花生→装瓶→密封→杀菌→冷却→成品

（三）操作要点

（1）干鼠尾藻处理　将干鼠尾藻里混杂的一些小虾蟹、杂草与泥沙等，经水洗搅拌后去除。将鼠尾藻浸泡于 1％醋酸中 6h，去除腥味。由于鼠尾藻口感较粗，直接做酱后风味不佳，将鼠尾藻烘干粉碎成粉末后再调制成酱。

（2）牛肉处理　购买符合食品卫生安全标准的新鲜牛肉，洗去牛肉表面残留的污血和杂质，剔除筋膜和淋巴，切成大小为 5mm 左右的小丁备用。

（3）调料液制备　将所有调味料花椒、藤椒、丁香、八角、当归、白芷、香叶、桂皮、茴香、肉蔻、孜然全部打成粉末备用。使用电磁炉熬制调料液，先将花生油倒入锅中加热，放入葱、姜、蒜后翻炒，香气溢出后，加入调味料快速翻炒后加水至沸腾，最后加入盐、糖，冷却后备用。

（4）炒制　将花生油倒入锅中加热，当油温升至七分热时，放入干辣椒片炸出香味，炸辣椒时注意油温过高容易炸煳，炸至辣椒变色即可。加入牛肉丁煸炒

3min 左右加入调料液和鼠尾藻糊（鼠尾藻糊由鼠尾藻粉加入 5 倍的水搅拌而成），翻炒 15min 左右至酱体摊开不流动即可。

（5）装瓶和灭菌 将炒制好的鼠尾藻牛肉酱趁热装入瓶中，红油封顶后将瓶盖拧紧。放入灭菌锅中，121℃灭菌 20min，自动降压冷却后即为成品。

（四）成品质量指标

（1）感官指标 色泽：酱体呈红褐色，颜色鲜亮有光泽；酱体状态：酱体分布均匀，黏稠适中，没有产生分层现象；气味：有鼠尾藻特有的海类植物的清香，无腥味，海藻味与辣味协调，无异味；滋味：咀嚼口感细腻，辣味突出，甜味与咸味适中。

（2）理化指标 铅 0.44mg/kg，砷 0.2mg/kg，镉 0.06mg/kg，铬 0.64mg/kg。

（3）微生物指标 菌落总数＜10 个/g，大肠菌群＜30MPN/100g，致病菌未检出。

三十六、松茸牛肉调味酱

（一）原料配方

以 250g 牛肉丁为基准，松茸冻干粉 0.6%、酱油 1.4%、黄豆酱 62%、糖 0.5%、色拉油 28.9%、香油 0.5%、料酒 3%、胡椒粉 0.2%，淀粉及香辛料等适量。

（二）生产工艺流程

料酒、酱油　黄豆酱、胡椒粉、白糖　　香油
　　↓　　　　　　↓　　　　　　↓
炒制牛肉→调和味道→淀粉勾芡→松茸冻干粉→灌装→杀菌→成品

（三）操作要点

（1）原料处理 牛肉切成 1cm×1cm×1cm 的丁，放入 200℃油锅中炒制，根据取料部位肉质的嫩度来把控火力和炒制时间。

（2）葱油制备 烧热色拉油，放入复水后的香辛料、姜片，待姜片卷曲出香气后放入大葱段，直至姜片在高温后干瘪散发香气失去水分后，过滤出姜片与葱段，油脂备用。

（3）松茸调味酱制作 将制备好的葱油烧热，炒制牛肉丁，加入酱油、料酒，炒出香气后在 140℃油温下放入黄豆酱。待黄豆酱炒至颜色棕红，酱香浓郁后，放入白糖、胡椒粉进行调味，调味期间小火并持续翻炒，防止黄豆酱粘锅。水分蒸发、酱汁收稠后加入浓度为 14% 的水淀粉 40g（以牛肉丁 250g/份为基准）继续收稠，待酱汁完全包裹牛肉丁后制作完成。

（4）灌装、杀菌 将玻璃瓶用毛刷洗瓶机刷洗，清水冲洗后去除水分，对瓶身及瓶盖消毒后进行分装。产品制作完成后，封装要趁热、及时，避免微生物污染，同时保证中心温度为 85℃以上，玻璃瓶内油脂与调味酱的比例为 2：8 为

佳。迅速旋紧瓶盖，在 1.01MPa、121℃的条件下放入杀菌锅中，杀菌 30min 后，将罐头取出，采取分段冷却到 38～43℃时即为成品。

（四）成品质量指标

（1）感官指标　色泽：表面颜色棕红，酱体有光泽，色泽一致；香气：酱香浓郁，风味物质渗透均匀，无异味；滋味：肉香浓郁，鲜香滋味突出，口感紧实有嚼劲，无异味；整体外观：外形完整，牛肉酱稠度适宜，酱汁完全包裹，无外来杂质。

（2）理化指标　水分≤70.0%，氨基酸态氮≥0.40%，脂肪≥7.0%，总酸（以乳酸计）≤2.0%。

（3）微生物指标　致病菌未检出。

三十七、木耳鸡肝调味酱

（一）生产工艺流程

鸡肝→清洗→去胆管→打碎

木耳→清洗、去杂质→泡发、烫漂→粉碎→调配→煮熟、浓缩→冷却→包装→杀菌→冷却→产品

（二）操作要点

（1）木耳预处理　首先将干品木耳中的泥沙、碎干草等杂质去除，然后将木耳浸泡在温水中 2h，使木耳充分泡发，取出后将其置于 90～95℃的水中烫漂 3min，冷却后置于打碎机中打碎备用。

（2）鸡肝预处理　新鲜鸡肝洗净去杂后，摘除鸡肝上胆管，置于打碎机中打成泥状备用。

（3）调配　称取木耳 60g、鸡肝 40g，加入 0.3g 食盐、0.4g 糖、0.3g 花椒粉、0.1g 大料粉和 0.2g 姜粉，加入适量清水，充分搅拌，混合均匀。

（4）煮熟和浓缩　将上述充分混合均匀的物料倒入锅中，进行煮熟和浓缩，熬制 10～15min。

（5）冷却、包装与杀菌　调味酱煮熟和浓缩后，放冷置室温后真空包装。密封后的调味酱放入沸水中进行杀菌处理 10min，冷却后得到成品。

（三）成品质量指标

（1）感官指标　色泽：产品呈黑肉色，有光泽；风味：具有鸡肝的特殊风味，花椒、姜粉等配料入味协调；滋味和口感：滋味鲜美，木耳小粒润滑适口，咸味和甜味适中；组织状态：组织均匀一致，黏度适中。

（2）卫生指标　符合 GB 2718—2014 的规定。铅（以 Pb 计）≤1.0mg/kg，砷（以 As 计）≤0.5mg/kg，大肠菌群≤30 个/100g，致病菌未检出。

第四节　花　生　酱

一、低脂花生酱

（一）生产工艺流程

蔗糖、食盐、水
↓
脱脂花生粉→烘烤→搅拌→花生粉成糊＋花生香精、花生油、单甘酯→花生酱体→乳化→冷却→包装→后熟

（二）操作要点

（1）预处理　将花生粉置于恒温干燥箱内烘烤，不断翻动，防止因局部受热、温度过高引起焦煳。烘烤温度为 160℃，时间为 40min。烘烤后立即风冷，避免花生粉焦煳，颜色变深。

（2）调味　用蔗糖、精制食盐调节花生酱的甜度和咸度。将蔗糖、精制食盐按比例溶解于水中，调和花生粉成糊状。脱脂花生粉与水之比为 1∶2.5。

（3）调香　将花生香精、单甘酯（1%）溶解于花生油中，搅拌均匀。

（4）混合酱体　将调制好的花生粉糊体与调配好的花生油混合，制成花生酱体。

（5）水浴乳化　将花生酱体于 75℃水浴中保温 35min，不断搅拌。

（6）冷却、包装　水浴乳化后的酱体处于不稳定的高能量状态，一方面，酱体温度高、黏度低，分子间剧烈的运动极易破坏尚未完全稳定的乳化网状结构；另一方面，由于成品颗粒粒径小、表面能大，颗粒相互聚集的趋势大，分子的剧烈运动以及颗粒的聚集将使油脂离析出来。因此，必须快速冷却。可不断搅拌下强风冷却，至酱体温度达到 50℃以下再进行包装。

（7）后熟　将包装好的花生酱室温静置 48h 以上，固定花生酱乳化体中的网状结构。避免对产品的碰撞、频繁搬动或振动。

二、咸甜花生酱

（一）工艺流程

脱壳与清洗→烘洗→冷却→脱种衣漂白→挑选→加入辅料、稳定剂进行磨浆→冷却→包装→成品

（二）主要设备

剥壳机、机械振动筛、去石机、振动多效筛、烘烤箱、冷风机、胶体磨、灌装机等。

（三）原料配方

花生原浆 90%、甜味剂-蔗糖 1%、葡萄糖 1%、饴糖 3.2%、食盐 1%、味

精 0.1%、稳定剂 3%、抗氧化剂 0.7%。

（四）操作要点

（1）脱壳与清洗　先用花生去壳机脱去花生果的外壳，由于花生极易受黄曲霉毒素的污染，所以将去壳花生仁剔除土块、石子、花生外壳等杂质及霉烂、虫蚀和未成熟颗粒，并清洗花生，以有效地降低黄曲霉毒素的污染。

（2）烘烤　用来做花生酱的花生仁，首先根据不同品种类型和其含水量的高低，进行分批烘烤。烘烤的目的在于快速干燥，使花生仁的含水量由 5% 降至 0.5%，烘烤温度以 140～168℃、时间以 30～40min 为宜，烘烤程度要一致。烘烤温度不宜过高，高温会使油脂分解，进而把花生外表烘焦。不能烤出过多的油脂，也不能使表面的油脂分解，一般烤成中间色，制成的酱味道最好。

（3）冷却　当花生烘烤到一定程度时，应尽快冷却，排除花生内的热量。一般采用风扇排气法，要求空气散布均匀，花生冷却也要均匀。

（4）脱种衣（漂白）　指脱去种衣和胚芽。因为花生种衣含有单宁，胚芽含有一种涩味素，能使加工的酱体出现杂色斑并带苦涩味，因而必须除去。要求脱衣率达 95% 以上，破仁率小于 5%，这样才能保证成品的质量。

（5）挑选　主要是除去烤焦的花生仁及其他杂物，目前比较先进的设备是色选机和光电选制机，其精确率高达 98%。

（6）磨浆　先用钢辊磨将挑选好的花生仁进行粗磨，粗磨时按比例加入调味料、稳定剂及抗氧化剂等配料，并搅拌均匀；再将粗磨后的料浆经胶体磨进行精磨，研磨细度在 25μm 左右时能够使酱体具有较好的适口性，在研磨过程中应使酱料的出口温度不超过 65℃，在磨膛内的停留时间不超过 3min。在磨浆的同时加入辅料和稳定剂。

（7）冷却、包装　花生经研磨成花生酱后，应立即排除研磨时所产生的热，待温度降低到 50℃ 以下时装入容器。灌装的适宜温度为 30～43℃，灌装后随即用真空封缸机抽气密封。灌装好后的成品酱应少搬动，进行熟化处理，一般应在 48h 以上。目的是防止酱体由机械震动导致产品稳定度下降，一直到整体结晶完成后才能搬动。

三、紫菜花生调味酱

该产品利用紫菜、花生和芝麻三种营养丰富的原料，按一定比例混合制成。

（一）原料配方

紫菜全浆 30%、花生原酱 30%、芝麻原酱 10%、食盐 5%、稳定剂（琼脂）1%、白糖 3%、调味料 0.2%、洁净水 20.8%。

（二）生产工艺流程

紫菜全浆＋制备花生原酱＋制备芝麻原酱→混合调配→加热→灌装→杀菌与冷却→检验→成品

（三）操作要点

（1）原料选择　选用厚薄均匀、颜色鲜亮、有光泽、新鲜干燥、无杂质、无霉变的紫菜；花生仁和芝麻要新鲜、干燥、无霉变、无虫蛀及破损等不合格现象；食盐、白糖、味精、海藻酸钠、琼脂等均应符合食品级要求。

（2）制备紫菜全浆　将挑选好的干紫菜先用清水浸泡1.5～2h，然后用清水漂洗干净。为了使紫菜组织软化，便于制浆，将紫菜在100℃的温度条件下蒸90min，取出后用筛网孔径0.5mm的打浆机打成细浆备用。

（3）制备花生原酱　将挑选好的花生仁清洗干净后，置于140～160℃的烘干箱（或烘干机）中烘30～40min，烘至花生仁含水量在0.5%以下；取出后先脱去红衣和胚芽，以防产品有苦涩味；打浆时先用粉碎机将花生仁破碎、粗磨，然后再经胶体磨研磨成细度在25μm左右的酱体备用。

（4）制备芝麻原酱　将挑选好的芝麻清洗干净后，置于烘干箱中烘烤至淡黄色，烤出熟芝麻特有的香味，取出冷却后用胶体磨研磨成细度在25μm左右的细浆备用。

（5）混合调配　先按配方称取其他辅料，并将增稠剂、抗氧化剂及调味料分别溶解，并滤除杂质，然后将紫菜全浆、花生原酱和芝麻原酱按比例混合在一起，并充分搅拌，使酱体均匀一致。

（6）加热、灌装　将酱料加热至85℃以上，及时用灌装机灌入果酱瓶内（瓶子、瓶盖要预先清洗、消毒），加热排气至缸中心温度达75℃时趁热封缸。采用真空封缸，则真空度维持在55MPa左右。

（7）杀菌、冷却　采用高温杀菌的方式，即在10～20min内升温至121℃，保持10min，高温杀菌后，迅速使其降温至37℃左右。

（8）保温检验与成品　将冷却后的调味酱置于35～37℃的保温室观察5～7d，经过检验剔除漏气、漏水及胀罐等不合格产品后，将成品装箱入库或出售。

四、新型燕麦花生酱

（一）原料配方
花生60g、燕麦15g、食盐1g、白砂糖6g、花生油40g。

（二）生产工艺流程
花生→精选→剥壳、清洗→烘烤→脱皮→粗磨→配料→精磨→成品

（三）操作要点

（1）原料选择　选择成熟、饱满的花生，筛选并且去除未成熟、虫蛀及霉变的花生颗粒。

（2）花生清洗　将挑选得到的花生颗粒用自来水清洗3～5次，挑选与清洗是为了除去霉变的花生并尽可能除去杂质及异物，确保花生酱达到卫生

标准。

（3）烘烤及脱皮　将清洗后的花生均匀分散在托盘上，置于烤箱中进行烘烤，烘烤温度为150～155℃，烘烤时间为50min。在烘烤过程中，应该不断摇晃花生，目的是使花生得到均匀烘烤，避免烤焦。烘烤结束后，即可进行脱皮处理。将烘烤后的花生置于室温冷却，冷却后即可将花生米的表皮去除，目的是避免将花生表皮带到酱体中，否则花生酱颜色变深，并且出现苦涩味，从而影响花生酱的外观及口感等指标。

（4）粗磨　为了使花生酱具有细腻的口感，一般使用多次磨碎法。将花生置于榨汁机中，选取"粗磨"功能，粗磨过程分为3次，每次15～20s。

（5）配料　将燕麦和碾碎成粉末的白砂糖和食盐、花生油添加到经粗磨处理后的花生中，其中燕麦已经煮熟并且沥干，使得燕麦香味更为浓厚。

（6）精磨　在花生酱生产中，在保证产品质量的前提下，考虑到生产效率，一般使用两次磨碎的加工工艺，以粗磨-精磨为宜。将已添加配料的花生碎放置于榨汁机中，选取"超细精磨"功能，精磨分为3次，每次15～20s。

（四）成品质量指标

（1）感官指标　色泽油亮，呈黄棕色，色泽均匀一致，口感细腻，具有燕麦特有的香味和浓厚的花生香味，无任何异味。

（2）理化指标　蛋白质48mg/g。

（3）微生物指标　细菌总数≤100个/g，大肠菌群≤85MPN/100g，致病菌未检出。

五、花生碎蔬菜酱

本产品以碎花生为主要原料，加入辣椒、脱水胡萝卜丁、花生粉、花椒、麻椒、香油、味精、盐、糖等，在油中加热制作而成。

（一）原料配方

花生粉100g、脱水胡萝卜80g、混合油（玉米油与棕榈油比为1∶3）200g、辣椒20g、精盐60g、白糖50g、香油25g、麻椒15g、花椒10g、味精10g。

（二）生产工艺流程

花椒、麻椒、精盐、白糖、味精
↓
碎花生、脱水胡萝卜、辣椒、混合油→加热油炸→花生粉、香油→混合→装罐→杀菌→冷却→成品

（三）操作要点

（1）碎花生油炸　选用无黄曲霉的碎粒花生，除去杂质，粉碎成粒径5～8mm、3～5mm、3mm 3种规格后油炸，所用油为混合油（玉米油与棕榈油比为1∶3）；油温130℃左右，花生碎截面呈现酥黄色，口感酥脆为宜。

（2）脱水胡萝卜和辣椒油炸　干辣椒破碎后过混合油；胡萝卜清洗切成丁，

80℃脱水干燥 5h 过混合油。

（3）混合、装罐　先将花椒、麻椒、盐、味精、花生粉、香油、糖调味搅拌；与花生碎、辣椒、胡萝卜丁、混合油混合均匀，装入 235mL 的六棱罐头玻璃瓶中，内容物重量为 250g 左右。

（4）杀菌、冷却　将装罐后的酱在 106℃温度条件下进行灭菌，时间为 20min，杀菌结束后经自然冷却即为成品。

（四）成品质量指标

（1）感官指标　色泽、口感、风味、组织状态与市售相应产品无显著差异。

（2）理化指标　固形物≥55%，脂肪≥50%，蛋白质≥25%，食盐（以 NaCl 计）8g/100g，糖（以蔗糖计）10g/100g。

（3）微生物指标　细菌总数≤200 个/g，大肠菌群≤30MPN/100g。

第五节　食用菌酱

一、低盐蘑菇酱

目前，人们的消费习惯正在向低盐、低糖、低脂肪方向发展。经科学配方精制的低盐蘑菇酱，色、香、味俱佳，营养价值较高。现将其制作方法介绍如下。

（一）生产工艺流程

选料→漂洗→烫漂杀青→配料酱渍→后熟管理→包装→成品

（二）操作要点

（1）选料、漂洗　选质嫩、菇体完整、无虫蛀、无病斑的新鲜蘑菇，切去菇脚，另选新鲜、完整、无机械损伤和病虫害的辣椒。蘑菇和辣椒最好在采后 2h 内用稀盐水漂洗，除去表面杂质，以保持原料的色泽和鲜度。

（2）烫漂、杀青　将适量 0.05%～0.1% 的柠檬酸溶液加热至 95℃，然后将蘑菇倒入烫漂 5～8min，以杀死菇体内酶的活性和表面微生物，软化组织，保持和稳定其色泽。

（3）配料酱渍　将杀青后的菇体和辣椒用不锈钢刀纵切成条状，再将蘑菇、辣椒、酱油各 2.5kg，熟精炼油 350g 及适量的味精放入一洁净的容器中，拌和均匀后用薄膜封口。

（4）后熟管理　在入缸后的 7d 时间内，每隔 2d 搅拌 1 次，共搅拌 3 次，然后在室温下放置 10～30d。

（5）包装　产品可用塑料袋真空密封包装，也可用 250g 小瓶分装，经灭菌后上市出售。这种蘑菇酱如不经密封包装，在室温下可存放半年时间；如经密封包装，存放时间更长。

（三）成品质量指标

颜色酱黄，具有蘑菇和辣椒的特有风味，酱味浓郁，口感脆嫩。

二、麻辣杏鲍菇酱罐头

（一）原料配方（占杏鲍菇百分比）

甜面酱 15％、黄豆酱 10％、香化油 7.6％、香化猪油 2％、辣椒粉 10％、食盐 1.5％、生抽 1.4％、白砂糖 1％、胡椒粉 0.5％、花椒 0.8％、干姜粉 0.5％、味精 0.09％、I＋G 0.01％，水适量。

（二）生产工艺流程

　　　　　　　　　　　　　腌制液的配制　　香化油、配料
　　　　　　　　　　　　　　　↓　　　　　　↓
原料验收→清洗→切分→脱水→腌制→炒制→装罐→排气、密封→杀菌→冷却→产品

（三）操作要点

（1）原料选择及处理　选择新鲜、无病虫害的杏鲍菇，用流动的水清洗去除菇体表面的杂质。将杏鲍菇切分成约 0.5cm 见方的小丁。在 80℃条件下，对菇丁进行脱水处理，使水分降低到 50％左右。

（2）腌制液配制　腌制液按配料占杏鲍菇的百分比称取辣椒粉、食盐、白砂糖、胡椒粉、干姜粉、味精、I＋G，将花椒、辣椒粉、食盐、白砂糖、干姜粉、胡椒粉等调味料混合，置于水中浸泡半小时后煮沸 10min，冷却后加味精备用。将切好的菇丁放入腌制液中腌制 1.5h。

（3）香化油制备　将葱、蒜、姜、麻椒、大料、桂皮、草果、枝子、砂仁等香辛料投入花生油、猪油（加水 12.5％）中，料油比为 2∶3，小火煮沸，直到水完全挥发后再持续 5min，制得香化油、香化猪油，装瓶备用。

（4）炒制　在夹层锅中放入香化油和香化猪油，待油温达到 80℃后，将黄豆酱、甜面酱、生抽放入炒至出现香味时，将菇丁放入，随后放入调味料炒制 1min，最后加入味精、I＋G。

（5）装罐、排气、密封　将炒好的杏鲍菇酱装入玻璃瓶中，在 95～98℃时排气 10min，当罐内中心温度达到 80℃以上时，立即密封。

（6）杀菌、冷却　杀菌公式为 15min—15min—20min/121℃，之后在 78～115kPa 反压冷却至 40℃，产品冷却后经过检验即为成品。

三、黑牛肝菌调味酱

（一）生产工艺流程

　　　　　　　　　　　牛肝菌→粉碎→焙炒
　　　　　　　　　　　　　　　　　↓
鸡蛋→去蛋壳→分离蛋黄→搅拌、混合→均质→蛋黄酱→混合→胶体磨制→杀菌→冷却→成品

（二）操作要点

（1）蛋黄酱制作　将鲜蛋清洗、晾干后去壳分离得到蛋黄，缓缓向蛋黄中倒入色拉油，用打蛋机搅拌混合，使之形成乳化状液体，再加入食醋，最后用乳化器乳化，制成蛋黄酱备用。色拉油、蛋黄、食醋的比例为7∶2∶1。

（2）均质　蛋黄酱用均质机均质，使得膏体细腻，进一步提高水/油（W/O）乳化液的稳定性。

（3）黑牛肝菌粉的制作　挑选菌体良好的黑牛肝菌，除去杂质，烘干后粉碎过60目筛备用。将菌粉放入炒锅中进行炒制，温度160℃、时间5min。待菌粉散发出焦香味，颜色变黄后起锅，冷却备用。

（4）调味　将大蒜捣碎呈泥状，用微量食用油炒熟，制成大蒜泥，食盐用微量冷却开水溶化后备用，按照一定比例将黑牛肝菌粉、蒜泥、食盐水等边搅拌边加入蛋黄酱中。具体比例：每50g菌酱中牛肝菌和蛋黄酱的比例为1∶10，食盐用量为1.5g，蒜泥为2g。

（5）胶体磨磨制　将调配好的黑牛肝菌蛋黄酱用胶体磨磨制，以提高物料的分散性。

（6）灌装、杀菌、冷却　将上述菌酱灌装在消毒过的玻璃瓶中并封盖，121℃高温杀菌30min后冷却至40℃，擦干瓶身。

四、木耳海带保健风味酱

（一）原料配方

木耳和海带（用量比为2∶1）62.8%、干辣椒1%、酱油10%、花椒0.1%、八角0.1%、红油20%、味精1%、芝麻5%。

（二）生产工艺流程

干海带→清洗→浸泡→蒸煮→漂洗→切成小丁
↓
干木耳→浸泡→清洗→切成小丁→调味→装瓶→排气→杀菌→成品

（三）操作要点

（1）海带丁制备　选用符合国家标准的淡干一级、二级海带，水分含量在20%以下，无霉烂变质。用流动的水将干海带清洗干净。将清洗好的海带浸泡于5%的醋酸溶液中。为了使制品具有良好的咀嚼感，严格控制浸泡的时间和浸泡程度，控制浸泡后吸水约为70%，浸泡时间约为20min。浸泡后的海带放入高压锅（0.15MPa）中蒸煮40min，使海带充分软化，将软化后的海带切成0.5mm的小丁，备用。

（2）木耳丁制备　选用野生优质的秋木耳为原料，秋木耳肉质较厚，能提高产品的品质。将木耳浸泡于清水中，为了使制品有良好的咀嚼口感，注意木耳泡发的程度，控制吸水量为80%，不可过度浸泡。将泡发好的木耳用清水洗净，去蒂，去杂物，切成 0.5mm 的小丁，备用。

（3）调味　按照配方将优质色拉油倒入锅中加热，待油温升至八成热时，加入八角、花椒、干辣椒炸出香味，注意不可炸制时间过长，以免产生焦煳味道，迅速过滤，制得红油待用。取适量红油，加热后加入干辣椒爆出香味，加入酱油，继而倒入海带丁、木耳丁，翻炒入味，起锅前加入熟芝麻、味精。

（4）装瓶、排气、杀菌　将上述调味好的制品趁热加入已经消毒好的玻璃瓶中，装入九分满，用红油封口，预封，放入蒸汽中排气，当中心温度达到 85℃ 时，立即密封，在 115℃ 下杀菌 10min，分段冷却后即为成品。

五、榆黄蘑调味酱

（一）生产工艺流程

白砂糖、味精、生姜粉、食盐、CMC-Na
↓
榆黄蘑→清洗→烫漂→切碎→入味浓缩→冷却→包装→杀菌→冷却→成品

（二）操作要点

（1）榆黄蘑预处理　将新鲜榆黄蘑去除根部杂质，清洗干净，置于 90～95℃ 的沸水中烫漂 1～2min 软化组织，迅速冷却，然后将榆黄蘑切成细小碎末放在盘中备用。按配方要求称取定量的榆黄蘑、豆瓣酱，榆黄蘑与黄豆酱的配比为 1∶2。

（2）溶胶　将稳定剂 CMC-Na 分散于 60℃ 左右的水中浸泡，然后用勺子将其搅匀以备后用。

（3）入味浓缩　将植物油倒入锅中，加入大豆酱煸炒，待炒出浓郁的酱香味时加入切好的榆黄蘑块反复翻炒直至香味溢出，同时加入白砂糖（2%）、生姜粉、食盐（4%）及预先浸润的稳定剂 CMC-Na（0.15%）和适量的水，进行熬制浓缩。

（4）冷却、包装、封口与杀菌　将冷却的榆黄蘑调味酱进行包装、封口后置于灭菌锅中高温杀菌 15min 左右，冷却后即为成品。

（三）成品质量指标

（1）感官指标　榆黄蘑调味酱呈金黄色，有光泽；组织状态均匀一致，无脱水现象，黏稠度适中；口感细腻醇厚，咸味适中，滋味鲜美，具有特殊的榆黄蘑风味。

（2）理化指标　水分 50%～60%，铅（以 Pb 计）≤1mg/kg，砷（以 As 计）≤0.5mg/kg。

（3）微生物指标　菌落总数≤100 个/g，大肠杆菌群≤30MPN/100g，致病菌不得检出。

六、榛蘑调味酱

（一）原料配方

榛蘑 100g，其他原料所占比例为：洋葱 7%、食盐 6%、绿花椒粉 0.6%、变性淀粉 4%、姜粉 0.4%、白砂糖 3%。

（二）生产工艺流程

洋葱末、变性淀粉、食盐、绿花椒粉、姜粉、白砂糖
↓

榛蘑→清洗、去杂质→浸泡→粉碎→调配→热浓缩→冷却→包装→杀菌→冷却→成品

（三）操作要点

（1）榛蘑预处理　干品榛蘑去除杂质后用清水浸泡 2h，使榛蘑软化；在 90~95℃ 的沸水中烫漂 3min 后迅速冷却，置于打碎机中打碎备用。

（2）洋葱预处理　洋葱去皮后，粉碎成 1~2mm 大小的碎末备用。

（3）调配　称取 100g 预处理榛蘑，按照原料配比加入洋葱泥、变性淀粉、食盐、绿花椒粉，加入适量清水，充分搅拌混合均匀。

（4）入味浓缩　按照配比将上述调配好的各种原料倒入锅内，同时加入白砂糖、生姜粉进行熬制浓缩。

（5）冷却、包装、封口与杀菌　榛蘑调味酱冷却后进行真空包装，置于沸水中杀菌 10min，冷却后即为成品。

（四）成品质量指标

（1）感官指标　色泽：呈酱色、有光泽；风味：具有榛蘑的特殊芳香味，洋葱味和绿花椒味协调；滋味和口感：滋味鲜美，咸味和甜味适中，口感柔和，黏度适口；组织状态：组织均匀一致，流散缓慢，黏度适中，无分层现象。

（2）卫生指标　调味酱的卫生指标符合 GB 2718—2014 的规定。铅（以 Pb 计）≤1mg/kg，砷（以 As 计）≤0.5mg/kg，大肠菌群≤30MPN/100g，致病菌不得检出。

七、风味杏鲍菇酱

（一）生产工艺流程

原料→清洗→切丁→保脆→炒制→风味调配→灌装→真空封口→灭菌→贴标→喷码→检测→成品

（二）操作要点

（1）原辅料的预处理　选择菇体新鲜、完整且呈白色的杏鲍菇，将其根部和顶部修剪干净，并在水中清洗，然后捞出沥干，切成大约 10mm×5mm×5mm 的块状，用添加 0.6% 氯化钙的纯净水浸泡 30min，再捞出沥干。干辣椒选择水分含量≤11%、无霉烂、色泽鲜艳、大小一致的朝天椒，经过挑选、清洗、粉

碎、过筛、金属检测。选择皮薄、无霉烂的大蒜，去皮、清洗后，在95℃的热水中热烫3min，除去大蒜臭味，斩拌成碎末。选择无霉烂的洋葱，去除外皮，洗净后斩拌成碎末。选择肥厚、鲜嫩的生姜，去除腐烂变质部分，清洗掉泥沙，然后脱皮，斩拌成碎末。

（2）炒制　将植物油倒入燃气炒锅，升温至180～200℃，先加入生姜、大蒜、洋葱爆香后再加入杏鲍菇丁炒制。最好选用带自动搅拌器、可自动计量及自动控温的现代化燃气炒锅，操作简便，可控度高。

（3）风味调配　待杏鲍菇丁炒熟后，添加干辣椒粉、黄豆酱、白砂糖、香辛料、谷氨酸钠、5′-呈味核苷酸二钠、酵母抽提物等辅料进行调配。黄豆酱10%、干辣椒6%、白砂糖2%、谷氨酸钠1.5%、5′-呈味核苷酸二钠0.2%、酵母抽提物1.2%、复合香辛料0.8%、柠檬酸0.1%、异抗坏血酸钠0.05%。

（4）灌装　将玻璃瓶、瓶盖灭菌后，采用全自动灌装机灌装，并随机抽检产品重量，将产品重量控制在标准范围以内，顶隙高度控制为2～2.5cm。

（5）抽真空封口　采用全自动抽真空封口机，真空度控制在0.04～0.05MPa。

（6）灭菌　采用高压灭菌，灭菌温度为115℃，灭菌时间为15min；或者采用巴氏灭菌法，灭菌温度为85～90℃，灭菌时间为20～25min。

（7）清洗、风干　先采用自动清洗机清洗，将玻璃瓶外壁清洗干净，再采用自动风干机，去除瓶壁表层水分，否则会影响标签粘贴。

（8）贴标、喷码、装箱　采用自动贴标机，标签末端高度误差控制在1mm以内；然后经喷码、装箱即为成品。

（三）成品质量指标

（1）感官指标　色泽为红褐色，鲜艳有光泽，均匀一致；具有杏鲍菇特有的香气和滋味，无酸、苦、焦糊及其他异味；黏稠状半固态酱体。

（2）理化指标　水分≤40g/100g，酸价（以脂肪计）≤5.0mg/g，过氧化值（以脂肪计）≤0.25mg/100g，食盐（以NaCl计）≤6.0g/100g，总砷（以As计）≤0.5mg/kg，铅（以Pb计）≤1.0mg/kg，黄曲霉毒素B_1≤5.0μg/kg。

（3）微生物指标　菌落总数≤5000个/g，大肠杆菌≤30MPN/100g，致病菌（沙门菌、志贺菌、金黄色葡萄球菌）不得检出。

八、紫山药香菇营养酱

（一）生产工艺流程

紫山药→清洗→去皮→盐水浸泡

香菇→清洗→去蒂→温盐水泡发→切块→热烫→风味调配→装瓶→成品

（二）操作要点

（1）紫山药选择及处理　选择新鲜优质紫山药及野生优质香菇。

（2）紫山药预处理　紫山药在去皮时，先把外皮洗净，除去泥土杂质之后，入滚水中烫煮 1min。之后用刀由上而下轻轻划一刀，去除外皮；去皮以后，在 1％ NaCl 水溶液中浸泡护色 10min。

（3）香菇处理　干香菇先利用清水清洗干净，去蒂后用 1％温盐水浸泡，去除其褶子里的沙粒和灰尘。

（4）切块、热烫　将香菇和山药用刀切成 0.5 见方的块，然后利用 90℃的热水进行热烫，时间为 60s。

（5）风味调配　一定量的大豆色拉油加入锅中烧开，加入一定重量的红辣椒粉小火炒出红油，用纱布过滤制得红油备用。取适量红油加入锅中烧开，加入葱、姜，炒出香味，倒入一定量的黄豆酱（按紫山药和泡发后香菇总重量计，加入量为 20％），炒出酱香，然后加入一定量的紫山药丁和香菇丁（两者比例为 1∶2）进行翻炒，加入几滴酱油，炒至香菇变软但紫山药仍保持清脆口感。保持小火，待汤汁变浓时，加入少量食盐、蚝油、白糖调味。

（6）装瓶　先将灌装玻璃瓶洗净，蒸汽灭菌 10min 后，将风味调配好的营养酱趁热装入，再加入少许封口香油，立即封口。经冷却后即为成品。

（三）成品质量指标

（1）感官指标　色泽：紫山药颜色淡紫，香菇褐色，色泽均匀；口感：味道适口，紫山药清脆，香菇弹性好，滋味协调，口感较好；香气：香气浓郁协调，具有芳香；形态：规则，无泡沫，无碎屑。

（2）理化指标　蛋白质 19.5g/100g，脂肪 6.8g/100g，多糖 1.56g/100g。

九、美味牛肝菌风味沙拉酱

（一）生产工艺流程

白糖粉、葵花籽油、白醋　　熟菌粉、杀青水浓缩液、酶解液、食盐等
　　　　　　　　　　↓　　　　　　　　　↓
鲜鸡蛋→清洗消毒擦干→去壳分离→蛋黄→蛋黄酱→搅拌均匀→胶体磨磨制→成品

（二）操作要点

（1）蛋黄酱制备　将鲜鸡蛋用自来水清洗后，用 3％双氧水消毒 5min，再用蒸馏水冲洗干净，用洁净的毛巾擦干水后，去壳分离得到蛋黄，向其中加入白糖粉，用打蛋器搅打至呈均匀乳状，再缓慢加入葵花籽油，边加边打，使葵花籽油完全融于其中，最后加入白醋搅打均匀，即为蛋黄酱。蛋黄酱的基本配方：鸡蛋黄 20g、白糖粉 25g、白醋 25g、葵花籽油 225g。

（2）熟菌粉制备　将美味牛肝菌及加工副产物如残次菇、菇柄等，去除泥沙等杂质，切片，然后清洗干净，沥干水分，放入 60℃干燥箱中进行烘制，直至

菌片水分含量在 10% 左右。将干燥的菌片放入粉碎机中进行粉碎，过 80 目筛备用。将菌粉放入电炒锅中小火炒制，炒制温度 180℃，时间 5min，待菌粉散发出焦香味，颜色变黄后起锅，备用。

（3）杀青水浓缩液制备　将美味牛肝菌残次菇、菇柄等去除泥沙等杂质，然后清洗干净，沥干水分后切成大小均匀的片状备用。称取一定量切好的原料，以 3∶5（g/mL）的料液比加入一定量蒸馏水，用微波加热 8min。将杀青后的溶液用纱布过滤，即得杀青水。将所得杀青水晾凉后，置于 4℃ 冷藏条件下预冷至少 3h。预冷好的杀青水倒入离心管中，于 -12℃，以 700r/min 的速度冷冻离心 1.5h，此时收集未结晶的液体，即得杀青水浓缩液。

（4）酶解液制备　准确称量菌粉 15g，中性蛋白酶 4g，加蒸馏水 225mL，搅拌均匀，调节 pH 为 7，水浴中升温至 45℃ 恒温酶解 4h 后，沸水浴灭酶 20min，取出晾凉后于 4℃ 冷藏条件下预冷。将预冷后的样液于 4℃ 离心机中以转速 3000r/min 离心 20min，即得酶解液。

（5）调味　食盐用一定量的杀青水浓缩液及酶解液混合液溶化，按照一定比例将菌粉、黑胡椒粉、食盐水等边搅拌边加入蛋黄酱中。各种原辅料具体配比：蛋黄酱 200g、美味牛肝菌粉 33.3g、美味牛肝菌酶解液 15g、美味牛肝菌杀青水浓缩液 15g、食盐 4g、黑胡椒粉 1.3g。

（6）胶体磨磨制　将调配好的沙拉酱用胶体磨磨制，提高其分散性，使膏体均匀细腻，经胶体磨处理后即为成品。

（三）成品质量指标

（1）感官指标　色泽：呈褐色，色泽均匀一致；组织形态：均匀酱状，组织细腻，无汁液析出，流散缓慢，黏稠度适中；口感：口感细腻，滋味鲜美，咸甜适中；风味：具有蛋黄酱的香味和美味牛肝菌的特征风味。

（2）理化指标　pH 值 4.78，氨基酸态氮 0.18g/100g，油脂 52.6%。

（3）微生物指标　大肠菌群 ≤10 个/g，致病菌未检出。

十、香辣香菇酱

（一）生产工艺流程

选料、清洗→复水、切丁→过油处理→炒酱→装罐、排气→密封、杀菌→冷却→成品

（二）操作要点

（1）选料、清洗　挑选干净、无霉变、无虫蛀的干香菇柄，用流动自来水洗掉菇柄上附着的泥沙、杂质等。

（2）复水、切丁　将预处理后的香菇柄置于 30 倍的自来水中，在恒温 50℃ 水浴条件下，浸泡 3h，复水后的香菇柄菇芯软化无白芯，硬度适宜利于加工，菇味浓郁。复水后将香菇取出，用脱水机脱水后，用切菜机切成均匀的菇粒。

（3）过油处理　待油温升至 120℃，将菇粒倒入锅中进行油炸处理，时间约

为 2～3min，捞出进行沥油。注意要不停地翻动，使菇粒受热均匀，并防止其相互黏结。

（4）炒酱　待油温升至 130℃时，将辣椒粉倒入锅中，再加入适量生姜粉不停搅拌，待泼出辣椒红油后，倒入沥油后的菇粒不断翻炒；再加入一定量的黄豆酱滑炒保持酱受热均匀，待炒出酱香后，停止加热，炒酱时间约为 5～6min，随即加入白砂糖、食盐、香辛料、味精等调味料进行调味。各种原辅料的具体配比（以干香菇柄重为基准）：食用油 60％，黄豆酱 90％，辣椒 8％，白砂糖 8％，食盐 1％，味精 0.5％，香辛料 1％，生姜粉 1％。

（5）装罐、排气　起锅趁热装入净重 220g 的玻璃罐中，经 90℃水浴加热，保持中心温度 85℃以上排气 8min，迅速旋紧瓶盖。

（6）杀菌、冷却　将玻璃罐在 1.01MPa、121℃条件下，杀菌 30min。灭菌后的产品迅速进行冷却，用凉水冷却至 25℃即为成品。

（三）成品质量指标

（1）感官指标　色泽：酱体红润油亮，菇粒颜色适中；组织形态：菇粒大小基本均匀，酱体黏稠适中，料质均匀；风味：有香菇特有的香味，酱味适中，整体气味协调；口感：酱香醇厚，味道鲜香微辣，咸甜鲜适中，菇粒软硬适度，粒粒有嚼劲，咀嚼性良好。

（2）理化指标　水分 21.6％，灰分 4.6％，脂肪 1.6％，pH 4.5～4.8。

（3）微生物指标　符合国家卫生标准，致病菌不得检出。

十一、果味平菇酱

（一）原料配方

平菇汁 30％、苹果汁（或其他果汁）55％、优质白砂糖 10％、蜂蜜 5％、柠檬酸、食用稳定剂等适量。

（二）生产工艺流程

平菇汁＋果汁→混合调配→均质→脱气→灭菌→包装→成品

（三）操作要点

（1）平菇汁制备　选择新鲜无杂质的平菇，利用清水清洗干净，然后放入容器内，加热至 100℃。冷却后加水用打浆机打浆，然后用细纱布过滤后即得平菇汁。

（2）果汁制备　选用无杂质、无腐烂的水果清洗干净后去皮，破成小块后用榨汁机榨成汁过滤后备用。

（3）混合调配　将果汁、平菇汁、白砂糖、蜂蜜、柠檬酸、稳定剂等按配方比例称取，充分混合均匀。

（4）均质、脱气　将上述混合均匀的物料送入均质机中进行均质处理，温度

60℃，然后利用真空脱气机进行脱气处理。

（5）灭菌、包装　将均质脱气后的汁液在 90℃的温度下杀菌 20min，然后利用各类容器真空包装即为成品。

（四）成品质量指标

色味：色泽淡黄具有明显果味和平菇香味，口感酸甜适中，无异味；外观：无沉淀或允许有少量沉淀物。

十二、香辣香菇风味酱

（一）原料配方

干香菇 100g、花椒 1.5g、黄豆酱 80g、食用盐 10g、干辣椒粉 40g、小米辣 12g、五香粉 1g、大蒜 14g、生姜粉 2g、白砂糖 2g、菜籽油 200mL、木耳 15g、花生粒 30g。

（二）生产工艺流程

干香菇→泡发→煎煮→切粒→油炸→炒酱→成品

（三）操作要点

（1）泡发、煎煮　采用四川通江干香菇，利用温水泡发 30min，沥水，加水 10 倍，煎煮 3 次，每次 2h。

（2）切粒　将煎煮后的香菇切成粒径约 0.3cm 的菇粒，备用。

（3）炸制花生　冷油下锅，加温至 150℃炸制 20min。

（4）炸制香菇粒　加 200mL 菜籽油入锅内，加热至 180℃，倒入香菇粒炸制 7min，出锅沥油，备用。

（5）炒酱　将 100mL 菜籽油加热至 150℃，放入花椒炸制 2min，弃去；依次放入蒜末、小米辣炸香，随即加入干辣椒粉，温度调至 120℃，直到能泼出红油时，加入炸制好的香菇粒，不停翻炒，翻炒 3min 后，依次加入食盐、五香粉、生姜粉、黄豆酱、油炸花生、木耳。不停翻炒，炒匀直至木耳熟透为止，即可出锅。

（四）成品质量指标

（1）感官指标　形状色泽：香菇粒大小均匀适中，色泽油亮均匀；香味：香菇的鲜味与菜籽油相协调，无油腻感，各口味香菇酱风味独特鲜明；口感：有嚼劲，口感舒适，不闷腻；风味：各种调味料的口味相互协调，且具有独特的风味；杂质：无焦糊颗粒，菇粒水分含量低，油色清亮，无浑浊。

（2）理化指标　水分 41.025g/100g，灰分 3.00g/100g，pH 5.56，酸价（KOH，以脂肪计）1.16mg/g，过氧化值（以脂肪计）0.127g/100g，脂肪 24.78g/100g，氨基酸态氮（以 N 计）0.53g/100g，铅（以 Pb 计）0.3mg/kg。

（3）微生物指标　符合国家卫生指标，致病菌不得检出。

十三、香菇酱

（一）生产工艺流程

原料验收及分选→浸泡→清洗→脱水→切丁→油炸→调配→炒酱→灌装→成品

（二）操作要点

（1）原料验收及分选　香菇柄原料进厂后由专人验收，选取质干、无异味、无虫蛀、去除杂质、无黑硬霉变的干制香菇柄；新鲜香菇柄，经过人工挑选剔除其中的异物及软烂、虫伤、霉变的部分。豆豉、芝麻、花椒粉、辣椒粉、食用盐、白砂糖、酵母提取物、味精、5′-呈味核苷酸二钠等配料添加量应符合 GB 2760—2014 中的要求。

（2）浸泡、清洗　香菇柄含沙尘较多，切丁之前必须清洗干净。为了利于干香菇柄的清洗和切丁，先将其置于浸泡池中以 50～60℃温水浸泡 50min 左右，然后放入鼓泡清洗机中清洗。新鲜香菇柄可直接放入鼓泡清洗机中清洗，清洗用水必须是生活饮用水，通过鼓风机向鼓泡清洗机中压入空气产生大气泡，带动菇柄在水中来回翻滚，冲洗去除沙尘，通过调节鼓泡清洗机的传送带来调节输送速度以达到需要的清洗效果，清洗时间 30min 左右。

（3）脱水、切丁、油炸　将清洗好的香菇柄装入脱水用的网袋中，然后置于离心脱水机中进行脱水，脱水条件为 2400r/min，时间为 3.5min。再将脱水后的香菇柄通过输送带连续均匀送入切丁机内切成 8mm³ 的菇丁，之后向油炸锅中（常压）加入适量的一级大豆油（或菜籽油），开机加温，待油温达到 110℃ 后，投入切好的香菇丁进行油炸，时间为 5min。

（4）调配　准确称取油炸脱油后的香菇丁（占总物料 70%）放入不锈钢桶中备用，准确称取豆豉 8.5%、芝麻 6.0%、辣椒粉 4.0%、食盐 3.5%、花椒粉 2.0%、葱姜蒜粉 2.0%、肉桂粉 1.0%、丁香粉 1.0%、白芷粉 1.0%、白砂糖 0.57%、酵母提取物 0.2%、味精 0.05%、5′-呈味核苷酸二钠 0.04%、山梨酸钾 0.04% 等配料，放入搅拌机内搅拌 5min，使之充分混合均匀，然后放入不锈钢桶中备用。将称好的豆豉、芝麻、食用盐、白砂糖、酵母提取物、味精倒入胶体磨中进行研磨，制成豆酱，确保均匀，无颗粒感。

（5）炒酱　炒酱是香菇酱加工中最关键的工序，分三步进行。第一步：熬酱。在搅拌炒锅内加入适量的一级大豆油（或菜籽油），待油温升至 140℃，可闻到大豆油（或菜籽油）特有的香味时，按调配工艺要求加入磨好的豆酱进行熬制，时间为 8min。

第二步：炒制。向熬好的酱中加入称好的经脱水及油炸的香菇丁进行炒制，温度为 110℃，时间为 14min。

第三步：搅拌。向经炒制工序炒制好的酱料中加入混合处理好的香辛料和食品添加剂 5′-呈味核苷酸二钠、山梨酸钾在搅拌炒锅内进行搅拌。添加量严格按照 GB 2760—2014 中规定的使用量添加，不能超量使用。搅拌时温度为 100℃，时间为 5min。

（6）灌装　为了保持香菇酱的风味，采用密封性能好、无毒无味的一次性新玻璃瓶为灌装容器。香菇酱灌装温度不低于 65℃，酱料要求稠稀均匀，瓶口瓶身及瓶盖洁净，灌装机抽真空连续灌装，立即密封。

（三）成品质量指标

（1）感官指标　色泽：接近原色、光亮油润；组织状态：半固态，颗粒均匀，无碎渣；口感：有肉质感，筋道，易嚼碎；滋味：有香菇特有的香味，进味均匀，咸鲜适中。

（2）理化指标　水分 41.2％，食盐（以 NaCl 计）12.1％，过氧化值（以脂肪计）0.07g/100g。

（3）微生物指标　菌落总数 30 个/g，大肠菌群未检出，致病菌未检出。

十四、香菇风味酱

（一）原料配方

香菇 63.13％、豆瓣酱 4％、黄豆酱 8％、植物油 21％、白糖 0.3％、辣椒面 0.9％、豆豉 2.1％、花椒粉 0.06％、十三香 0.12％、白芝麻 0.3％、味精 0.09％。

（二）生产工艺流程

鲜香菇或干香菇泡发→去泥脚→清洗→切丁→浸泡护色→冲洗→熟制（豆瓣酱、黄豆酱、白糖等辅料）→包装→灭菌→成品

（三）操作要点

（1）原料预处理　鲜香菇或干香菇泡发去泥脚后，清洗干净备用。

（2）切丁　将香菇切成 0.6cm 见方的小丁。

（3）浸泡护色　将切好的香菇丁用 0.5％柠檬酸加 0.5％氯化钠混合水溶液浸泡进行护色，浸泡时间为 30min，料液比为 1∶3。

（4）冲洗　浸泡好的香菇丁捞起后用流动水冲洗 1min，沥干水分。

（5）熟制　炒锅中倒入植物油烧热，倒入香菇丁翻炒均匀，按照配方要求的量依次加入豆瓣酱、黄豆酱以及其他调味料，小火翻炒 5min 即可出锅。

（6）包装　采用高温铝箔袋抽真空封口包装。

（7）灭菌　将抽真空包装后的香菇风味酱置于高压蒸汽灭菌锅中灭菌，经灭菌、冷却后即为成品。

（四）成品质量指标

色泽：酱体红润油亮，红油纯净透亮，菇粒呈褐色或棕褐色；组织形态：菇粒大小均匀适中，固形物含量适中，质地紧密；风味：酱香味适中，菌香味浓

郁，气味整体协调，无异味；滋味：香辣味及咸鲜甜味适中，菇粒嫩滑爽口，咬劲适度易咀嚼。

十五、块菌调味酱

（一）生产工艺流程

块菌→挑选→清洗→护色→沥干→粉碎→过筛→酶解→调配→均质→装瓶→杀菌→冷却→成品

（二）操作要点

（1）块菌挑选 选择品质优良的国产新鲜块菌子实体并利用清水清洗干净。

（2）护色、沥干 在满足 GB 2760—2014《食品安全国家标准 食品添加剂使用标准》用量规定的前提下，按要求配制护色溶液，其最佳护色液组成为：柠檬酸 0.4%、植酸 0.05%、β-环状糊精 0.15%、异抗坏血酸钠 0.03%。将块菌切成厚度为 1cm 左右的薄片，并在常温下于护色液中浸泡处理 15min，取出沥干。

（3）粉碎、过筛 将上述护色后的块菌在 40℃ 条件下进行干燥，随后放入粉碎机中粉碎并过 200 目筛。

（4）酶解 称取 30g 块菌粉放入烧杯中，加入 10 倍体积蒸馏水，用玻璃棒搅拌均匀，调节 pH 值并加入纤维素酶和木瓜蛋白酶的复配酶（纤维素酶：木瓜蛋白酶＝1：1），总用量为 1.5%，最佳酶解工艺条件为：酶解温度 55℃、酶解时间 300min、pH 值 6。块菌粉进行酶解后得到块菌泥。

（5）调配 以上述块菌泥为基料，利用橄榄油、食盐、白砂糖、白醋等材料进行调配，加工块菌调味酱。具体调配比例为：每 100g 块菌泥中添加食盐 2.0%、白砂糖 2.6%、橄榄油 16.0%、芝麻酱 6.0%。

（6）均质 将调配好的块菌酱利用胶体磨和高压均质机均质，提高物料的分散性。

（7）装瓶、杀菌 将上述块菌酱灌装在已消毒的玻璃瓶中密封，于 121℃ 条件下杀菌 30min。杀菌后经冷却即为成品。

（三）成品质量指标

香气：块菌香气浓郁；组织状态：酱体均匀，细腻；口感：甜、咸味适口。

十六、猴头菇调味酱

（一）原料配方

以 100g 猴头菇为基准，大豆油 50%、黄豆酱 90%、食盐 4%、白砂糖 0.5%。

（二）生产工艺流程

原料选取、洗净→预处理（复水、切丁)→过油→加豆酱炒制→装瓶→排气→封口→灭菌→冷却→成品

（三）操作要点

（1）原料选取、清洗　挑选洁净、无霉变、无虫害的干猴头菇，优质干制后的猴头菇颜色为金黄色。劣质猴头菇因生长环境发生变化而发苦。用清水将其菇伞和菇柄上的泥沙洗净，然后用流动的水清洗1遍。

（2）预处理　将选取的猴头菇置于一定量的水浴中，温度为30～40℃的条件下进行复水，浸泡3～4h后取出，然后将其放入去苦浸提液中进行去苦，将其表面水除去后投入切丁机中进行切丁。切丁时保证颗粒小，且大小均匀。

（3）油处理　将油温加热至120℃时，将切好的猴头菇菇粒放入油锅中进行炒制3～4min，然后将其捞出沥油。此过程中要不断地翻动，使其受热均匀，并防止菇粒互相黏结形成块状。

（4）炒酱　将油温加热至130℃左右，将豆酱加入其中并不断搅拌使其受热均匀，再将菇粒加入不断翻炒，炒出酱香为止，时间约6min，最后加入调味料进行调味。

（5）装罐、排气、封口　趁热将猴头菇调味酱装入瓶中，并在高温的水浴中加热，保持高温进行排气并迅速拧紧瓶盖。

（6）杀菌　将玻璃瓶在1010kPa、121℃的条件下进行杀菌30min。

（7）冷却　灭菌后将产品进行迅速冷却，用流水冷却至室温即可。

（四）成品质量指标

（1）感官指标　色泽：色泽光亮，接近猴头菇原色；风味：猴头菇味浓郁，并伴有酱香味；口感：口感细腻，无油腻味，咀嚼性好；组织状态：酱体均匀，组织结构细腻，半固体状。

（2）理化指标　固形物65g/100g，pH 6.0，水分20.3%。

（3）微生物指标　菌落总数26个/g，大肠菌群未检出，致病菌未检出。

十七、黑松露酱

本产品是以云南黑松露为主要原料，添加双孢菇、黑木耳等辅料制成的一种调味酱。

（一）原料配方

葵花籽油35%、黑松露30%、双孢菇20%、黑木耳5%、墨鱼汁1%、食盐1%、白砂糖0.7%、胡椒粉0.3%、水7%。

（二）生产工艺流程

黑木耳→清洗→打浆　黑松露→清洗→切丁
　　　　　　　↓　　　　　　　　↓
双孢菇→清洗→切丁→富色→炒制→加木耳浆炒制——→加黑松露炒制→装瓶→灭菌→冷却→成品

（三）操作要点

（1）黑松露处理 选择新鲜黑松露，无虫蛀、无霉变，用毛刷将黑松露表面泥土反复清洗干净，必要时可沿黑松露裂隙掰开清洗，再用清水冲洗 2～3 遍，沥干黑松露表面水分，将其切成 1～2mm 见方的小颗粒。

（2）双孢菇处理 选择新鲜、完整、无虫蛀病斑的双孢菇，清洗干净，切成 1～2mm 的小颗粒，然后加入墨鱼汁搅拌均匀以使双孢菇富色。

（3）黑木耳处理 将干木耳用温水浸泡 4～5h，清洗干净，加适量的水用破壁料理机处理 4min，打成浆状。

（4）酱料炒制 炒锅中放入葵花籽油，加热，待油温升高至 200℃ 左右时，转入中火，加入双孢菇炒制 3～5min，并不停翻炒均匀，加入黑木耳浆一起炒制。待双孢菇变软收缩后，加入糖、盐、胡椒粉等调味料，再炒制 3～5min，将火调小，将油温保持在 100～120℃ 加入黑松露，小火炒 4min，关火。

（5）玻璃瓶灭菌 150mL 玻璃瓶置于 100℃ 沸水中煮 10min，瓶盖用热水漂烫，取出沥干水分备用。

（6）酱料灌装 酱料炒制后，在 80～90℃ 时装入灭菌后的玻璃瓶内，封盖。

（7）灭菌、冷却 将密封后的玻璃瓶装入高压灭菌锅内，在 121℃ 条件下灭菌 15min，取出，分段冷却至室温。

（四）成品质量指标

色泽：酱体呈黑色，色泽均匀，整体油润鲜亮；风味：黑松露香气纯正且突出，鲜味、咸味适中，无苦味、焦煳味；口感：酱体浓稠，黑松露肉质感强，易嚼，口感较好；组织状态：酱体均匀，分散性好，颗粒大小均匀，无结团现象。

十八、风味蘑菇酱

（一）原料配方

大豆酱 230g、大蒜 10g、鲜蘑 20g、葱 5g、植物油 30g、味精 3g、食糖 5g。

（二）生产工艺流程

鲜菇预处理→加大豆酱炒制→煮沸→搅匀→装瓶→封盖→杀菌→冷却→成品

（三）操作要点

（1）鲜蘑预处理 将鲜蘑去除根部杂质，洗净晾晒，晾晒不可太干，以不易破碎为好，然后将晒好的鲜蘑放入开水中焯一下，然后用粗磨磨成小块。

（2）大豆酱炒制 将植物油加热至 200℃ 左右，放入葱蒜略炒，然后大豆酱煸炒，待炒出浓郁的酱香味时加入鲜蘑块。酱的炒制是制作过程中的关键，酱炒得轻，香味不够浓郁；炒得重，会使酱变焦，味苦，影响成品的颜色和滋味。

（3）煮沸 将原料与炒制后的大酱混合煮沸后，加入味精，再冷却至 80℃ 左右即可装瓶封口，这样既能抑制细菌的生长，又能为下一步杀菌做好准备。

（4）灌装　采用四旋玻璃瓶进行灌装，每瓶重量为220g。灌装后要添加适量的芝麻油作面油，再用真空蒸汽灌装机封口。

（5）杀菌、冷却　将灌装好的酱放入真空封罐机中杀菌，要求温度控制在90℃，时间为15min。杀菌结束后经冷却即为成品。

（四）成品质量指标

（1）感官指标　颜色棕褐色，油润有光泽；酱香浓郁，菇香清爽鲜美；有香菇特有的清香，口感甘滑醇美，无苦涩等异味，稀稠合适。

（2）理化指标　水分40％，食盐14％，氨基酸态氮0.78％，总酸1.2％。

（3）微生物指标　符合GB 2718—2014标准。

十九、白灵菇酸菜营养酱

（一）原料配方

白灵菇与酸菜重量比为3∶1，黄豆酱30％，大豆油、酱油、蚝油、食用盐、白砂糖、食用白醋、辣椒粉末、鲜葱、生姜等适量。

（二）生产工艺流程

$$酸菜 \rightarrow 清洗 \rightarrow 切制$$
$$\downarrow$$
白灵菇 → 清洗 → 1％温盐水泡发 → 热烫 → 切制 → 风味调配 → 装瓶 → 冷却 → 成品

（三）操作要点

（1）原料选择　选择优质的白灵菇和酸菜。

（2）原料预处理　白灵菇用1％的温盐水浸泡30min，护色并清洗掉菌褶内的灰尘、沙粒；泡发后在90℃的温度下热烫2min，然后切成块状备用；酸菜稍作清洗后切成块状备用。

（3）风味调配　锅中加入一定量的大豆油烧开，放入适量的红辣椒粉末用小火熬出红油，用双层纱布过滤可制得清透的红油备用；将红油倒入锅中烧开，放入葱姜，炸出香味后倒入称量好的黄豆酱，煸炒出酱香后倒入称量好的酸菜再翻炒，使酸菜的风味进入酱汁中，后倒入称量好的白灵菇继续翻炒，加入几滴酱油，继续炒至白灵菇变软仍有韧性，但酸菜仍保持清爽的口感；调至小火，加入少量蚝油、白糖、醋、食盐等调味。

（4）灌装、杀菌　玻璃瓶清洗干净后蒸汽灭菌10min；将调配好的白灵菇酸菜营养酱趁热灌入玻璃瓶，灌至离瓶口1cm处为止，最后加入少许香油封口；盖子微盖，水浴排气10min；封盖倒扣沸水中继续灭菌10min；用分段冷却法冷却后储存。

（四）成品质量指标

色泽：酱体颜色适宜，色泽均匀；口感：白灵菇弹性好、酸菜清脆，口感较好；香气：香气浓郁且协调；形态：较规则，无泡沫，无碎屑。

二十、五香牛肉鸡枞菌风味酱

（一）原料配方

鸡枞菌 30.0%、牛肉 26.7%、豆豉 23.4%、植物油 7.1%、葱姜蒜 4.4%、白糖 2.2%、食用盐 2.8%、五香粉 1.5%、淀粉 1.9%。

（二）生产工艺流程

原料处理→炒制→熬酱→装瓶→灭菌→成品

（三）操作要点

（1）原料处理　鸡枞菌清洗干净，切丁备用，牛肉用水洗去肉中血丝，切成丁状，开水去除浮沫，用搅拌机打碎备用，葱姜蒜切末备用。

（2）炒制　铁锅中加热 10g 植物油 2min 左右至 160℃左右，放葱姜蒜末爆香，然后加牛肉、鸡枞菌、豆豉，炒出一定香味后加入白糖、五香粉、食用盐。

（3）熬酱　辅料放入后，迅速搅拌均匀，加入适量 100mL 左右清水，将火调小进行熬煮。最后加入淀粉，待铁锅中酱体黏稠均匀即可，熬酱 10min 左右。

（4）装瓶、灭菌　将上述熬制好的酱，装入瓶中，在 95℃恒温水浴条件下灭菌 20min，迅速冷却至室温即得成品。

（四）成品质量指标

（1）感官指标　色泽：呈黄褐色或红褐色，颜色鲜艳且有光泽；滋味：鸡枞菌的脆鲜味和牛肉味较醇厚，咸味适口；气味：酱的香味比较浓郁，有一定的牛肉的肉香味，没有不良气味；组织状态：酱体比较黏稠，能清晰地看到鸡枞菌，没有多余油脂或水滴。

（2）理化指标　亚硝酸盐 2.3mg/kg，水分 3.98g/100g，总酸 1.53g/100g。

（3）微生物指标　菌落总数 $<10^3$ 个/g，大肠菌群未检出。

第六节　瓜果蔬菜酱

一、茄汁西葫芦酱

（一）生产工艺流程

原料选择→处理→漂烫、绞碎→熬煮→制酱→装罐→密封→杀菌→冷却→成品

（二）操作要点

（1）原料选择　选用鲜嫩、无病虫害、无霉烂的成熟适中的新鲜西葫芦为原料。所需番茄酱须呈红色，没有皮和籽。青菜、洋葱都须新鲜、无病虫害和机械损伤。食盐应洁白干燥。植物油应无色澄清透明，没有异味。

（2）原料处理　把西葫芦放进流动的清水中清洗干净，用刀削去柄蒂，刮掉外皮，剖开，掏净籽和瓤，再切成片。把洋葱去皮、切片，用精炼植物油炸成淡

金黄色。青菜摘掉黄叶，洗净切碎。

（3）漂烫、绞碎　将西葫芦放进高压锅中，在100℃沸水中漂烫软化，然后放进筛孔直径为2～3mm的绞碎机中绞碎，成为西葫芦蓉，内含干燥物5%～6%。

（4）熬煮　将西葫芦蓉放在夹层锅中进行熬煮，浓缩至干燥物含量在7%，熬煮时要经常搅拌。

（5）制酱　将西葫芦蓉装进搪瓷桶中，加入番茄酱、青菜、洋葱、食盐和植物油，充分搅拌均匀。

（6）装罐、密封　选用800号涂料罐，装入80℃西葫芦酱340g，立即进行密封。

（7）杀菌、冷却　密封后立即进行杀菌，杀菌温度为95～100℃，然后再冷却到40℃左右出锅，即为成品。

二、洋葱酱

（一）生产工艺流程

鲜洋葱→去皮→切根盘→冲洗→切片、切丝→破碎→胶体磨→调酸加热→酶解→打浆→胶体磨→加热→浓缩→装罐→封口→杀菌→冷却→成品

（二）操作要点

（1）原料验收　利用辛辣味足的鲜洋葱，可溶性固形物含量达到8%以上，无杂色霉变。

（2）去皮、去根　利用摩擦法去皮，利用蔬菜多功能机切根盘，要求无残留纤维老皮及根须。

（3）切片、切丝　将经过上述处理的洋葱用刀切成厚度为0.3～0.5cm的圆片或丝。

（4）破碎、过胶体磨　将洋葱片或丝送入破碎机中进行破碎，调整破碎机的筛孔径为0.8cm。然后送入胶体磨中进行处理，胶体磨间隙调整为30μm。

（5）调酸加热　利用0.25%～0.3%的柠檬酸调整洋葱浆的pH值为4.4～4.6，在85～90℃的温度下，加热8～10min。

（6）酶解　洋葱浆可溶性固形物调整为6%～7%，酶添加量为0.15%～0.2%，酶解温度为40～45℃，pH值为4，时间为15～20min，浆料酶解后可溶性固形物含量一般为6.5%～7.5%。

（7）打浆、过胶体磨　采用双道打浆机进行打浆，头道筛孔孔径为0.8mm，二道筛孔孔径为0.6mm，得到的浆液送入胶体磨中进行处理，胶体磨头道间隙为10μm，二道为5μm。

（8）浓缩　浓缩温度为65～68℃，真空度为0.077～0.080MPa，终点可溶性固形物含量为16%～18%。

（9）预热、装罐、封口　将浓缩后的浆液加热到 90～95℃，时间为 6～8s。用 198g 马口铁罐进行装罐，然后进行封口，顶隙为 6～8mm，酱温为 85～88℃。

（10）杀菌、冷却、检验　封口后的洋葱酱立即进行杀菌处理，杀菌公式：5min—25min—5min/85℃，然后冷却到 45℃ 左右，在 30℃ 的温度条件下保温 10d，并按商业无菌标准进行检验，检验合格者即为成品。

（三）成品质量指标

（1）感官指标　酱体均匀细腻，无析水，色浅黄，洋葱香味浓郁，酸甜可口，无可见纤维和杂质。

（2）理化指标　可溶性固形物 16%～18%，总糖 15%，pH 3.8～4.2。

（3）微生物指标　大肠菌群≤30MPN/100g，致病菌不得检出。

三、低糖哈密瓜果酱

（一）生产工艺流程

原料的预处理→去皮去瓤→切片→预煮、灭酶→打浆→浓缩（包括辅料浓缩）→灌装→灭菌→冷却→成品

（二）操作要点

（1）原料的预处理　挑选成熟度适当、无霉变、无机械损伤的哈密瓜，清洗。

（2）去皮去瓤　将哈密瓜的外皮削去并去除瓜瓤，要注意去皮的厚度，以免浪费果肉。

（3）切片　将去皮去瓤后的哈密瓜果肉分切成约宽 3～5cm、厚 4～6mm 的瓜片。

（4）预煮、灭酶　将切分后的瓜片在 95℃ 左右的热水中漂烫 8min 左右，使果肉软化，以适宜打浆，也是为了破坏酶的活性，抑制酶促褐变和果胶物质的降解，以减少对酱体色泽变化的影响。

（5）打浆　将经过预煮处理后的瓜片经打浆机打浆细化，以浆体细腻均匀为宜。

（6）配制辅料　把蔗糖（18%）和增稠剂（CMC-Na 与海藻酸钠各 0.3% 复配）充分混合后在热水中不断搅拌直至完全溶解，配制成均匀的液体，并加热使其温度保持在 95℃ 以上，热水与蔗糖的重量比约为 5：1，称取 0.4% 的柠檬酸，用适量的温水溶解后备用。

（7）浓缩　把浆液放入铁锅中，加热煮沸数分钟，然后将处理好的辅料分 3～4 次加入，每次加入后都需不断搅拌煮沸数分钟，以免局部过热发生焦糖化反应，待浓缩至接近终点时，再按配方要求加入适量的柠檬酸、香精，并及时搅拌均匀，继续浓缩至可溶性固形物达 30% 左右，立即进行热灌装。

（8）灌装　果酱出锅后应立即灌装，使灌装后的酱体中心温度不低于80℃。

（9）杀菌、排气、密封与冷却　灌装完毕的果酱在100℃条件下加热排气约10～15min，然后迅速封盖，杀菌10min左右，果酱为酸性食品，采用常压杀菌，5～10min/100℃，然后分阶段冷却至室温，取出擦干瓶身。

（三）成品质量指标

（1）感官指标　色泽：黄色或淡黄色，均匀一致；香味及口感：具有哈密瓜特有的香味，甜酸适度，口感细腻，无异味；组织形态：胶凝性良好，不流散，无水析出，无糖结晶，无杂物，具有很好的涂抹性。

（2）理化指标　总糖达到24.64%，总酸为0.49%，可溶性固形物30%。

四、毛酸浆番茄复合调味酱

（一）生产工艺流程

各种辅料
↓

毛酸浆、番茄的选择及预处理→烫漂→打浆→过滤→调配→加热浓缩→灌装→杀菌→冷却→成品

（二）操作要点

（1）原料的选择及预处理　选用新鲜、成熟度高的毛酸浆、番茄果实，无破损及腐烂现象，去除果柄，清洗待用。

（2）烫漂　将处理好的毛酸浆和番茄原料分别置于80～100℃热水中烫漂处理1～3min，迅速用冷水冷却，使果实充分软化，以便打浆，并可提高浆的黏稠度和改善制品色泽。

（3）打浆、过滤　将烫漂过的毛酸浆、番茄原料置于高速匀浆机中打浆，为使酱汁细腻，适当对浆汁进行过滤处理，去除原料果皮、种子及其他杂质。

（4）调配　按照毛酸浆：番茄为1:8配比，将毛酸浆、番茄原浆加入调配桶中，不断搅拌，使之调配均匀。

（5）加热浓缩　将调配好的毛酸浆、番茄混合浆汁按一定量加入复底锅内，同时按配方顺序加入水、食盐5%、食醋0.05%、五香粉0.05%、胡椒粉0.03%、姜粉0.3%等，先用旺火煮沸，后改用文火加热熬制浓缩，即将到达熬制终点时加入味精（0.1%）、白砂糖（6%）、羧甲基纤维素钠（0.08%）和抗坏血酸钠（0.4%）。在整个浓缩过程中要不断搅拌，以防煳锅。

（6）装罐、杀菌、冷却　加热浓缩后的毛酸浆、番茄果酱，趁热装罐并立即密封，在常压沸水中杀菌15min，冷却后即为成品。

五、保健型大豆膳食纤维番茄酱

（一）生产工艺流程

原料→清洗、修整→热烫去皮→护色→打浆→调配、浓缩→装罐→密封→杀菌→冷却→成品

（二）操作要点

（1）原料的选择 自然成熟、汁液充足、外观良好、无疤无腐坏的红番茄。

（2）原料的处理、打浆 清洗干净，去除疤痕，在柠檬酸浓度为0.2%的热水中热烫去皮，用打浆机打浆，反复3次，浆体备用。

（3）浓缩调配 将打好的番茄浆体于夹层锅中加热煮沸，加入一定量的白砂糖、魔芋胶和大豆膳食纤维，文火浓缩至固形物含量低于35%。

各种原辅料的配比：白砂糖添加量为15%，魔芋胶添加量为0.3%，大豆膳食纤维添加量为0.6%，番茄酱中可溶性固形物含量为30%。

（4）装罐、密封、杀菌、冷却 浓缩结束后趁热将果酱装入消毒的玻璃罐中，密封后于100℃条件下杀菌20min，然后分段冷却至38℃左右，即得成品。

（三）成品质量指标

（1）感官指标 产品为酱红色，组织均匀细腻，呈黏胶状，不流散，不流汁，无糖结晶，具有果酱特有的良好风味，无焦煳及其他异味，口感细腻，酸甜适口，有绵滑感。

（2）理化指标 番茄酱中可溶性固形物含量低于35%。

六、低糖苹果草莓复合果酱

（一）生产工艺流程

草莓→选择→去梗→清洗→护色→预煮打浆
↓
苹果→选择→清洗→去皮去心→护色→软化→打浆→混合调配→胶体磨→真空浓缩→压盖→杀菌→冷却→成品

（二）操作要点

（1）草莓酱、苹果酱的制备 挑选成熟度适宜、品质优良的新鲜果。草莓在沸水中煮4～5min（料水比1:2），软化至便于打浆为止；苹果去皮去心，用适量的复合护色液进行护色处理，取出后于沸水中预热1～2min，趁热用打浆机打浆1～2次，得到均匀一致的苹果粗浆。

（2）复合、微磨 将草莓浆、苹果浆按配方比例（苹果浆与草莓果肉浆的复合比例为3:2）混合，再通过胶体磨磨成细腻浆液。

（3）调配 将蔗糖、蛋白糖、柠檬酸、复合添加剂按一定比例加入复合果浆中，充分搅拌使物料完全溶解。各种原辅料的比例为：蔗糖15%、蛋白糖0.07%、

柠檬酸 0.4％、增稠剂（CMC-Na：海藻酸钠：黄原胶为 0.3％：0.3％：0.15％）0.75％。

（4）均质 对调配好的果浆用 40MPa 的压力在均质机中进行均质，使果肉纤维组织更加细腻，有利于成品质量及风味的稳定。

（5）浓缩 采用真空浓缩法对酱体进行浓缩，浓缩条件为：温度 50～60℃，真空度为 85～95kPa。

（6）灌装 将玻璃瓶彻底清洗杀菌后，浓缩后的果酱迅速装罐，最好在 30min 内装完，装罐过程应采用排气密封法，酱温保持在 85℃以上，尽量减少顶隙，严防果酱沾染瓶口和外壁。

（7）杀菌冷却 采用蒸汽杀菌，在 85℃温度下杀菌 20min。杀菌后分段冷却至 38℃左右，擦干罐外壁水分，在温度 35～37℃的保温库中保温。

七、鱼香茄子酱

（一）生产工艺流程

原料选择→清洗→切丁→焯水→麦芽糊精浸泡→微波干燥→炒制→真空包装→高温灭菌→成品

（二）操作要点

（1）原料选择和预处理 选购成熟度适宜，无籽、形体较大，新鲜且肉质肥厚的紫茄子作为加工原料。将茄子利用清水洗净，用刀将其切成棱长 1.0～1.4cm 的正方体小丁，注意茄丁大小均匀，保持一致。

（2）焯水 水煮开后（95℃以上），迅速倒入切好的茄子丁，煮 40s 捞出，此步骤能有效减少茄子的涩味。

（3）麦芽糊精浸泡 将焯过水的茄子完全浸没在浓度为 6％的麦芽糊精溶液中，静置 2.2h。麦芽糊精具有填充剂和防止粘连的作用。

（4）微波干燥 将经上述浸泡后的茄子进行微波干燥，时间为 15min。

（5）炒制 以 200g 茄子为基准用量，加入辣油 10％、姜蒜末各 3％、葱 4％、豆瓣酱 40％、剁椒 2％、盐 5％、糖 2.5％、鸡精 2.5％、交联变性淀粉 8％，进行调味和炒制。

（6）真空包装、高压灭菌 将炒制的酱进行真空包装，然后将封袋的鱼香茄子酱放在高压灭菌锅中灭菌，灭菌条件为 121℃、15min。灭菌后经冷却即为成品。

（三）成品质量指标

色泽：酱体呈棕黄泛白，色泽均匀，表面油润泛红光；气味：鱼香味浓郁和谐，无异味；口感：质地爽滑，浓稠度良好，不油腻；状态：酱体均匀，茄丁颗粒完好，有油光。

八、玫瑰鲜花酱

（一）原料配方

花瓣：蔗糖：蜂蜜为 1：1：0.1。

（二）生产工艺流程

```
                    蔗糖、水→加热溶解          蜂蜜
                              ↓
花朵采集→摘瓣→清洗→沥干水分→搅拌混合→加热浓缩→混合→装罐→杀菌→冷却→
成品
```

（三）操作要点

（1）原料选择与预处理 原料选取刚开放的玫瑰花，花朵大、颜色好、香气浓者最佳。采摘最好在早晨太阳升起前后，此时花朵刚刚开放，发育完全、品质最好，能够生产出质量最好的玫瑰鲜花酱。采摘后及时摘下花瓣，机器摘瓣和手工摘瓣均可。摘瓣并去除杂质后称重，称重后进行清洗、沥干水分。

（2）糖液配制 以糖水比为 5：1 的比例配制浓糖液。方法是将水加热至沸腾后放入蔗糖，边加糖边搅拌。将糖全部加入，搅拌至蔗糖不再溶解为止。此时为饱和糖溶液，少量未溶解的蔗糖，待进入加入花瓣和加热浓缩阶段后，再溶解利用。

（3）搅拌混合 向浓糖液中放入预处理好的花瓣，边加热边搅拌混合。花瓣会迅速软化，体积缩小，与糖液混合。此时，花瓣中水分渗出，未溶解的少量蔗糖溶解。

（4）加热浓缩 边加热边搅拌，随时用折光仪检测可溶性固形物含量。当可溶性固形物达到 50%～55% 时，即可停止加热。

（5）加蜂蜜混合 停止加热后，立即加入花瓣重量 10% 的蜂蜜，并充分搅拌混合。

（6）装罐密封 玫瑰鲜花酱颜色鲜亮。因此，最好使用玻璃容器盛装，以展现其品相。为防止玻璃容器受热不均破裂，应先进行蒸煮消毒，并使其在灌装时保持在 80℃ 以上。将混合好的酱体趁热倒入，留 5mm 左右顶隙并密封。装罐时要尽快装入，装罐完毕后罐体温度应在 80℃ 左右。

（7）杀菌 密封完成后，将罐体倒置数分钟即可完成杀菌。

（8）冷却 为防止蜂蜜的营养被破坏，应尽快冷却降温，一般采用冷水降温，温度以 20℃ 为梯度下降，根据实际情况选用 70℃、50℃、30℃ 或 60℃、40℃ 的水降温。

九、复合蔬菜酱

本产品是以马齿苋、西兰花、上海青为主要原料，加工生产的一种复合蔬

菜酱。

（一）原料配方

蔬菜（马齿苋、上海青、西兰花比例为 1：1：1）80g、大豆油 40g、姜 1g、蒜 1g、花椒 0.5g、八角 1g、味精 0.5g、芝麻 0.2g、盐 2.5g、辣椒 1.25g、黄豆酱 13g。

（二）生产工艺流程

蔬菜原料挑选、清洗→漂烫→切丁→纱布过滤→加盐腌制→炒酱、调味→灌装→杀菌→产品

（三）操作要点

（1）原料称取　按照基本配方，称量大豆油、黄豆酱、盐、味精、辣椒、姜末、蒜末、芝麻等原料。

（2）马齿苋处理　选择鲜嫩的马齿苋为原料，除去已纤维木质化的老叶，经清水洗涤后，取嫩叶作为原料。

（3）西兰花处理　挑选无病虫害、成熟度和大小基本一致的西兰花花球。切去西兰花老化花茎部分以及黄色花茎部分，保留其新鲜部分，用清水清洗外表皮，然后用 80～90℃水焯水 2min。

（4）上海青处理　选取无病虫害、新鲜的上海青，去除黄叶、枯叶，用清水洗涤干净，叶和茎按照 1：1.5 重量比进行搭配，作为原料。

（5）蔬菜腌制　挑选马齿苋、上海青、西兰花重量比为 1：1：1，切碎，经纱布过滤，沥干水分，加入称量好的盐，腌制 30min，备用。

（6）热油制备　在炒锅内加入称量好的大豆油，加热至出现大豆油特有的香味，加入已称量的辣椒、姜末、蒜末、花椒、八角，炒制，炒出香味，关火，除去辣椒、姜末、蒜末、花椒、八角，收集热油，备用。

（7）酱料熬煮　将称量好的黄豆酱，小火熬制直至酱料黏稠，加入腌制好的蔬菜，炒制 3min，加入味精，再炒制 1min，撒少许芝麻，出锅。

（8）灌装　为了保持蔬菜酱的风味，采用密封性能好、无毒无味的四旋玻璃瓶进行灌装。酱料要求稀稠均匀，炒制好后即刻装罐。蔬菜酱的灌装温度不低于 65℃，保证瓶口、瓶身及瓶盖洁净，控制酱料表面油层高度 2～3cm，填充不可太满，留一定空隙。

（9）杀菌　将灌装好的酱料放入真空封罐机中杀菌，温度为 90℃，时间为 15min。

（四）成品质量指标

色泽：色泽均匀深绿，有光泽；气味：酱香浓郁，各种香味突出，无其他不良气味；口味：口味协调，酱香味、咸味适中，与鲜辣味道相互映衬，无焦煳味等不良风味；组织状态：黏稠比例恰当，油量适中且分布均匀，无异物。

十、番茄白骨壤果实调味酱

白骨壤，别名榄钱果、海榄雌，在红树林当中属于先锋树种，主要分布于我国广东、广西、海南、福建、台湾等地。白骨壤果实味甘、微苦、性凉，具有清热、利尿、凉血败火的功效，还有丰富的营养成分和多种生物活性。本产品是以番茄与白骨壤研制出一种具有特色风味的调味酱。

（一）原料配方

番茄酱与白骨壤之比为 3∶1，以 100g 番茄原浆为基础：白砂糖 8.0%、精盐 1.5%、柠檬酸 0.25%、香辛料浓缩液 12%、白醋 1.0%、胡椒粉 0.015%、CMC-Na 0.2%、黄原胶 0.2%。

（二）生产工艺流程

（1）番茄酱制备

调味料、增稠剂、香辛料浓缩液
↓

番茄→挑选→清洗→预处理→打浆→过滤→配料→煮制→均质→浓缩→冷却

（2）调味酱制备

白骨壤果实（干果）→挑选、分级→清洗→预处理→沸水处理→漂洗→形态处理→浸泡→调配混合（加番茄酱）→煮制→装罐→排气、封罐→杀菌→冷却→成品

（三）操作要点

（1）番茄酱制备

① 原料的选取。选择新鲜、表面完整、无虫害、色泽鲜红、少籽的番茄，以成熟果最佳。

② 预处理。用小刀于番茄底部划十字，置于沸水中，待表皮开裂进行去皮、去萼、去芯等步骤，过程尽量保留果肉、果囊，提高原料利用率。热烫是为了使果皮分离，达到更好的去皮效果，并且去除表面虫卵，同时使果胶酶失活。

③ 打浆、过滤。将切块的番茄置于搅拌机中打浆，打浆要彻底，使其质地均匀。采用 20 目过滤网进行过滤去籽，生产线应采用板框过滤机或者破碎机进行去籽。

④ 香辛料浓缩液。以 100g 水为基准，添加八角茴香 3.3%、肉桂 2.7%、丁香 2.0%、豆蔻 2.3%、大蒜 3.3%、洋葱 80%，丁香去头，全部切粒捣碎，颗粒大小适中，慢火熬制 45min，过滤，弃去滤渣，取滤液。

⑤ 配料。将番茄酱倒入锅中，加热，待番茄酱微沸，缓缓加入白砂糖、精盐、香辛料浓缩液、柠檬酸、增稠剂等。

⑥ 煮制。加入配料后，慢火熬煮，期间需要不断搅拌，溶解配料的同时也要避免粘锅。

⑦ 均质。待配料溶解后，趁热均质，因浆料开始时黏度大颗粒大、胶体磨

效果不佳，先由搅拌机进行初步搅拌，再由胶体磨进行均质。

⑧ 浓缩、冷却。将均质后的浆料倒入锅中，进行浓缩增稠，熬制时，应尽量搅拌排气。浓缩后冷却至室温，放置备用。

（2）白骨壤果实处理

① 原料选取。表皮完整，无虫害，无残缺，色泽翠绿，大小适宜。

② 预处理。为去除残留在果实中的单宁物质以及其带来的苦涩味，将晒干的白骨壤果实放入料水比为 1：4 的沸水中煮制 10min，过滤，液体含有大量单宁，需要用清水洗多次至没有苦涩。

③ 形态处理。去除影响口感的果芯。

④ 浸泡。将果实置于 2％盐水中浸泡一定时间，使果实软化保持一定口感及护色，然后水洗沥干备用。

（3）调配混合　将番茄酱、白骨壤果实，按 3：1 的比例进行混合。

（4）煮制　将混合酱倒入锅中边加热边搅拌，尽量混合均匀，微沸后停止加热。

（5）装罐、排气　趁热装罐，顶部留 1.5cm 防止加热过度膨胀，并置于恒温水浴中排气，中心温度达到 80℃，排气 10min，封罐。

（6）杀菌　封罐后用 90℃水浴杀菌，杀菌 30min。

（7）冷却　为防止番茄红素氧化，应将产品迅速冷却至室温，贮藏。

（四）成品质量指标

（1）感官指标　色泽：酱体色泽一致，呈橙红色，无褐色；风味：浓厚番茄味伴有香辛风味，咸甜适宜，酸度适宜，微涩味；口感：酱体细腻，果粒爽口适中；组织形态：果粒均匀、饱满、完整，酱果融合度高，质地均匀，黏度适中，无分层现象。

（2）理化指标　可溶性固形物：低浓度 12.5％～22％、中浓度 22％～28％、高浓度 28％～36％，黏稠度 ≤15cm/30s，色差值 $L≥21.0$，$a/b≥1.8$，pH ≤ 4.6，番茄红素：优级品低浓度 ≥18g/100g，一级品低浓度 ≥13g/100g。

（3）微生物指标　菌落总数 ≤1000 个/g，大肠菌群 ≤30MPN/100g，致病菌不得检出。

十一、多维低糖保健枣酱

本产品是以灵武长枣为主要原料，结合具有保健功效的藜麦、枸杞、核桃，开发出的一种低糖、低脂、高膳食纤维、高保健功效的多维果仁保健枣酱。

（一）生产工艺流程

蜂蜜、增稠剂、柠檬酸
↓
原料→水洗→浸泡→预煮→打浆→原料浆→搅拌均匀→浓缩→灌装→杀菌→成品

（二）操作要点

（1）原料处理　选择成熟度高、无腐烂、无病虫害的各种原料，在清水中洗净沥干，以原料的 1.5 倍加水，浸泡 4h，使其充分吸水、软化。将浸泡后的原料与浸泡液进行高压蒸煮 10min，使其充分软化并使其营养成分、香气物质充分析出。预煮后去除原料核、皮等易于打浆，后经料理机打浆，得到组织细腻的各种原料浆，备用。

（2）调配　将上述原料浆按照枣酱：枸杞酱：胡萝卜酱：核桃酱：藜麦酱为 4:2:2:1:1 的比例胶磨后置于调配罐中，加入 15％枣花蜜，充分搅拌均匀，并加入 0.7％的柠檬酸（先溶解成 20％的溶液）、0.25％的结冷胶（先用水溶解）和 0.18％的氯化钙（先用水溶解）。

（3）浓缩　将料浆置于高压灭菌器内，在 196kPa 的蒸汽压力下进行浓缩，浓缩过程中要不断搅拌，防止煳锅。

（4）灌装密封　趁热将枣酱注入果酱灌装机中，随即进行定量灌装，装入预先经过清洗杀菌的聚乙烯复合袋内，酱体温度不低于 75℃，随时用封口机真空密封。

（5）杀菌与冷却　灌装密封后，立即放在压力 500MPa 下进行超高压杀菌处理 11min。经检验后擦干罐体外部水分，贴商标，包装为成品。

（三）成品质量指标

棕色，光泽明亮，浓郁枣香味，糖酸比合适，成胶效果好，无流散现象，涂层均匀连贯且润滑，无结晶，无水析出。

十二、陈皮苹果酱

（一）生产工艺流程

苹果→清洗→切分→预煮→打浆→浓缩→装罐密封→杀菌→成品

（二）操作要点

（1）清洗切分　先将苹果利用清水洗净，然后去皮、去心，将苹果切成小块，称重，并及时投入 1％食盐水中护色 2min。

（2）预煮　加果重 40％的水，煮沸后保持微沸 20min，果肉要煮透。

（3）打浆　将经过预煮的苹果送入打浆机进行打浆，同时加入占苹果重量 2.4％的陈皮粉，一同打浆。

（4）浓缩　先将果浆打入锅中，分 2～3 次加入糖液，同时加入柠檬酸和果胶，其用量分别为：白砂糖 60％、柠檬酸 0.13％、果胶 1.2％。在浓缩过程中不断搅拌，当浓缩至酱体可溶性固形物达 65％时即可出锅。

（5）装罐密封　将浓缩好的酱趁热进行装罐，要求封罐温度不低于 85℃，装瓶预留顶隙 3mm 左右。

（6）杀菌　密封后在沸水进行杀菌，时间为 15min，杀菌后分段冷却

（65℃/10min→45℃/10min→凉水冷却到常温）。

（三）成品质量指标

（1）感官指标　颜色为黄色，无"流汤"现象，有光泽，酱体均匀且一致，黏度良好，酸甜适中，口感柔和，具有陈皮的香气，无其他异味。

（2）理化指标　符合 GB/T 22474—2008《果酱》的规定。

（3）微生物指标　符合 GB 4789.2—2016《食品安全国家标准　食品微生物学检验　菌落总数测定》的标准。

十三、陈皮酸梅酱

本产品是以青梅为主要原料，辅以冰糖、陈皮粉，在不添加防腐剂、酸味剂及增稠剂的情况下，开发出的陈皮酸梅酱。

（一）生产工艺流程

陈皮→挑选→清洗→烘干→打粉

青梅→挑选→清洗→盐水浸渍→漂洗→去核→打浆→浓缩调配→装瓶密封→杀菌→冷却→检验→成品

（二）操作要点

（1）原料选择　选择 8～9 成熟的青梅果作为原料，将果枝、叶、病虫害、机械伤严重及果肉软烂的果去除。

（2）清洗、盐水浸渍　先清洗青梅果，将清洗干净的果放入桶中，加入 5% 盐水进行浸渍处理，果面用薄膜覆盖，盐水盖过果面 2～3cm，处理时间为 6d。

（3）漂洗退盐去核　将盐水处理好的果用清水漂洗至果肉无明显盐味，挤压并彻底去除果核及果蒂，否则影响打浆和成品的质量。

（4）打浆　加入果肉重 30% 的常温纯净水，先用打浆机粗打，再用胶体磨进一步细磨。

（5）陈皮粉制备　陈皮经挑选稍清洗后烘至含水量为 10% 以下，用中药粉碎机打成 80 目粉。

（6）浓缩调配　将磨好的果浆放入不锈钢锅体内，同时加入冰糖一起煮制，煮开后小火浓缩 25min 左右，加入陈皮粉、三氯蔗糖继续浓缩 5min。具体加入量为：冰糖 10.00%、陈皮粉 3.00%、三氯蔗糖 0.05%。

（7）装瓶密封　浓缩好的陈皮酸梅酱冷却到 80℃ 装到清洗干净并消毒好的玻璃瓶（180mL）中，密封。

（8）杀菌、冷却　将装好陈皮酸梅酱的瓶子放到灭菌锅中进行杀菌，用 100℃ 热水杀菌 15min，然后分段冷却至 38℃。

（9）检验　对陈皮酸梅酱净含量等指标进行检验，合格后入成品库。

（三）成品质量指标

色泽：深黄色；香味：具有青梅浓郁的酸中带甜的果香味和陈皮味；滋味：

酸甜可口，味道层次分明，陈皮味及青梅味突出；组织状态：酱体浓稠状，不流散，不析水，无分层现象。

十四、山楂枸杞胡萝卜果蔬酱

（一）原料配方

以山楂 200g 计，枸杞粉 6％、胡萝卜 10％、白砂糖 80％、果胶添加量 0.5％。

（二）生产工艺流程

原料选择→清洗→切分→预煮→打浆（加入枸杞粉）→浓缩→装罐密封→杀菌→成品

（三）操作要点

（1）原料选择 选择市售颜色亮红、果皮比较光滑、无虫眼、质地稍硬、果粒较大的山楂；选择市售表皮光滑、无伤痕、个体大小适中、圆柱形的新鲜胡萝卜。

（2）原料处理 山楂和胡萝卜用流动的清水冲洗，洗净、沥干后，将山楂去心，将山楂和胡萝卜切成小块，称重，并及时投入 1％食盐水中护色 2min。

（3）预煮 将小块山楂放入不锈钢锅中，加果重 60％的水，加热至沸腾，并保持微沸 15min，要求果肉煮透，使之软化兼防变色；胡萝卜用高压锅煮 15min。

（4）打浆浓缩 用匀浆机进行打浆并加入枸杞粉；再将果浆倒入锅中，分 2～3 次加入糖液，在浓缩过程中不断搅拌，当浓缩至酱体可溶性固形物达 65％ 时即可出锅，出锅前加入果胶，快速搅拌均匀。

（5）装罐密封 出锅后立即装罐，封口时酱体的温度不低于 85℃，装罐不宜过满，所留顶隙以 3mm 左右为宜，若瓶口附有果酱，应用干净的布擦净，避免储藏期间果酱变质。

（6）杀菌冷却 封罐后立即放入沸水中杀菌 15min，排气后及时拧紧瓶盖（瓶盖、胶圈均经过清洗和消毒）；果酱分段冷却（65℃/10min→45℃/10min→凉水冷却到常温）。

（四）成品质量指标

色泽：红色；香气：枸杞胡萝卜浓香；滋味：酸甜适宜，果蔬味适宜；质地：酱体细腻均匀，呈凝胶状。

第七节 其他调制酱类

一、百合鹌鹑蛋黄酱

（一）原料配方

色拉油 72％、鹌鹑蛋黄 14％、食醋 10％、食盐 0.5％、砂糖 1％、香料粉

0.5％和百合浆料 2％。

（二）生产工艺流程

色拉油和食醋　　糊化←百合精粉

新鲜鹌鹑蛋→去壳→分离→蛋黄→搅拌→混合→杀菌→感官评定→成品

（三）操作要点

（1）原料预处理　将鲜鹌鹑蛋用清水洗净，并用高锰酸钾液浸泡 5min，打蛋去壳，分离蛋黄。

（2）糊化　称取一定量的百合精粉，水与百合精粉按照 10∶1 的比例混合后，放置于 85℃恒温条件中糊化 45min，制成百合精粉浆料。

（3）搅拌　称取 5g 蛋黄，捣碎，然后在不断搅拌下交替加入色拉油和食醋，继续搅拌至蛋黄逐渐黏稠膨胀，最后加入百合精粉浆料、食盐、砂糖、味精和香醋等调料，搅拌均匀。

（4）杀菌　将产品装入容器内，于 63℃持续 30min 杀菌。

二、多味酱

多味酱主要以黄酱为主，再配各种调味料，使其各味俱全，风味独特。属复合型调味酱，与怪味酱近似。食用方便，便于携带。

（一）原料配方

黄酱 50kg、花椒粉 1kg、香油 40kg、芝麻 25kg、白糖 25kg、食醋 20kg、味精 2.5kg、蒜泥 15kg、姜粉 15kg、葱末 15kg、辣椒 5kg。

（二）生产工艺流程

黄酱、白糖→加热→调味料→香油→食醋→磨浆→芝麻→煮沸→灌装→成品

（三）操作要点

（1）备料　将花椒、芝麻分别炒熟，花椒研成细粉状备用。应注意的是花椒和芝麻切勿炒煳。

（2）黄酱加热　将黄酱与白糖混合搅拌均匀，进行加热。加热时要不断搅拌，切勿让酱粘在锅底。

（3）加调味料　将大蒜捣碎、葱切碎，与姜粉、辣椒、炒熟的花椒粉一同加入黄酱中，搅拌均匀，继续加热。再将香油缓慢加入酱中，边加边搅拌，搅拌均匀后加入食醋。

（4）磨浆　将半成品多味酱送入胶体磨中进行处理，磨浆。

（5）煮沸　将酱继续加热并加入芝麻和味精，加热至沸腾即可，然后经过灌装、冷却即为成品。

（四）成品质量指标

成品为酱红色，有酱香味，甜、酸、辣、麻、香各味俱全。

三、钙果奶酪涂抹酱

（一）生产工艺流程

原料验收→预处理→切割→粉碎→加乳化剂→加热融化→混合调配→杀菌→包装→静置冷却→成品

（二）操作要点

（1）钙果汁制备　选择无腐烂、无病虫、成熟新鲜的钙果，用饮用水清洗干净，沥干水分去核，放入 90℃ 的热水中热烫 15min，然后迅速冷却至 50℃，用打浆机打浆后添加 0.04% 的果胶酶，保温 60min。粗滤后再经离心过滤，取其澄清汁备用。

（2）混合调配　鲜奶酪切成 0.1~0.3cm 见方的碎块，在水浴锅中加热至 50℃ 左右，加入 2.5% 的乳化剂和 35% 的水。将温度升至 65~70℃，保温 20~30min，使鲜奶酪完全融化，再添加 9% 的钙果汁、8% 的蔗糖、0.2% 的黄原胶、3% 乳化剂，混合均匀。

（3）杀菌　杀菌条件为 80~85℃，保持 5min。

（4）充填、包装　杀菌后趁热充填包装于涂塑纸盒内，封口后于 10℃ 以下的冷藏箱中定型和贮藏。

四、宫保味调味酱

（一）原料配方

酱油 32.8%、蔗糖 17.4%、豆瓣酱 16.3%、食醋 10.9%、食盐 7.6%、黄酒 7.6%、辣椒粉 4.3%、花椒粉 1.6%、蒜粉 0.5%、葱粉 0.3%、姜粉 0.2%、酱专用增稠剂 0.5%，山梨酸钾为 0.3g/kg。

（二）生产工艺流程

溶胶　　玻璃瓶→杀菌
↓　　　　↓
原料→预处理→配料→加热混匀→胶体磨→装瓶→杀菌→冷却→装箱→检验→入库

（三）操作要点

（1）原材料预处理　按配方要求准确称取各种原料；豆瓣酱过胶体磨待用；酱专用增稠剂与适量蔗糖或食盐混匀，用水溶解待用。

（2）加热搅拌　将蔗糖和食盐加入酱油中加热搅拌，然后依次加入豆瓣酱、辣椒粉、花椒粉、葱粉、姜粉、蒜粉、黄酒、食醋和山梨酸钾，再用柠檬酸调酸至 pH4.4，最后加入增稠剂溶液，搅拌均匀。

（3）均质　调配好的半成品用胶体磨处理。

（4）装瓶、杀菌　将均质好的半成品装瓶，在 85℃ 条件下隔水杀菌 25min，经冷却、装箱、检验即为成品。

五、麻味沙拉酱

(一) 原料配方

鸡蛋黄 65g、调和油 1090g、柠檬汁 60g、食盐 25g、白糖粉 20g、花椒油 140g。

(二) 生产工艺流程

全部粉状原料　　调和油、花椒油、柠檬汁

鸡蛋→清洗消毒→去壳→取出蛋黄→混合调制→真空混合乳化→均质→灌装→封盖→贴标→成品

(三) 操作要点

(1) 原料准备　选用新鲜的鸡蛋，应符合 GB 2749—2015 的要求；调和油最好选择无色无味的色拉油，应符合 GB 2716—2018 的要求；选择优质白糖，质量应符合相应的标准和有关规定，打成细粉末备用，研磨粉越细与蛋黄结合产生的乳化效果越好；柠檬汁采用新鲜柠檬压榨取汁。

(2) 鸡蛋去壳　鲜鸡蛋先用清水洗净，再用 3‰ 的双氧水消毒 5min，然后用净水冲洗干净，捞出控干，打蛋去壳。蛋黄、蛋清分离，只取用蛋黄。注意蛋清要分离干净，避免影响乳化效果。

(3) 混合搅拌　按照配方将全部原料分别称量后，除油、柠檬汁外，全部倒入搅拌机中，开启搅拌使其充分混合，保持中速搅拌，搅打至黏稠的浆糊状。

(4) 加油乳化　边搅拌边徐徐加入色拉油、花椒油，加油速度宜慢不宜快，当油加至 2/3 时，将醋慢慢加入，再将剩余油加入，直至搅打至膏体色泽光亮，呈细腻均匀、半固体状态即可。

(5) 均质　为了得到组织细腻的花椒膏，避免分层，用胶体磨进行均质，将油粒分散成更为细小的稳定乳化状态，使表面更加光滑、柔软。胶体磨转速控制在 3600r/min 左右。

(6) 装瓶　按不同规格进行灌装，灌装允许 3～5g 的正偏差，不能有负偏差。灌装的容器有玻璃瓶、塑料瓶或铝箔塑料袋，灌装后进行封口，即为成品。注意装瓶时尽量避免污染瓶口、瓶身。工作人员每 30min 对手部进行消毒一次。

(7) 检查、装箱入库　将已封口的产品侧放 24h 以上，再将产品瓶口朝上静置存放 12h 以上。产品经检验合格即可装箱入库。

(四) 成品质量指标

(1) 感官标准　色泽：微黄色，稠酱状；气味：麻味突出，整体风味协调；滋味：酸甜适口、麻味明显；体态：组织细腻、稠度适中、形态稳定，无明显析油、分层现象。

（2）理化指标 pH≤4.0，总砷（以 As 计）≤0.5mg/kg，铅（以 Pb 计）≤1.0mg/kg。

（3）微生物指标 菌落总数≤1000 个/g，大肠菌群≤10MPN/g，霉菌/酵母菌≤100 个/g，致病菌（沙门菌、志贺菌、金黄色葡萄球菌）不得检出。

六、蛹虫草保健酱

蛹虫草又称北冬虫夏草或北虫草，2009 年 3 月被批准为新资源食品；骨素是鲜骨经粉碎、提取、分离、真空浓缩、高温杀菌等工艺制得。本产品是以蛹虫草子实体和骨素为主要原料，调配以葱、姜、食盐、香辛料等其他调味料开发出的一种保健菌酱。

（一）原料配方

复水后的蛹虫草子实体：骨素为 6：4（以二者总重为基数），调和油 10%、复合香辛料 3.0%、姜末 2%、葱末 4%、味精 1%、盐 1%。

（二）生产工艺流程

调和油加热→葱末、姜末爆香→加骨素炒香→复水的蛹虫草子实体段（3～5mm）炒制→加盐、味精、香辛料→搅拌→装瓶→排气→密封→杀菌→冷却→成品

（三）操作要点

（1）蛹虫草子实体复水 称取 5.0g 干蛹虫草子实体加入其重量 20 倍的水，恒温水浴，每隔 20min 捞出，自然淋水 5min，称沥干重。

（2）骨素的制备 选择新鲜猪骨，切段 5cm 左右，清洗干净，热水浸烫去油，淋干后加 4 倍于鲜猪骨的水重，以提取温度 135℃，提取时间 100min，料液比 1：4，泄压频率 1 次/40min，即每间隔 40min 泄压 1 次，得到较高质量猪骨素。

（3）炒制 将调和油倒入锅中，加热，待油温升至 140～150℃时，加入葱末、姜末爆出香味，当油温升至 120～130℃时，加入骨素翻炒均匀后加入复水后的蛹虫草子实体段（3～5mm），当料温再次升至 120～130℃时，加入盐、香辛料搅拌均匀，起锅前加入味精。注意葱末、姜末炒制时间不宜过长，以免产生不良的气味，骨素的炒制过程注意将其打散并分散均匀。炒酱的炒制过程，应控制好炒制温度和时间，急火快炒酱体香味不够，体感不丰满，温度过高时间过长，酱体变焦，苦味重，影响成品的颜色和滋味。

（4）装瓶 将上述调味好的酱体趁热加入已经消毒好的玻璃瓶中，装入九分满，每罐净重 100g。

（5）封口、预封 玻璃瓶盖盖好，但不旋紧，将其移入蒸汽排气箱进行常压排气，当瓶中心温度达到 85℃，即可旋紧瓶盖。

（6）杀菌、冷却 将旋紧瓶盖的产品立即进行杀菌，杀菌条件为：115℃，

15min。杀菌结束后，分段冷却至35℃，即为成品。

七、柳蒿芽即食调味酱

柳蒿芽，别名柳蒿、柳叶蒿、水蒿、芦蒿等，属于菊科蒿属植物，在我国东北及长白山地区分布广泛。柳蒿芽风味独特、营养丰富。本产品是以柳蒿芽为原料开发出的一种即食调味酱。

（一）原料配方

柳蒿芽和黄豆酱1.5：1，水70％、食盐2％、白砂糖1％、花椒0.5％、味精0.5％、CMC 0.1％。

（二）生产工艺流程

原辅料调配（水、黄豆酱、食盐、白砂糖、花椒、味精、CMC）

↓

柳蒿芽→清洗→烫漂→护色→切段→色拉油加热→加热浓缩→装罐→灭菌→检验→成品

（三）操作要点

（1）原料选择及处理　选取无腐烂、无霉变的柳蒿芽原料，去除枯黄茎叶，用流动清水洗净沥干。

（2）烫漂、护色、切段　将清洗后的柳蒿芽在95℃的热水中烫漂处理15s，冷却后将柳蒿芽置于盛有0.5％柠檬酸和0.2％异抗坏血酸钠的混合溶液浸泡护色处理1h，然后切成1cm左右的柳蒿芽段备用。

（3）加热浓缩　在锅内加入适量的色拉油并加热至140℃，转入复底锅并按配方量准确加入柳蒿芽段、水、黄豆酱、食盐、白砂糖和花椒小火加热浓缩熬制10～15min，即将到达熬制终点时加入一定量味精和CMC，至黏稠状即可。在熬制过程中，注意不断搅拌，以防加热不均或造成煳锅现象。

（4）装罐、灭菌　加热浓缩后的柳蒿芽即食调味酱装入玻璃罐中，灭菌封罐后经过检验合格者即为成品。

（四）成品质量指标

（1）感官指标　色泽均匀，风味协调，咸甜适中，组织状态均匀，口感细腻，具有柳蒿芽浓郁香气。

（2）微生物指标　大肠菌群≤30MPN/100g，致病菌（沙门菌、金黄色葡萄球菌、志贺菌）不得检出。

八、豆渣橘皮保健酱

（一）原料配方

橘皮粉和β-环状糊精的添加比例为8：2，两者总量为10份，豆渣粉20份，蜂蜜12份，柠檬酸0.3份，十三香调味料0.06份。

（二）生产工艺流程

柠檬酸、蜂蜜、十三香、豆渣粉
↓

橘皮粉＋β-环状糊精＋水→加热溶解，包埋苦味物质→调配并加热搅拌均匀→灌装→封口→杀菌→冷却→成品

（三）操作要点

（1）橘皮粉的制作　将新鲜无霉变的橘皮加入 5％的盐水中浸泡 10h，去除农药残留和杂质，捞出刮掉内部白色部分后清洗干净，放入 60℃的恒温干燥箱中进行干燥，然后进行超细粉碎。

（2）豆渣粉的制作　将新鲜无污染的豆渣沥干水分后放入 85℃的恒温干燥箱中进行干燥，至色泽微黄，有焦香味无豆腥味时取出进行超细粉碎。

（3）包埋　将橘皮粉和 β-环状糊精加水溶解后加热，保持 60℃并充分搅拌，β-环状糊精的添加量通过试验确定。

（4）各种辅料的预处理　柠檬酸、十三香在调配前先加少许热水溶解。

（5）调配　将橘皮浆液、豆渣粉、柠檬酸液、蜂蜜、十三香等原料按配方比例混合，搅拌均匀，加热到 85℃左右，一边加热一边搅拌，浓稠状根据添加水量控制，使其混合均匀。

（6）灌装、封口、杀菌、冷却　趁热进行灌装，灌装前将容器清洗消毒，灌装时防止酱料污染瓶颈和瓶口，装满排气后迅速密封，于沸水浴中杀菌 10～15min 后用冷水冷却，冷却后即为成品。

（四）成品质量指标

酱体呈橘红色，有光泽，均匀一致，风味纯正突出，酸甜适口，无苦味，酱体黏稠状，有一定的流动性，无液汁分离现象。

九、新型玫瑰花酱

（一）原料配方

干制玫瑰花 10g、鲜柠檬汁 40g、蔗糖 70g、CMC-Na 0.5g、琼脂 1g、饮用水 600g。

（二）生产工艺流程

干制玫瑰花→加水复原→添加柠檬汁→打浆→调配→熬制→装罐→密封→杀菌→冷却→成品

（三）操作要点

（1）原料的选择　选择花粒饱满、颜色鲜艳、香气浓郁的花朵。将外层花瓣小心地一片片剥离，除去内层呈深褐色的花瓣、花萼以及花蕊，用水清洗干净后备用。

（2）复原　取干净的玫瑰花瓣，按照料液比为 1:5 的比例加入水，在 50℃下加热复原 30min。冷却后，按比例加入新鲜柠檬汁，混匀，调节 pH 为 5.0 左右。

（3）打浆　将调配好的玫瑰花瓣放入料理机打浆，然后用胶体磨将已经打浆的原料进行进一步处理，保证粉碎的玫瑰花浆均匀细腻。

（4）调配、熬制、装罐密封　在 60℃下将 CMC-Na 和琼脂浸泡软化，搅拌均匀至糊状，然后和玫瑰花浆混匀，小火熬制，并不断搅拌，期间分多次加入蔗糖溶液，待熬至固形物含量达到 40% 时即可装罐密封。

（5）杀菌　装罐密封后放入灭菌锅内在 100℃ 温度下，加热 5min，取出后冷却至室温即为成品。

十、陈皮酱

（一）生产工艺流程

原料处理→打浆→加热煮制→调料→灌瓶→杀菌→冷却

（二）操作要点

（1）原料处理　干陈皮有苦味，必须以多量清水浸泡变软至口尝不含苦味为止，如果是用鲜果皮，由于富含芳香油，需加长煮制时间，使其油辣味大部分挥发。

（2）打浆　把脱苦后的果皮放入打浆机中打浆，如果原料含水较少，可加入原料重 10% 的清水进行打浆，打成浆状，但不要过于细腻，果浆与果泥要有所区别。

（3）加热煮制　原料中含有大量水分，必须蒸发部分水分，可通过加热浓缩或真空浓缩进行浓缩处理。

（4）调料　按原料与白糖比 1:1 将白糖直接加入浆中共煮，接着加入 0.4% 食用海藻酸钠（方法是：称取定量海藻酸钠加入 5 倍水浸泡，并在 50～60℃ 温度下加温成为均匀胶体，再加入浆中与白糖共煮），稍后再加入原料重 0.5% 柠檬酸，搅拌均匀，继续加热。要求固形物浓缩达到 45%～48% 时停止加热，并可同时加入 0.05% 山梨酸钾（防腐剂）。这样的投料顺序是为了减少果酱色泽加深。

（5）灌瓶　包装方式采用 200g 四旋盖耐高温玻璃瓶，玻璃瓶事先经洗涤消毒，酱体固形物符合标准后趁热灌瓶，灌瓶后加盖扭紧。

（6）杀菌、冷却　用 100℃ 沸水煮 10min，然后逐级冷却至 40℃ 即成。

（三）成品特点

浅褐色，半透明，甜酸可口，具柑橘芳香。食用与其他果酱同，适于作为面包、馒头食用时的夹心料。

十一、胡萝卜柚皮低糖复合果酱

（一）原料配方

胡萝卜与柚皮的复合比例为 1∶1，白砂糖为 10％、柠檬酸 0.25％、卡拉胶 0.5％、山梨酸钾 0.05％。

（二）生产工艺流程

胡萝卜→清洗→去皮→软化→打浆
↓
柚子→清洗→去果肉、切丝→软化→盐浸、漂洗→打浆→混合→调配浓缩→装罐→杀菌→冷却→成品

（三）操作要点

（1）原料的预处理　将胡萝卜清洗干净，去皮后切成小块。将柚皮清洗干净后用不锈钢小刀切成细条，在 10％的盐水中腌制 3～6h，然后用流动水冲洗 0.5h，以去除苦味。

（2）软化　将胡萝卜块放入不锈钢锅中，加入胡萝卜块总重量 30％的纯净水，煮沸 15～20min 进行软化。将柚皮丝放入另一不锈钢锅中，加入柚皮总重量 20％的纯净水，煮沸 10～15min 进行软化。软化过程要求升温要快，将果肉煮透，以便于打浆和防止变色。

（3）调配浓缩　将胡萝卜浆与柚皮浆按配方的比例混合调配，然后倒入不锈钢锅中水浴熬制。先旺火煮沸 10min，后改用文火加热，然后将 10％的白砂糖分 3 次加入，出锅前按配方比例加入柠檬酸、卡拉胶、山梨酸钾。整个过程中要不断搅拌，以防结晶及锅底部分焦化。

（4）装罐密封　将玻璃瓶及瓶盖用清水彻底清洗干净后，用温度 95～100℃的蒸汽消毒 5～10min，沥干水分。果酱出锅后，迅速装罐（顶隙 2～3mm），然后迅速拧紧瓶盖。每锅果酱分装完毕时间不能超过 30min，酱体温度保持在 80℃以上。

（5）杀菌、冷却　装瓶后放入灭菌锅中 85℃水浴杀菌 15min，灭菌结束后分段冷却至室温。

（四）成品质量指标

（1）感官指标　色泽：橙黄色且有光泽；滋味与香气：酸甜适口，具有果酱应有的良好风味，有柚皮和胡萝卜的混合清香，无焦烟味和其他异味；组织状态：酱体均匀，呈凝胶状，不流散，不流汁。

（2）理化指标　pH 值为 3.6，可溶性固形物（折光法）12.28％，维生素 C 26mg/100g，粗蛋白质 0.21g/100g。

（3）微生物指标　细菌总数≤100 个/100g，大肠菌群≤30MPN/100g，致

病菌不得检出。

十二、孜然味烤肉酱

(一) 原料配方

糍粑辣椒和红油豆瓣重量比为 1 : 3，其他配料（以糍粑辣椒和红油豆瓣总重量为基数）为孜然粉 13%、十三香 2.5%、姜葱蒜 20%、食用油 70%、味精 4%、山梨酸钾 0.12%。

(二) 生产工艺流程

原料→预处理→均质→炒制→灌装→产品

(三) 操作要点

(1) 原料预处理　将生姜清洗后用斩拌机斩碎备用；葱去除葱青及根部不可食部分，洗净后用斩拌机斩碎备用；蒜去皮，洗后用斩拌机斩碎备用。

(2) 糍粑辣椒制作　锅中放水烧沸，放入干辣椒，煮 30min，入花椒煮 10min 至软透，捞出辣椒和花椒，放入斩拌机中斩碎备用。其中干辣椒和花椒的重量比为 3 : 1。

(3) 均质　将斩拌后的姜、葱、蒜、糍粑辣椒和郫县豆瓣酱配好后，采用胶体磨均质 1~2 次，细度为 4μm，使产品中的固形物微粒化，有利于产品稳定。

(4) 炒制　将称量好的食用油倒入炒锅中，加入均质后的原料程序升温炒制，炒制温度保持在 100~105℃，炒制 50min 后加入孜然粉和十三香炒制 1~2min，最后加入味精和山梨酸钾拌匀即可出锅。

(5) 灌装　将出锅后的酱体进行热灌装，灌装温度不低于 70℃。

(四) 成品质量指标

色泽：油润光亮，酱红；气味：香气浓郁，孜然味醇厚，姜、葱、蒜香味适度，整体气味协调；口感：口感较好，孜然味明显，豆瓣酱香味适宜，口味协调。

十三、炸酱面拌酱

(一) 原料配方

大豆油 22%、豆瓣酱 14%、油炸肉粒 10%、复水香菇 9%、葱泥 4.7%、姜泥 2.4%、甜面酱 2%、香辛料 0.52%、酱油 9%、芝麻酱 4.5%、山梨酸钾 0.08%、食用盐 5%、白砂糖 2%、味精 1%、水 13.8%。

(二) 生产工艺流程

原辅料接收→预处理→计量配制→熬制杀菌→降温→灌装→冷却、装袋、封口→装箱、入库

(三) 操作要点

(1) 原料预处理

①葱、姜预处理。去除葱、姜中不可食用的部分及外来杂物，清洗干净后，用斩拌机分别将其斩拌成葱泥、姜泥待用。

②干香菇预处理。根据配方中复水香菇丁的用量，按照干香菇与水1∶3的复水比例标准，计算出所需要的干香菇；用清水浸泡，直至干香菇完全被水浸透为止；再用清水清洗干净，沥水后过绞肉机直径6mm孔板，制成复水香菇丁。

③猪肉预处理。分割前先修净猪肉上多余的脂肪，然后过绞肉机直径8mm孔板，制成肉粒。将肉粒放入油炸机，油炸机的温度设定为150℃，要边加热边搅拌，炸至肉粒表面呈黄褐色。

（2）计量配制　按照产品配方比例准确称取，并标识清楚。

（3）熬制杀菌　将大豆油全部倒入调和锅进行加热，待油温升到110℃左右时，加入豆瓣酱、甜面酱，搅拌均匀后持续油炸5min；油炸结束后，依次加入葱泥、姜泥、香菇丁、肉粒及食用盐、白砂糖、香辛料、味精，加热搅拌5min，最后加入芝麻酱、酱油和水，混合均匀后继续搅拌加热，进行熬制杀菌；当温度升到95℃时，开始恒温计时30min，恒温结束前10min加入山梨酸钾。

（4）降温　熬制结束后，立即进行回流降温，使产品温度快速降至85℃左右。

（5）灌装　灌装前先检查灌装间的设备、工器具、人员是否已清洗和消毒，所用包装物是否正确，确认后方可开始灌装。待产品降温后开始灌装，在整个灌装过程中要求产品温度不低于65℃；每半小时用75%的酒精溶液对人员进行消毒，灌装中断时及时进行清理和消毒；包装膜采用通用镀铝膜，要求包装袋平整，热合严密，无泄露，热合处不得残留酱料、油污。

（6）冷却、装袋、封口　灌装好的产品应进行降温冷却，待产品温度降至37℃以下时进行装袋，要求包装袋外观平整、热合严密、日期打印准确。

（7）装箱、入库　装箱时，产品正面朝上，封口严密，且每箱产品不得有负偏差。产品包装完毕，入库存放。要求库内产品标识清楚，码放整齐，不得接触地面。

（四）成品质量指标

色泽：颜色鲜亮，油润有光泽；状态：呈酱状，含油量适宜；滋味：具有拌酱特有鲜味，咸甜辣味适中，回味足，无苦焦味；气味：气味协调，具有炸酱面拌酱特有的浓郁风味。

十四、杂粮酱

（一）原料配方

黄豆200g、红豆150g、黑豆150g、花生100g、小米100g、玉米碴200g、绿豆50g、燕麦50g、白砂糖220g、食盐40g、柠檬酸2g。

（二）生产工艺流程

原料→清洗→浸泡→熟化→研磨→熬煮→调配→灌装→杀菌→成品

（三）操作要点

（1）清洗　按照配方称取黄豆、红豆、黑豆、花生、小米、玉米碴、绿豆和燕麦，清洗原料，去除原料中的杂物和异味。

（2）浸泡　将黄豆、红豆、黑豆、花生、玉米碴、绿豆提前浸泡 10h。

（3）熟化　把黄豆去皮后，将所有原料放到蒸架上，通过湿热空气或悬挂于其中，用蒸汽处理，使其成熟，蒸 50min 左右。熟化处理后，杂粮颗粒表面有裂纹。

（4）研磨　将熟化后的原料用研磨棒碾碎或捣碎至小颗粒和酱状粗产品的混合物，其中小颗粒的最大不超过 4mm 见方，将其混合均匀。

（5）熬煮　加入 2000mL 的水，控制温度在 60℃，小火熬煮 10min 后进行调配。

（6）调配　加入白砂糖、食盐、柠檬酸，调配得到适宜风味的杂粮酱。

（7）装罐　包装采用玻璃瓶，灌装前对其进行清洗消毒，趁热装罐，装罐后立即封口，装罐时留有一定的顶隙。装罐后密封前排除罐内气体，使其获得一定的真空度，能够保证和提高罐内食品的品质。

（8）杀菌　将密封好的成品放入高压灭菌锅中，在 121℃下灭菌 15min。杀菌后应迅速冷却，冷却至室温，妥善保存。

（四）成品质量指标

色泽：土黄色，允许存在少量黑色和红色，有色泽；口感：有颗粒感，有适宜的咀嚼感，黏度适中；风味：悦人的豆香气味，甜咸适口，酸味适宜，无异味；形态：粉末状，酱体细腻柔滑，无分层现象。

十五、鱼香蘸酱

（一）原料配方

红油豆瓣和泡辣椒重量比为 10：10，其他配料（以红油豆瓣和泡辣椒总重量为基数）为白糖 50%、姜葱蒜 45%、柠檬酸 0.7%、味精 2.2%、蔗糖脂肪酸酯 0.2%、黄原胶 0.3%、食用油 50%、清水 35%。

（二）生产工艺流程

原料→预处理→炒制→均质→乳化、增稠→杀菌→产品

（三）操作要点

（1）原料预处理　将泡辣椒、姜清洗后切碎备用；葱去除根部不可食部分，洗后切碎备用；蒜去皮，洗后切碎备用。

（2）炒制　将食用油加热至 115～120℃后加入红油豆瓣酱进行炒制 10～

12min，炒制温度保持在 110～120℃；然后加入泡辣椒炒制 3～5min 后加入葱姜蒜，炒制 1～2min 后加入清水，煮沸后加入白糖、味精和柠檬酸调味。

（3）均质　采用胶体磨均质 1～2 次，细度为 4μm，使产品中的固形微粒化，缩小两相质量分数差，有利于产品稳定。

（4）乳化、增稠　称取蔗糖脂肪酸酯和黄原胶，均匀加入均质后的酱体中，均质 1 次（酱体温度不低于 65℃）。

（5）灌装、灭菌　将乳化、增稠后的酱体进行灌装，包装材料采用玻璃瓶，50g/瓶。灌装后进行杀菌，温度为 90℃，时间为 25min。杀菌后经冷却即为成品。

（四）成品质量指标

色泽：橙红、鲜亮；气味：香气浓郁，鱼香味醇厚，整体气味协调；口感：口感较好，咸酸甜辣兼而有之，味感醇厚不燥。

十六、麻辣烧烤酱

（一）原料配方

郫县豆瓣酱 500g、色拉油 500g、二荆条干辣椒 10g、藤椒油 3.02g、味精 10.2g、汉源花椒 10g、糖粉 51.2g、松肉粉 3g、孜然粉 11g、大蒜 30g、老姜 30g、大葱 150g、山奈 5g、八角 5g、小茴香 5.1g、桂皮 5g、豆蔻 5g、味香粉 2g、料酒 25g。

（二）生产工艺流程

原料选择→处理→混合→拌匀→成品

（三）操作要点

（1）原料选择　麻辣烧烤酱属复合调味料，其风味物质来源于各种调料的协同作用，因此对各种调料的选择具有重要意义。

① 豆瓣酱。选用郫县豆瓣酱。

② 花椒。本烧烤酱选用汉源花椒，要求花椒无杂质、无霉变，其品质应该满足 GB/T 30391—2013《花椒》的要求。

③ 二荆条辣椒。二荆条辣椒属四川成都地区的地方品种，色泽红亮，肉薄，含油量高。经炒制、干燥后香味浓厚，辣味爽口。辣椒要求颜色红艳、无杂质、无霉变，其品质应该满足 GB/T 30382—2013《辣椒（整的或粉状）》的要求。

④ 香辛料。八角：荚内籽粒明亮，香味浓烈为佳；桂皮：油性大，香味浓郁为佳；小茴香：是我国特产香辛料和中药，也是居家必备的调料。香辛料的主要作用是赋予辛辣味，祛除食物中的臭味，增加风味，等。

（2）香料油的炼制　先将色拉油加热到 80℃，加入山奈、八角、小茴香、桂皮等香辛料，在 80℃的油温下炒制 10min，升至 110℃，保温 5min，静置

30min 后过滤。过滤后再次加热（150℃，经验值）香料油，加入大葱，爆香后得到香料油。

（3）辣椒粉制备　将二荆条辣椒放入锅内，炒制、烘干后磨碎，过 30 目振荡筛，备用。

（4）豆瓣的炒制　取一半的香料油加热至 120℃，放入剁碎的郫县豆瓣酱炒至豆瓣无明显水汽，然后加入孜然粉、花椒粉、二荆条辣椒粉、糖粉炒香备用。

（5）老姜、大蒜的炒制　将剩余的香料油加热（150℃，经验值）后加入大蒜、老姜炒香，然后加入料酒，得到姜蒜的混合物，备用。

（6）原料的混合拌匀　将以上所有半成品及配料中剩余的调料拌匀分装得到成品。

（四）成品质量指标

色泽：色泽棕红、油润；滋味：各味协调，麻辣适口；流体性质：样品黏附性好，黏稠度适中；回味：回味悠长。

十七、新型藤椒酱

藤椒学名竹叶花椒，简称竹叶椒，属芸香科，为青花椒的一种。本产品是以藤椒作为主要材料生产的一种调味酱。

（一）原料配方

以 15g 藤椒果皮为基准，水与藤椒果皮的最佳比例为 2 : 1，白砂糖 2.4g、食盐 1.6g、白醋 0.3g、白酒 0.5g、植物油 1g、CMC-Na 2g、D-异抗坏血酸钠 0.16g。

（二）生产工艺流程

白砂糖、食盐、白醋、白酒、植物油、增稠剂
↓
藤椒→预处理→打碎→过滤→调制→均质→装瓶灭菌→成品

（三）操作要点

（1）原料预处理　选择颗粒饱满、颜色鲜亮有光泽的洪雅优质藤椒，经逆流水冲洗，去掉藤椒籽，避免影响成品的颜色。

（2）称量　将配方所需的白砂糖、盐等材料精确称好后，备用。

（3）捣碎　将水与藤椒果皮混合，加入护色剂 D-异抗坏血酸钠用组织捣碎机捣 2min，使其充分捣碎。

（4）过滤　将打碎后的藤椒液进行过滤，使其口感更加细腻。

（5）调制　将白砂糖、食盐、白醋、白酒、植物油混合均匀后，再与过滤好的藤椒汁混合，加入 CMC-Na，用水浴加热 30s，搅拌均匀。

（6）均质　为了增强成品的稳定性和均一性，使用无菌均质机在 39℃对调配后的藤椒酱以 280r/min 均质 30min。

（7）装瓶杀菌　将调配均质好的藤椒酱，装入清洗干净的玻璃瓶内，经80～85℃、20min巴氏杀菌，冷却后即为成品。

（四）成品质量指标

（1）感官指标　颜色翠绿，麻香浓郁悠长，麻度适中，质地均一，组织细腻，稳定性较好。

（2）理化指标　总酰胺4.2mg/g。

十八、郫县豆瓣风味火锅蘸酱

（一）原料配方

糍粑辣椒和红油豆瓣重量比为1：2，以糍粑辣椒和红油豆瓣总重量为基数，其他配料：红豆瓣45％、花椒粉4.5％、十三香2.0％、胡椒粉1.0％、葱姜蒜35％、白糖1.5％、菜籽油55％、味精适量。

（二）生产工艺流程

原料预处理→炒制→均质→杀菌→冷却→成品

（三）操作要点

（1）原料预处理　大葱去除不可食用的部分，洗干净后切碎备用；大蒜去皮，洗干净后切碎备用；生姜洗干净后切碎备用。

（2）炒制　将菜籽油倒入炒锅中，油温升至120℃后，放入糍粑辣椒炒制，炒制时间10～15min；待菜籽油的色泽变得红亮后，在100℃油温下同时加入红油豆瓣和红豆瓣进行炒制，炒制时间8min，之后加入葱、姜、蒜进行快速翻炒，翻炒时间约为4min，翻炒温度为115℃；然后加入花椒粉、十三香和胡椒粉，炒制2min后加入味精和白糖拌匀即可出锅。

（3）均质　采用胶体磨均质1～2次，设置细度为4μm。

（4）灌装、灭菌　将胶体磨均质后的蘸酱进行灌装，包装规格为60g/瓶。采用巴氏杀菌，杀菌条件为：温度90℃左右，时间为25min。

（四）成品质量指标

色泽：色泽红亮，有光泽；气味：郫县豆瓣酱香味浓厚，葱、姜、蒜香味适度，整体风味和谐；口感：咸、鲜、麻、辣四味厚重；形态：质地均匀，油量适宜。

十九、焖锅酱

焖锅是最近流行的一种烹饪方法，以焖为主，辅以涮烫，将肉料、配菜、油、盐、酱、醋、葱、辣椒、姜、蒜等佐料一起入锅，盖上盖，大火到小火，焖制成菜，焖锅凭借其操作简单、风味独特深受消费者喜爱。作为焖锅技术关键点的调味酱对焖锅成品品质起到关键作用，基于此，本产品是在传统焖锅酱基础配方上，进行配方优化，研制出的一种适合大众口味的焖锅酱。

（一）原料配方

柱候酱 300g、沙茶酱 250g、磨豉酱 200g、芝麻酱 150g、海鲜酱 1000g、花生酱 100g、鱼露 80g。

（二）生产工艺流程

称取酱料→搅拌均匀→烤制→包装→成品

（三）操作要点

（1）称取酱料　按照配方，准确称量柱候酱、沙茶酱、磨豉酱、芝麻酱、海鲜酱、花生酱、鱼露等原料。

（2）搅拌均匀　将准确称量好的各种酱料，倒入多功能料理机中，中速搅拌2min，使各种酱料充分混合均匀。

（3）烤制　将混合好后的酱料倒入方盘中，烤箱调好面火 210℃，底火110℃，预热后将酱料放入，烤 5min。

（4）包装　将制作好的酱料分成等量小份，按一定的包装规格用真空包装机包装成小袋即为成品。

（四）成品质量指标

色泽：油润光亮，色泽酱红；气味：酱香味浓郁，各种香味突出；黏稠度：黏稠适中，体态均匀；滋味：口味和谐，咸鲜香诸味兼备。

二十、黄焖鸡酱料

（一）生产工艺流程

原料验收→预处理→配料→熬酱→装罐→杀菌→冷却→金属检测→装箱→入库

（二）操作要点

（1）原料验收　豆豉要求以大豆为原料，经充分发酵制成具有浓郁酱香及豆豉香气，气味鲜美醇厚，咸甜适口，含盐量 18%～22%，氨基态氮在 0.7g/100mL 以上的豆豉原料。

（2）预处理　豆豉用直径 6mm 孔径的绞肉机绞碎成豆酱。

（3）配料　按照原辅料配比要求，准确称取所需的所有辅料。所用的原辅料主要包括老抽、生抽、蚝油、白胡椒粉、五香粉、食用盐、豆豉、白砂糖、味精、日本清酒、酵母抽提物、老汤、鸡油、水解植物蛋白、水、变性淀粉。其中蚝油用量为 20%，酵母抽提物为 0.8%，豆豉为 3%，清酒为 8%。

（4）熬酱　将所有辅料投入夹层锅，开启蒸汽阀门，蒸汽压力为 0.08～0.10MPa 之间。在此期间要不断翻炒，防止粘锅，直到酱体变得浓稠，颜色深褐色，有浓郁的香气飘出为止，熬制时间约为 30min。

（5）装罐　熬制结束后，用自动定量灌装机进行灌装，装入玻璃瓶，每瓶

1kg，装瓶中心温度不低于 60℃，趁热旋紧瓶盖。

（6）杀菌　采用高温水浴杀菌。

（7）冷却　杀菌冷却到水温在 40℃ 以下即可出锅，冷却后应将罐体表面水分擦干。

（8）金属检测　将杀菌后的瓶装酱逐个放在金属探测仪的传送带上，进行金属异物检测，剔除不合格品。

（9）装箱入库　按规定的要求装箱，箱体注明品名、数量及生产日期。存放于常温仓库，注意防潮、防鼠、防虫。

（三）成品质量指标

色泽：产品呈棕褐色，有光泽；气味与滋味：具有黄焖鸡特有滋味和气味，无异味；组织状态：有细腻豆豉且分布均匀，酱体不流散；杂质：不得出现肉眼可见杂质。

二十一、广式糖醋酱

（一）原料配方

大红浙醋 500g、番茄沙司 100g、OK 汁 60g、冰糖 350g、冰酸梅酱 80g、水 250g、盐 8g。

（二）生产工艺流程

大红浙醋、番茄沙司、OK 汁、冰糖、冰酸梅酱、盐、水→搅拌→加热→冷却→包装→成品

（三）操作要点

（1）搅拌　按照配方要求准确称取各种原辅料，将所有原料加入多功能料理机中，中速搅拌 2min 至均匀。

（2）加热　将搅拌均匀的酱料放入锅中加热至沸腾，保持沸腾 1min。

（3）冷却、包装　将上述经过加热的酱料冷却至室温，进行真空包装即为成品。

（四）成品质量指标

色泽：呈大红色，色泽明亮；气味：有浓郁的酸甜气味，无刺激性气味；味道：味道酸甜适口；口感：醇滑可口，酸甜回味浓郁。

二十二、腐乳调味酱

本产品是以红腐乳和芝麻酱为主要原料，配以八角茴香油、花椒油，开发的一种新型腐乳调味酱。

（一）原料配方

红腐乳与芝麻酱的比例为 7∶3，调和油 9.0%、八角茴香油 3.0%、花椒

油 2.0%。

（二）生产工艺流程

调和油→熟化→加入花椒油、八角茴香油→加入红腐乳、芝麻酱→搅拌调配→装瓶→排气→密封→杀菌→冷却→成品

（三）操作要点

（1）调和油熟化、调配　将调和油倒入锅中，加热，当油温升至 140～150℃时，起锅并迅速移入调配好的八角茴香油和花椒油中并搅拌均匀，将红腐乳和芝麻酱配方的比例调配后，一并加入混合调味油，使用料理机搅拌均匀。

（2）装瓶　将上述腐乳调味酱趁热加入已经消毒好的玻璃罐中，装入九分满，每罐净重 100g。

（3）密封　玻璃罐盖不旋紧，将其移入蒸汽排气箱进行常压排气，当瓶中心温度达到 85℃时，即可旋紧瓶盖。

（4）杀菌、冷却　将旋紧罐盖的产品，立即进行杀菌，杀菌条件为 115℃，15min。杀菌结束后，分段冷却至 35℃，即为成品。

（四）成品质量指标

色泽：色泽适中，油润，有光泽；香气与滋味：腐乳和芝麻香气滋味丰满，气味浓郁，协调；口感：咸味适中，口感后味醇厚；组织状态：酱体黏稠适中，组织细腻。

二十三、方便燃面酱

本产品是以猪肉、芽菜、辣椒、菜籽油、豆瓣酱、花生、豆腐干等为主要原料，通过分步炒制，辅以现代化食品添加剂，生产的一款符合现代人群消费的方便燃面酱。

（一）原料配方

菜籽油 25g、肉末 25g、芽菜 25g、花生 6g、牛皮豆腐干 2.5g、盐 7g、豆瓣酱 1.5g、红泡椒 1.5g、大蒜 1.5g、小米辣 1.5g、泡生姜 1g、老姜 0.8g、花椒面 0.8g、麻辣膏 0.8g、味精 0.5g、牛肉膏 0.3g、麻辣粉 0.2g、香精 0.1g、特丁基对苯二酚 0.05g、单甘油硬脂酸镁 0.08g。

（二）生产工艺流程

猪肉→剁碎→炒香→分步炒制→面酱→混合→杀菌→冷却→成品

（三）操作要点

（1）花生处理　选取长轴为 1cm、短轴为 0.8cm 左右的生花生粒，将选好的生花生粒倒入炒锅内，按 1∶10 的重量比向花生中加入食盐，小火炒制出花生特有香味，水分含量低于 8% 为止，约 15min。将炒制好的花生平摊在晾架上，

用风扇吹凉后，用花生脱皮机脱去花生外的皮层，然后用粉碎机将花生粉碎至 (1/4)～(1/3) 的颗粒大小。

（2）猪肉炒香 将固体棕榈油加入菜籽油中，待棕榈油慢慢融化和菜籽油混为一体后，在低温（50～60℃）下将剁碎的猪肉肉末加入混合油中，炒制 5min，然后捞起炒香后的肉末，备用。

（3）分步炒制 向上述的混合油中加入豆瓣酱和红泡椒，用小火（115～125℃）炒至豆瓣酱无生味、红泡椒无酸味为止，约 5min；将老姜、泡生姜、大蒜切成黄豆粒大小的颗粒加入，用中火（130～142℃）炒制 2min；将牛皮豆腐干切成 0.3～0.5cm 见方的小丁后加入，加入小米辣，用中火（130～142℃）炒香，约 5min；将芽菜加入，大火（140～150℃）炒至芽菜水分基本挥发完为止，约 8min，其中芽菜 2/3 切成长度为 0.2～0.4cm，1/3 切成长度为 0.5～0.8cm；此后，加入炒香的肉末，混合均匀；将盐、味精、花椒面、麻辣膏、牛肉膏加入，用小火（110～125℃）炒至牛肉出香味为止，约 1min。

（4）混合、杀菌 待上述炒制完成后关火，倒入香精、麻辣粉、特丁基对苯二酚、单甘油硬脂酸酯和炒制好的花生粒，混合均匀后起锅，分装杀菌（95～100℃）15～20min。杀菌后经冷却即为成品。

（四）成品质量指标

（1）感官指标 色泽：呈红褐色或黑褐色，鲜亮有光泽；香气：除了散发有肉味和香辛料香气外，还保留有芽菜、豆瓣酱特色的发酵香味；滋味：麻辣味厚，咸鲜而香，无异味；体态：酱状，黏稠适中，花生、芽菜、肉末等分布均匀。

（2）理化指标 水分 13.6%，食盐 14.3%，氨基酸 2.3%，总酸 1.2%，总砷、铅、黄曲霉毒素未检出。

（3）微生物指标 细菌总数 200 个/g，大肠菌群、致病菌未检出。

二十四、川菜怪味调味酱

（一）原料配方

混合红油 20g、白糖 16g、芝麻酱 30g、味精 1.5g、酱油 5g、精盐 1.5g、鸡精 1g、醋 15g、花椒粉 1.8g。

（二）生产工艺流程

干辣椒→浸泡→煮制→打碎→炒制→提取→过滤→糍粑红油
↓
干辣椒→烘干→粉碎→加热植物油搅拌→过滤→传统红油→混合均匀→怪味调味酱

（三）操作要点

（1）原料的选择 芝麻酱选择未添加花生等辅料的纯芝麻酱，以保证风味的纯正。酱油选择酱香浓郁、颜色较浅的生抽，以防止调味酱颜色过深。盐应选择颗粒小、质地均匀的精盐。醋应选择醋味醇厚的陈醋。干辣椒要求颜色红艳、大小均匀、水分含量低、无霉变。各原辅料均应符合相应的标准和有关规定。

（2）糍粑红油的炼制　将干辣椒放入清水浸泡 4h 后，于沸水中煮制 30min，捞出，用搅拌机打碎，得到糍粑辣椒。向糍粑辣椒中加入 4.5 倍重量的植物油，于锅中加热至 150℃，炒至油色红亮、无水汽，于 105℃ 的温度下保温 30min 进行红油的提取。结束后取下静置 16～20h，用钢丝网过滤即成。

（3）传统红油的炼制　将干辣椒烘干后粉碎成末，备用。取 4 倍重量的植物油加热至 160℃ 后，倒入辣椒末中，并不断搅动，以减少辣椒末的碳化。搅拌均匀后，静置 20h，用钢丝网过滤即成。

（4）混合红油的调制　将 2 种辣椒油按 1∶1 比例混合搅匀，即可得到混合红油。

（5）混合均匀　按照配方要求的量，将白糖、精盐、鸡精、味精、酱油、醋、芝麻酱等和混合红油充分混合均匀即为成品。

（四）成品质量指标

色泽：色泽棕红、均匀，光泽好；香味：芝麻酱香、醋香、花椒香等香味协调、清淡；滋味：咸、甜、酸、辣、麻、鲜各味协调，层次感强，怪味风格突出；流体形态：酱体略黏稠，流动性好，蘸味效果好。

二十五、板栗调味酱

本产品是以板栗、黄豆酱为主要原料，研发出的一种调味酱。

（一）原料配方

板栗 60g（其中板栗丁 40g，板栗浆 20g）、黄豆酱 15g、白砂糖 3.0g、辣椒粉 1.3g、花椒粉 0.6g。

（二）生产工艺流程

板栗→预煮→去壳→切丁→油炸→炒制→装罐、排气→密封、杀菌→冷却→成品
　　　　　　　　　↓　　　　　　↑
　　　　　　　　磨浆

（三）操作要点

（1）选料、预煮、去壳　选用粒大、丰满、完好的颗粒，除去病虫害、霉变及未成熟的颗粒，将板栗倒入沸水中预煮 7min 后捞出、冷却，用小刀手工去壳及去皮。

（2）切丁、磨浆　将预煮后的部分板栗仁切成 0.5cm 见方的丁状。另一部分板栗仁按照板栗仁∶水为 1∶1.4 的量加入磨浆机中，将板栗打成糊状，再经

胶体磨细磨得到板栗浆。经试验证实,炒酱时,当板栗丁与板栗浆添加量之比为 2：1 时,对产品的品质有较好的效果。

（3）油炸 待油温升至 120℃后,将板栗丁倒入锅内油炸处理 6min,然后捞出沥干油备用。

（4）炒制 文火炒制,待油温升至 60℃时,将辣椒粉倒入锅中,同时加入适量花椒粉进行炒制。待辣椒炒出红油后,加入黄豆酱和板栗浆翻炒,再倒入经油炸处理后的板栗丁不断翻炒;然后加入白砂糖翻炒,待炒出酱香味后,停止加热（炒制时间共约 6min）。

（5）装罐、排气、密封 炒制结束后,起锅趁热装入净重 161g 的玻璃瓶中,水浴锅加热使其中心温度达到 85℃,排气 8min,然后迅速旋紧瓶盖。

（6）杀菌、冷却 将密封好的玻璃瓶在沸水中杀菌 20min。杀菌后的产品分段冷却至室温。

（四）成品质量指标

色泽：酱体红润油亮,板栗粒呈金黄色;气味：板栗香味浓郁,酱香味适宜、风味调和、饱满;滋味：味道麻辣爽口,甜、咸、鲜味适中,咀嚼性好;组织状态：板栗粒大小基本均匀,油料混合均匀,黏稠度好。

二十六、板栗芝麻复合调味酱

（一）原料配方

芝麻酱 90g、板栗 30g、生抽 15g、水 30g、食盐 4g、香油 5g。

（二）生产工艺流程

原料选择→清洗→干燥→烘炒→碾磨→调制→包装贮藏

（三）操作要点

（1）原料选择 选取颗粒饱满、色泽均匀的芝麻。

（2）清洗 用清水浸泡 5min,沥干水分,电热鼓风干燥箱进行干燥（45℃,5h）。

（3）烘炒 将芝麻放入炒籽机在温度 140℃下炒制 30min。

（4）碾磨 将板栗用多功能料理机打碎,与烘炒过的芝麻分别放入胶体磨碾磨,粒径在 7～9μm。

（5）调制 按配方要求的量,将碾磨后的芝麻、板栗、生抽、水、食盐、香油放入料理机充分搅拌混合均匀。

（6）包装贮藏 将样品按 100g/份分装于透明玻璃瓶中,密封贮藏。

（四）成品质量指标

（1）感官指标 色泽：色泽呈棕黄色,光泽度明显;口感：香甜适中,无焦煳苦味，口感细腻光滑；香味：芝麻香味浓郁，板栗味浓郁；涂抹性：涂抹均匀，涂层光滑，厚度均匀。

（2）理化指标　水分 0.78%，粗脂肪 51.63%，粗蛋白 21.65%，粗纤维 2.45%，总糖 7.66%，草酸 0.88%。

（3）微生物指标　菌落总数<15 个/g，大肠菌群、致病菌未检出。

参 考 文 献

[1] 郭朔，杜连启 . 新版风味酱类生产技术 . 北京：化学工业出版社，2016.

[2] 郑月 . HACCP体系在风味酱生产中的应用初探 . 农产品加工，2020（2）：81-84.

[3] 时威 . HACCP体系在黄豆酱生产中的应用 . 江苏调味副食品，2013（2）：21-24.

[4] 邹磊 . HACCP在豆豉生产工艺中的应用 . 中国调味品，2010（1）：92-95.

[5] 黄宝明 . HACCP在辣椒酱生产中的应用 . 广西质量监督导报，2011（4）：49-51.

[6] 岳晓敏 . HACCP在甜辣酱生产中的应用 . 食品与发酵科技，2014（5）：46-48.

[7] 单会君，闫香锦 . 紫苏黄豆酱的工艺优化简述 . 食品安全导刊，2019（11）：69，88.

[8] 刘璐，高冰，丁城，等 . 蛹虫草面酱发酵工艺研究 . 中国酿造，2017（3）：188-191.

[9] 王殿宏，安建强，马建辉，等 . 西瓜黄豆酱制作工艺 . 现代农村科技，2020（12）：104.

[10] 郭晓燕，王英臣 . 山核桃粕发酵酱的研制 . 食品研究与开发，2018（20）：95-101.

[11] 许丹妮，许良玲，陆翠，等 . 枸杞面酱发酵工艺的研究 . 食品研究与开发，2020（16）：101-106.

[12] 商鹤琴，曹恰，周倩，等 . 板栗蚕豆酱的研制及工艺优化 . 中国调味品，2019（7）：90-94.

[13] 马凌云，赵亮 . 板栗大豆调味酱的研制 . 中国调味品，2018（9）：109-111.

[14] 王丽梅，郝舒卉 . 发酵型平菇酱生产工艺的研究 . 吉林农业科技学院学报，2018（3）：1-6.

[15] 王东 . 发酵兔肉酱制品工艺条件的研究 . 中国调味品，2017（10）：103-110.

[16] 刘捷，刘欣 . 发酵辣椒酱的制作工艺及研究 . 吉林农业，2018（17）：109.

[17] 陈济洋，魏登，牟贺，等 . 东北地方特色大酱标准化工艺研究 . 中国调味品，2020（5）：135-141.

[18] 赵瑞华，贺晓龙，吉志洁 . 蟹味菇辣椒酱的研制 . 中国调味品，2020（6）：116-119.

[19] 王新惠，夏艳丽，赵芮，等 . 特色风味辣椒酱的开发 . 中国调味品，2019（4）：136-138.

[20] 商学兵，李勇，李艳，等 . 风味辣椒酱加工工艺研究 . 中国调味品，2019（1）：120-124.

[21] 杨剑，赵玲艳，卢玥，等 . 茶油辣椒酱工艺研究 . 中国调味品，2019（12）：95-98.

[22] 刘云，付羚，阚欢，等 . 蜂蜜玫瑰花酱研制技术 . 现代农村科技，2018（9）：265，270.

[23] 丁建军，郭舒 . 鲜辣杏鲍菇酱的研制 . 中国调味品，2019（9）：153-156.

[24] 李志方，赵梓延，徐海祥，等 . 响应面法优化龙香芋酱的工艺研究 . 中国调味品，2019（4）：143-147，151.

[25] 苗清霞，毛亚静，于永翠 . 鸡胗酱的制作工艺研究 . 肉类工业，2017（12）：7-9.

[26] 李西腾，徐园园，王江歌，等 . 发酵型风味鸡腿菇酱的工艺研究 . 农产品加工，2015（10）：30-32.

[27] 时培宁，李勇，汤薇，等 . 洋姜酱加工工艺研究 . 保鲜与加工，2019（6）：170-174.

[28] 王新惠，曾与萱，李俊霞，等 . 竹笋香辣酱的研制 . 中国调味品，2017（2）：97-99.

[29] 骆坤，尹志文，赖宁，等 . 竹笋兔肉香辣酱加工工艺研究 . 中国调味品，2016（11）：95-99.

[30] 胡金祥，童光森，乔明锋，等 . 一种跳水鱼调味酱的工艺研究 . 中国调味品，2017（1）：103-107.

[31] 袁晓红，姚卫蓉 . 香辣火腿酱工艺的研究 . 粮食与食品工业，2016（4）：66-68.

[32] 曹熙，邓后勤，梁曹雯 . 香菇贡椒酱的研制 . 湖南农业科学，2017（9）：80-83.

[33] 田光娟，李喜宏，韩聪聪，等 . 西瓜皮辣酱的研制 . 食品研究与开发，2017（1）：42-45.

[34] 袁益欢，周占富，陈祖明，等 . 泡椒香辣酱制作工艺 . 农村百事通，2019（15）：43.

[35] 李锐，李莹莹，李想 . 奶香辣酱制作工艺研究 . 中国调味品，2018（5）：130-133.

[36] 谢珊 . 辣子鸡风味香辣酱加工技术 . 农家之友，2018（3）：64.

[37] 袁益欢，陈祖明，周占富，等 . 江湖风味泡椒香辣酱制作工艺研究 . 中国调味品，2019（4）：152-155，158.

[38] 郝志阔 . 海鲜香辣酱配方优化 . 食品安全质量检测学报, 2020 (19): 7057-7062.

[39] 甘靖 . 桂林辣椒酱的生产工艺 . 轻工科技, 2017 (1): 7-8.

[40] 李勇, 陈尚龙, 时培宁, 等 . 风味富硒大蒜酱工艺研究 . 中国调味品, 2017 (10): 97-100.

[41] 柯范生 . 草菇鲜辣酱制作工艺的研究 . 轻工科技, 2020 (9): 20-22.

[42] 陈丽兰, 陈祖明 . 香辣烤肉酱关键工艺参数优化 . 中国调味品, 2018 (7): 118-120, 125.

[43] 罗晓莉, 张沙沙, 曹晶晶, 等 . 利用松茸副产物加工香辣酱工艺配方研究 . 农产品加工, 2017 (12): 30-33.

[44] 杜莉, 陈祖明, 陈丽兰 . 方便型香辣烤肉酱的研制 . 中国调味品, 2017 (10): 89-93.

[45] 乔学彬, 王林 . 微波青麻热拌鱼酱料的研制 . 现代食品, 2019 (10): 64-66.

[46] 杨立, 张波涛, 付兆琦, 等 . 香辣虾酱的加工工艺研究 . 肉类工业, 2018 (6): 22-24, 29.

[47] 步营, 胡显杰, 刘波, 等 . 香辣即食虾酱的研制开发 . 中国调味品, 2018 (8): 72-75.

[48] 孙丰婷, 孙风光, 张琛, 等 . 木耳洋葱虾酱的制作工艺及安全性评价 . 中国调味品, 2018 (5): 112-115.

[49] 马一平, 劳金娣, 李锐 . 假蒌风味海鲜酱制作工艺研究 . 中国调味品, 2018 (7): 110-113.

[50] 姚玉静, 杨昭, 黄佳佳, 等 . 即食海鲜调味酱的研制 . 食品研究与开发, 2020 (14): 146-150.

[51] 张一江, 曹文红, 谷莹蕾 . 华贵栉孔扇贝香辣海鲜酱的研制 . 中国调味品, 2020 (8): 74-77.

[52] 刘春娟, 刘微 . 干贝香菇海鲜酱制作工艺研究 . 中国调味品, 2019 (1): 105-107.

[53] 廖登远, 涂艺山, 吴靖娜, 等 . 复合贻贝调味酱工艺的探讨 . 渔业研究, 2019 (4): 317-325.

[54] 罗联钰, 刘冰清 . 大黄鱼鱼籽酱的调味工艺优化 . 保鲜与加工, 2019 (1): 62-67.

[55] 陈水科, 陈汇凯, 李恒 . 茶香生腌海鲜调味酱制作工艺研究 . 江苏调味副食品, 2019 (2): 24-28.

[56] 卢芸, 姚瑶, 汤纯, 等 . 鲍鱼内脏鲜味酱制作工艺优化 . 中国调味品, 2019 (6): 119-123, 130.

[57] 崔东波 . 鲅鱼食用菌复合保健风味酱的研制 . 辽宁农业职业技术学院学报, 2018 (6): 7-9.

[58] 吴浩然, 林琳, 姜绍通, 等 . 响应面法优化风味蟹肉酱工艺配方 . 中国调味品, 2020 (11): 90-96.

[59] 李云成, 刘达玉, 郑森心, 等 . 川味酸菜鱼肉酱及其制备工艺研究 . 中国调味品, 2018 (5): 102-104.

[60] 杨立 . 湖鲜焖酱的加工工艺研究 . 科学养鱼, 2019 (7): 74-76.

[61] 王彦平, 刘晓丽, 钱志伟, 等 . 紫山药香菇营养酱的开发研制 . 中国调味品, 2017 (8): 95-98.

[62] 罗晓莉, 张沙沙, 曹晶晶, 等 . 美味牛肝菌风味沙拉酱的研制 . 食品工业科技, 2017 (3): 206-210.

[63] 翟众贵, 李宏梁, 张婷 . 香辣香菇酱加工工艺的研究 . 中国调味品, 2014 (2): 62-66.

[64] 郭军尚 . 果味平菇酱 . 农村新技术, 2016 (4): 53.

[65] 刘晓梅, 刘娟汝, 刘雨诗, 等 . 香辣香菇风味酱的研制与质量检查 . 中国调味品, 2018 (12): 116-120, 125.

[66] 王桂桢, 陈忠泽 . 香菇酱加工工艺研究 . 保鲜与加工, 2017 (5): 88-95.

[67] 曹晶晶, 何容, 罗晓莉, 等 . 香菇风味酱加工工艺配方研究 . 食用菌, 2020 (3): 61-64.

[68] 清源 . 块菌调味酱的工艺研究 . 中国调味品, 2016 (12): 77-80.

[69] 王腾飞, 王吉, 王志华, 等 . 猴头菇调味酱加工工艺的研究 . 中国调味品, 2020 (8): 83-86.

[70] 马菲菲, 王瀚墨, 胡昕, 等 . 黑松露酱产品开发工艺研究 . 食品安全质量检测学报, 2019 (11): 3536-3540.

[71] 邓宏 . 风味蘑菇酱的制作 . 农村百事通, 2018 (5): 40.

[72] 刘晓丽, 李若昀, 张冠群, 等 . 白灵菇酸菜营养酱的研制 . 食用菌, 2020 (6): 63-66.

[73] 许莲, 戴阳军 . 响应面法优化鱼香茄子酱加工工艺 . 美食研究, 2018 (4): 26-30.

[74] 马建辉，王殿宏，安建强，等．玫瑰鲜花酱加工技术．现代农业科技，2019（11）：100.

[75] 张永清，张梦真，王德国，等．复合蔬菜酱的研制．中国调味品，2020（1）：122-125.

[76] 吴文龙，杨志娟，肖启立，等．番茄白骨壤果实调味酱的加工工艺研究．中国调味品，2018（5）：105-111.

[77] 张新，张瑞，李喜宏，等．多维低糖保健枣酱加工技术研究．中国调味品，2018（5）：98-101.

[78] 杨巍巍，曾繁鑫，李喜泉，等．陈皮苹果酱的工艺优化．山西农业大学学报（自然版），2018（12）：67-71.

[79] 刘功德，苏艳兰，任二芳，等．陈皮酸梅酱加工工艺研究．安徽农业科学，2019（1）：202-204，208.

[80] 陈丽兰，陈祖明．孜然味烤肉酱加工工艺的研究．四川旅游学院学报，2017（6）：24-26.

[81] 吕广英，王润博．炸酱面拌酱的加工工艺研究．江苏调味副食品，2020（1）：30-31.

[82] 贺佩，王愈．杂粮酱工艺优化的研究．农产品加工，2019（8）：46-48.

[83] 陈祖明，杜莉，陈丽兰．鱼香蘸酱生产工艺及其稳定性的研究．中国调味品，2017（12）：106-110.

[84] 郑亚伦，何莲，张浩，等．一种麻辣烧烤酱的制作工艺及挥发性物质研究．中国调味品，2019（7）：97-103.

[85] 谭属琼，谢勇武．新型燕麦花生酱的研制．中国调味品，2017（3）：81-84.

[86] 李颖，付双超，邱凌霞，等．花生碎蔬菜酱的研制．中国调味品，2020（7）：140-143.

[87] 陈艳，李美凤，饶朝龙，等．新型藤椒酱加工工艺的研究．中国调味品，2019（2）：114-117.

[88] 袁乙平，何雨婕，肖含磊，等．青花椒酱的开发及其货架期预测．食品科学技术学报，2020（7）：162-170.

[89] 陈丽兰，陈祖明，袁灿．郫县豆瓣风味火锅蘸酱的研制．中国调味品，2020（3）：125-128.

[90] 李锐，任彬，黄珍金，等．焖锅酱制作工艺研究．中国调味品，2018（2）：108-111.

[91] 陈兴，盛本国，李海龙．黄焖鸡酱料的研制．肉类工业，2016（11）：5-6.

[92] 郝志阔，叶小文，钟晓霞，等．广式糖醋酱制作工艺研究．中国调味品，2018（10）：126-129.

[93] 孙连海，王凯，窦会娟．腐乳调味酱配方的研究．中国调味品，2016（12）：84-87.

[94] 邹强，张琼，邵良伟，等．方便燃面酱的研制．中国调味品，2019（4）：121-122，129.

[95] 李想．川菜怪味调味酱工艺配方的优化研究．粮食与油脂，2017（6）：40-44.

[96] 马凌云，赵亮，赵超南，等．板栗调味酱的研制．中国调味品，2019（3）：116-119.

[97] 陈水科，陈键锋，王林板．板栗芝麻复合调味酱工艺优化及品质研究．中国调味品，2019（3）：127-130.

[98] 贾庆超，梁艳美，张杰．五香牛肉鸡枞菌风味酱的研制．中国酿造，2021（3）：195-200.

[99] 杨巍巍，雷永伟，陈明，等．山楂枸杞胡萝卜果蔬酱的研制．中国调味品，2021（2）：105-107.